愛されトリミング&ペット・カット

鈴木雅実 著

緑書房

愛されトリミング&ペット・カット

contents

Part 3

愛されスタイル・コレクション

p63

はじめに

この本を手に取ってくださったトリマーのみなさんに、ひとつお聞きしたいことがあります。「お仕事をしていて、いちばんうれしい瞬間はいつですか？」

ちなみに私は、自分がカットした犬を見て飼い主さんが喜んでいるとき、「かわいくなったわね」なんて声をかけながらニコニコしているとき、そう言われて犬もうれしそうにしているとき、でしょうか。自分の技術で犬をかわいくしてあげられて、彼らが飼い主さんにもっともっと愛されるようにできること――。それこそがトリマーという仕事の醍醐味だと思っています。

「愛されるスタイリング」のポイントは、まず顔を子どもっぽく作ること。実際の年齢にかかわらず、パピーのようなかわいらしさを演出できるよう意識しています。毛が落ちにくいように工夫し、全体的に丸くふんわりとした印象に仕上げることも大切でしょう。

実際に来店する犬は、顔立ちも骨格もさまざま。作業を進める際は、ゴールをひとつに絞らないよう注意してください。すべての犬に「理想の愛され顔」を当てはめるのではなく、「それぞれの犬に合った愛され顔」を作ることを目標にするのです。

もちろん、トリミング本来の目的も忘れてはいけません。ペットの場合、トリミングの第一の目的は、犬と飼い主さんの「暮らしやすさ」を守ること。汚れやすかったり、毛が伸びると犬の体に負担がかかる目の上・口周り・足周りは、できるだけすっきりカットするのが基本です。短くするべきところは短くした上で、かわいく見せる工夫をしていきましょう。

本書では、そういった細かいテクニックをベイジングの段階からスタイル作りに至るまで細かく紹介しています。まさに「愛されスタイルの集大成」とも言うべき一冊に仕上がったと思います。編集や制作に関しては、『ハッピー＊トリマー』編集部のみなさんに大変お世話になりました。この場を借りて御礼申し上げます。トリマーのみなさんのお仕事に、この本が少しでもお役に立てれば幸いです。

2018年11月

SJDドッググルーミングスクール代表
鈴木雅実

犬体解説

本書に登場する代表的な3犬種の骨格・犬体名称を紹介します。

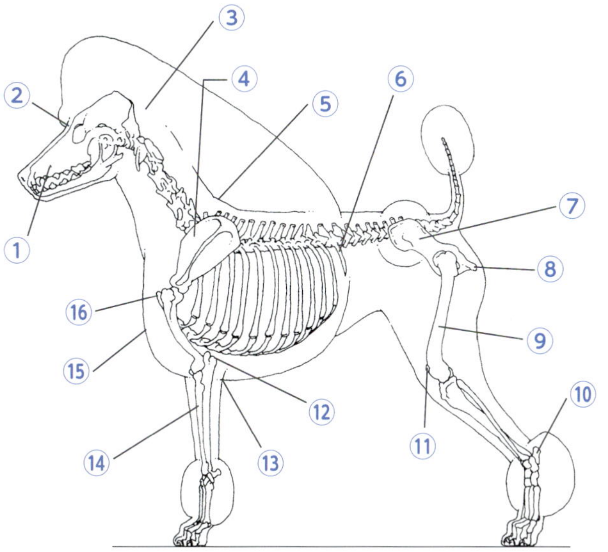

トイ・プードル
toy poodle

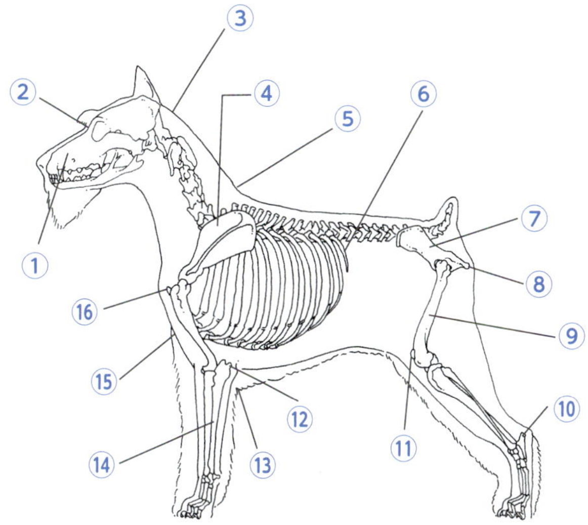

ミニチュア・シュナウザー
miniature schnauzer

① マズル（口吻）
② ストップ（額段）
③ オクシパット
④ 肩甲骨
⑤ キ甲
⑥ ラスト・リブ
⑦ 寛骨
⑧ 座骨端
⑨ 大腿骨
⑩ 飛節
⑪ 膝
⑫ 肘
⑬ 下胸
⑭ 前腕骨
⑮ 前胸
⑯ 胸骨端

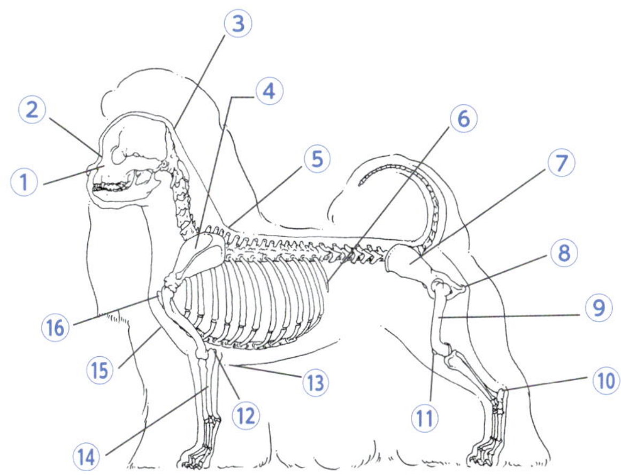

シー・ズー
shih tzu

トリミング・ツール解説

本書で使用している道具のうち、主なものを紹介します。

カーブシザー／スキバサミ（セニングシザー）

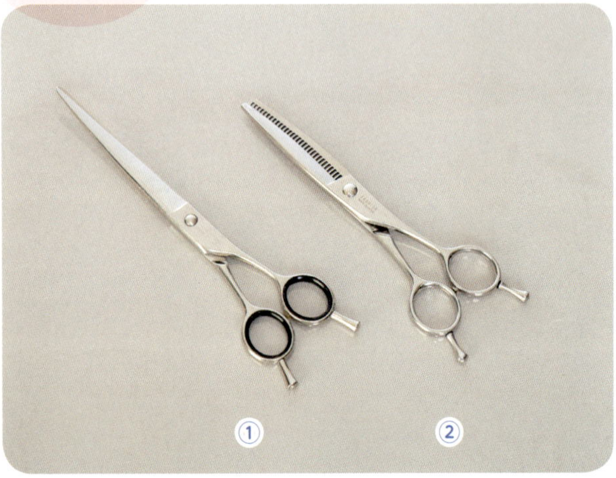

① 胡蝶 CVC-70RS
② UTSUMI

仕上げバサミ（ストレートシザー）

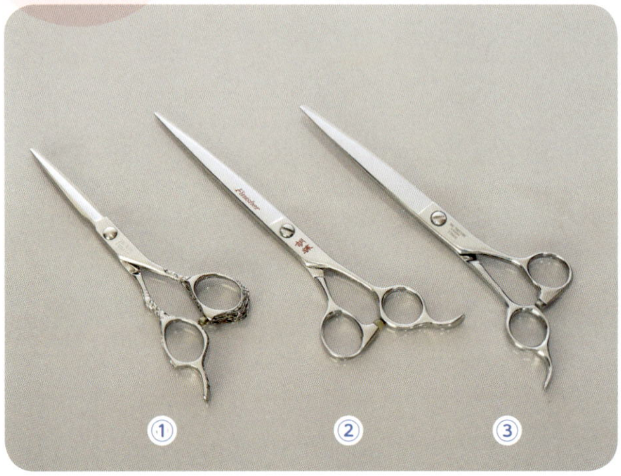

① 白鶴 JE-575
② 胡蝶 Finisher F-70F
③ MUJIRUSHI 1700Z

クリッパー

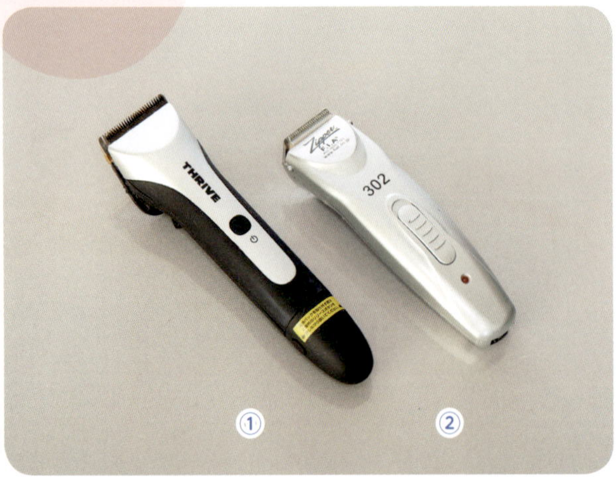

① THRIVE
② F.I.A. Zipper 302

コーム

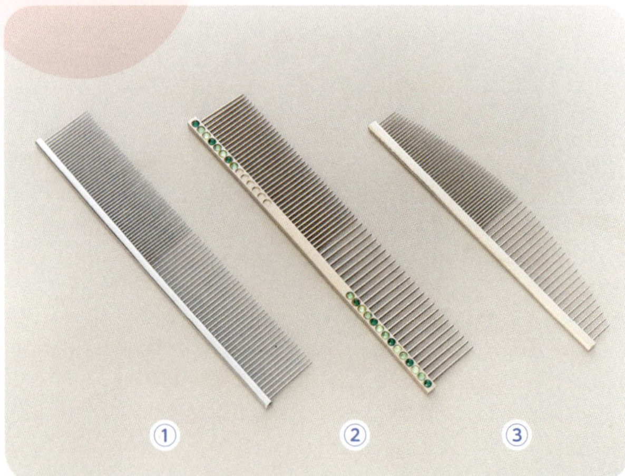

① MEISTER KS-108
② Ligato
③ UTSUMI

Part 1

「愛され」を作るテクニック

ベイジングとドライングの基本

クリッパー・ワークのコツ

ハサミのトレーニング

「仕上げ」と「スキ」の使い分け

誰が見てもかわいいスタイルを作るには、
まず土台となる技術が必要です。
ベイジングやクリッパー・ワーク、ハサミ
の使い方など、“masami’s テクニック”
をマスターしてしまいましょう！

テクニック 1

ベイジングとドライングの基本

ベイジング＆ドライングは、カットの仕上がりを左右する大切な工程です。
シャンプー類は犬の毛質に合ったものを選び、すすぎを十分に。
ドライングでは、毛の根元までしっかり風を通すことを意識しましょう。

①ベイジング前の準備

ベイジングの前に、ブラッシングで毛のもつれを取ります。
全身にふれ、犬の体の状態を確認することも目的のひとつです。

ブラッシング

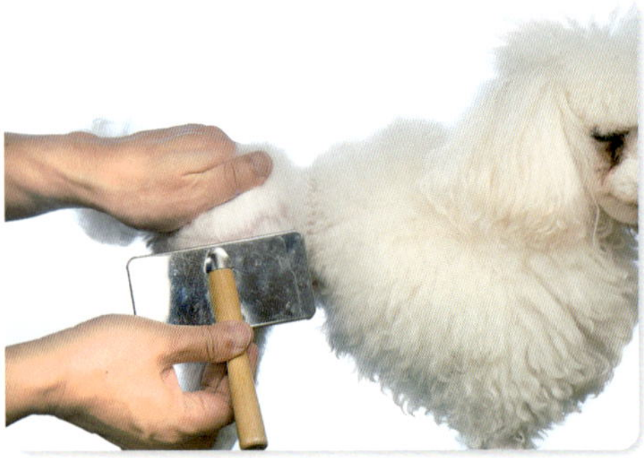

上からかぶさる毛を持ち上げて押さえ、スリッカーでとかします。毛の根元から確実にピンを入れ、皮膚の状態も確認していきます。

コーミング

全身にコームを入れ直し、毛玉がないことを確認します。毛玉があったら、スリッカーで少しずつ毛先へずらしていくようにして取りのぞきます。

目のコンディションをチェック

目やにが出ていないか、目に赤みや傷がないかなどを確認。気になる症状がある場合は、目に入っても安心な成分のシャンプーを選びます。

②ベイジング

二度洗い＋コンディショナー（リンス）が基本。ドライングの際に毛をきれいに開立させるため、皮脂を残さないことも大切です。

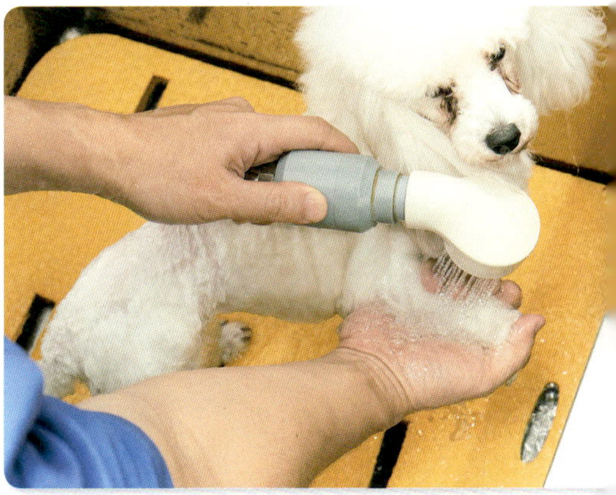

1　シャワーで体にお湯をかけていきます。下から添えた左手で被毛を握るようにしながら、根元までまんべんなく濡らします。

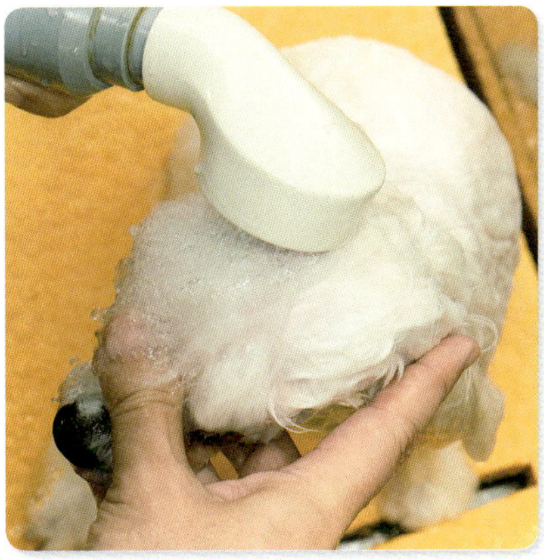

2　プードルは鼻に水が入りやすいので、頭部を濡らすときは下を向かせ、後ろからお湯をかけます。

3　1回目のシャンプーは、洗浄力の強いシャンプー剤を使います。正しい濃度に薄め、ミキサーなどで十分に泡立てたものを体にかけます。

4　シャンプーを被毛になじませ、汚れがひどい部分は軽くもみ洗いします。

5　泡を残さないように、ぬるま湯ですすぎます。

6　2回目のシャンプーは、毛にハリを与えるタイプがおすすめ。薄めて泡立てたものを体にかけ、皮膚を洗っていきます。

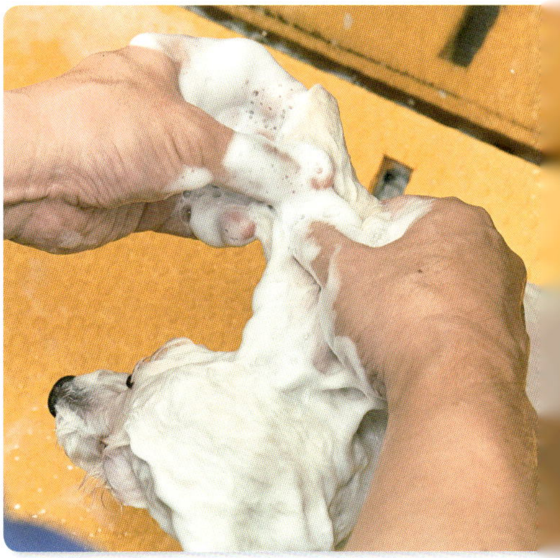

7　耳は縁までていねいに。毛流とは逆に、指の腹でマッサージするように洗います。とくに裏側の縁はしっかり洗いましょう。

8　額～アイホールの上もていねいに洗っておきたい部分。皮脂汚れが残っていると、ドライング後にウエーブが出てしまいます。

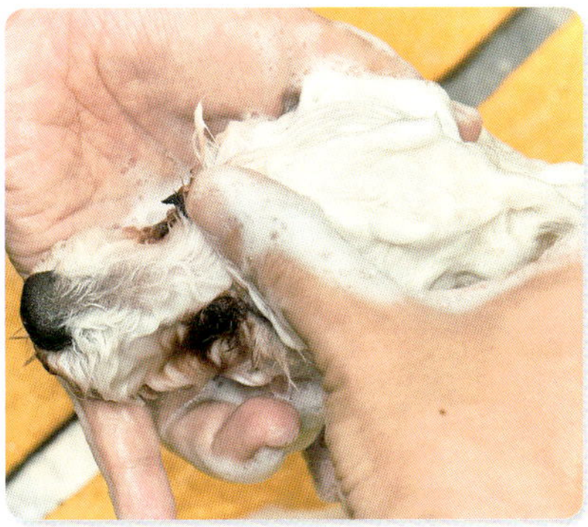

9　涙やけが気になる場合は、指先でていねいに洗った後、コームで汚れを軽くかき取ります。

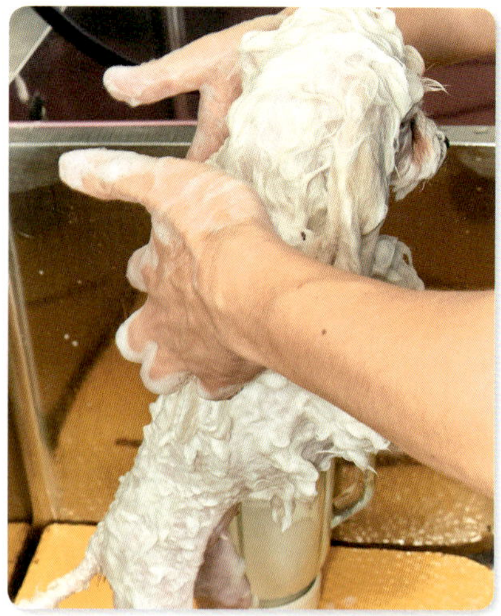

10 ボディは、毛流と反対の方向にマッサージするように、指の腹でこすり洗いをします。

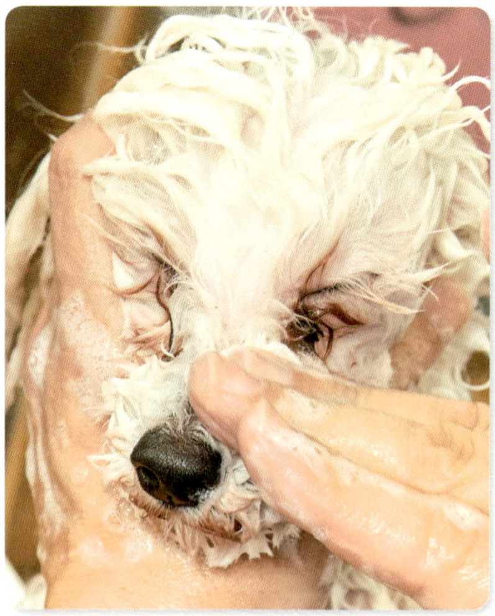

11 マズルは、指の腹で軽くこすり洗いをします。

12 シャンプーを残さないよう、シャワーで十分にすすぎます。

13 コンディショナーを正しい濃度に薄めてミキサーなどで十分に泡立て、洗面器に移します。

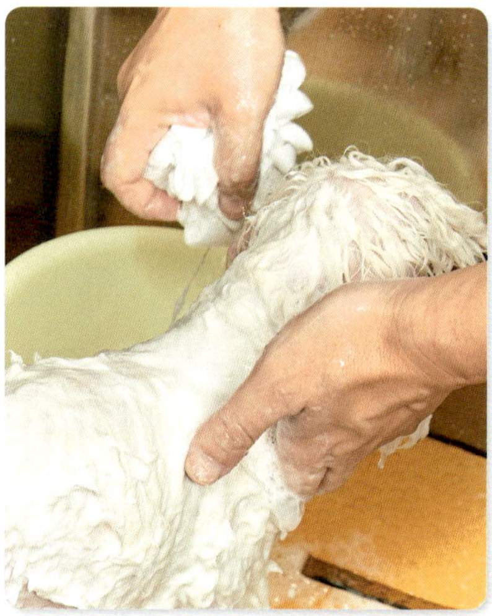

14 ⑬をスポンジに含ませ、全身にまんべんなく付けます。コンディショナーは皮膚ではなく、被毛に付けるようにします。

15 耳の飾り毛が長い場合は、泡立てたコンディショナーを入れた洗面器に、直接耳の先を浸けてもかまいません。

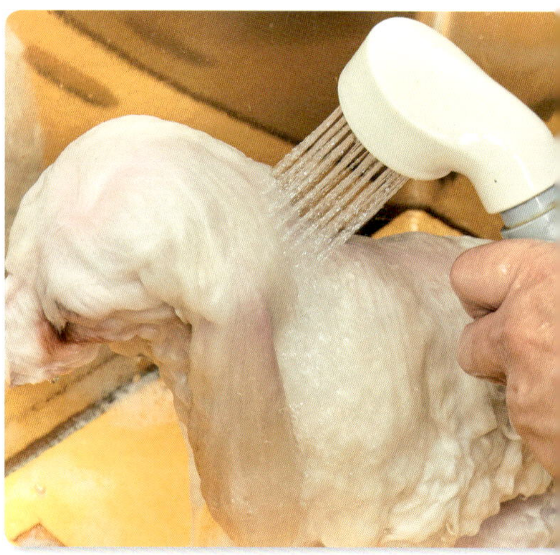

16 数分置いて浸透させた後、シャワーで十分にすすぎます。

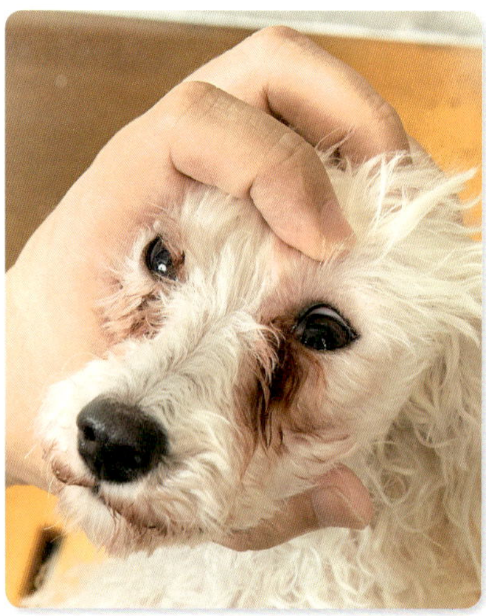

17 すすぎの仕上げに、目を洗います。上まぶたを持ち上げ、左手で押さえます。

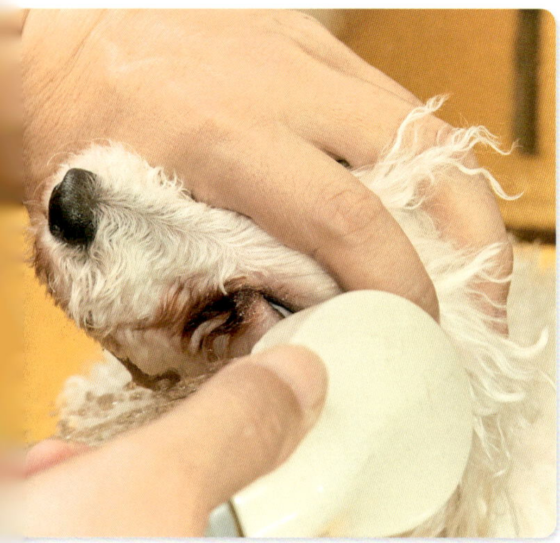

18 目の上からやさしくぬるま湯をかけ、目に付いたシャンプーや抜け毛を洗い流します。

③ドライング

ていねいなタウエリングで、ドライヤーをかける時間を短縮。
毛の根元に風を当て、しっかりと毛を伸ばしていきます。

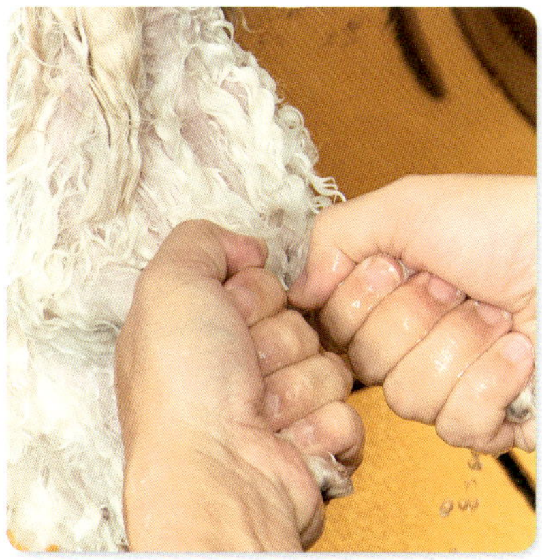

1 ドッグ・バス内で、被毛を絞って水気を取ります。四肢は上から下へ、軽く握った手をずらしていきます。

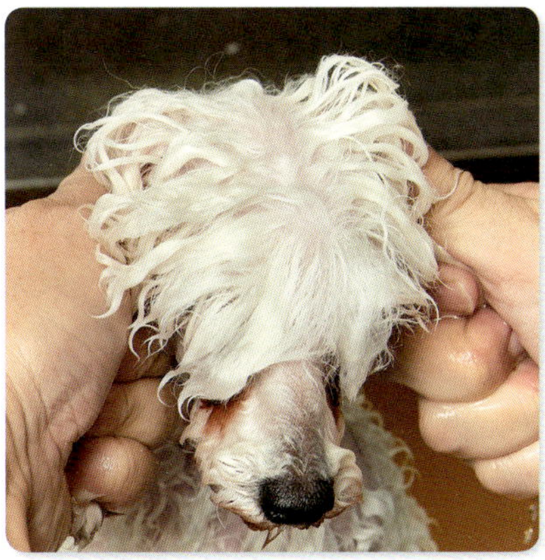

2 耳などの長い飾り毛は、毛だけをしっかり握って水気を絞ります。

3 タオルで水気を取ります。タオルの上から手のひらと指でしっかり押さえ、毛の根元まで水分を取ります。

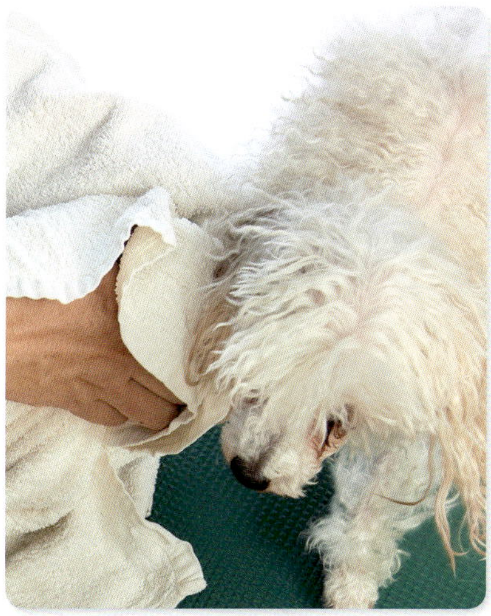

4 四肢や飾り毛は、タオルの上から軽く握って水分を取ります。

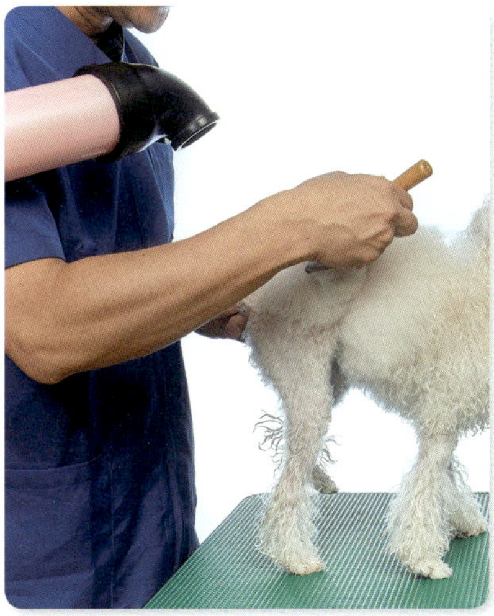

5 ドライヤーをかけます。毛の短い部分（ペット・コンチのモデル犬の場合は、パーティング・ラインとロゼット部分）から乾かしていきます。

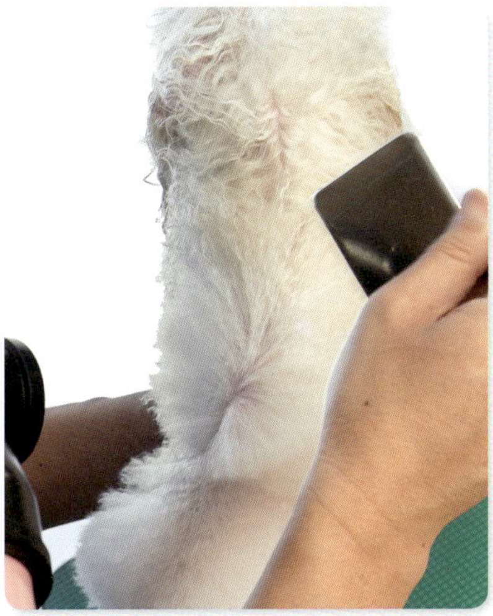

6 ドライヤーの風は、必ず毛の根元に当てます。

7 風を当てながら、スリッカーで毛流と逆にとかします。

8 スリッカーの動きはゆっくりでいいので、毛の根元から毛先まで確実にピンを通すようにします。

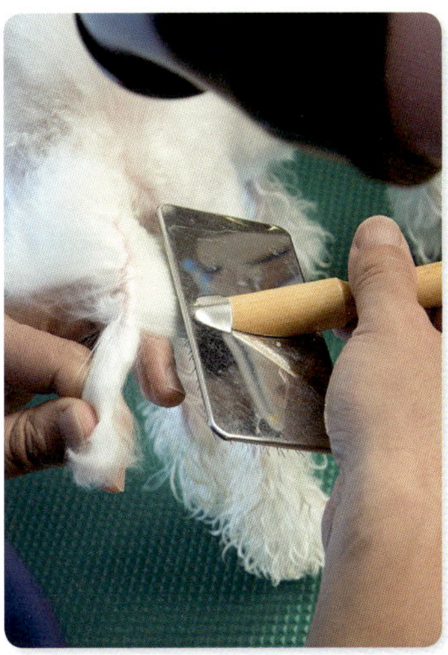

9 テイルは、できるだけ横方向にスリッカーを当てるようにします。

10 テイルの根元から先端へ向けてとかしてもかまいません。ただ、先端から根元へ向けてとかすと、嫌がる犬が多いので避けましょう。

11 後肢は足先から上へ向けて乾かしていきます。

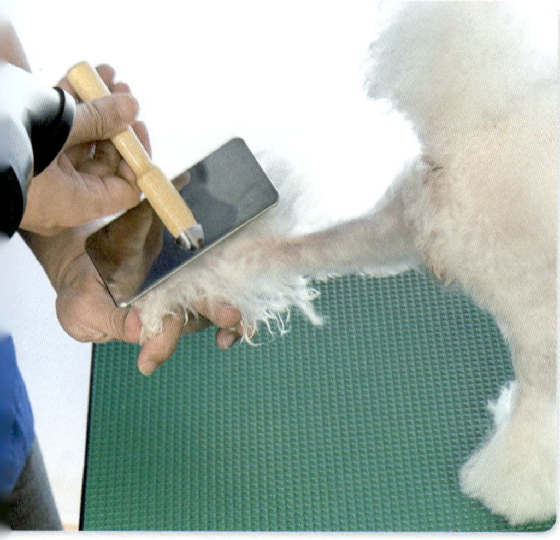

12 骨が出ていて皮膚が薄い飛節部分は、スリッカーのピンで傷付けやすいので十分に注意します。

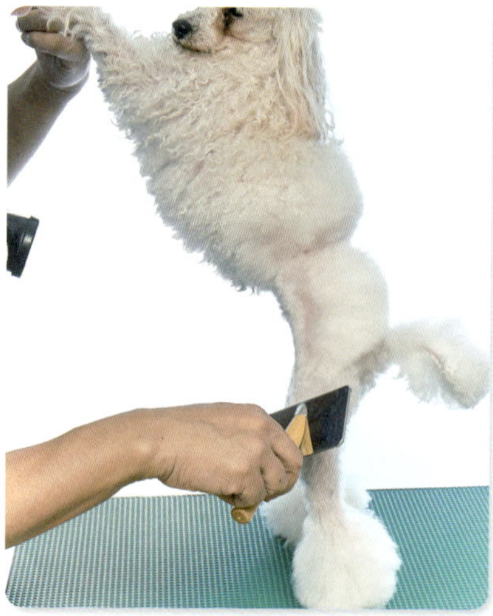

13 後肢で立たせ、腹部を乾かします。

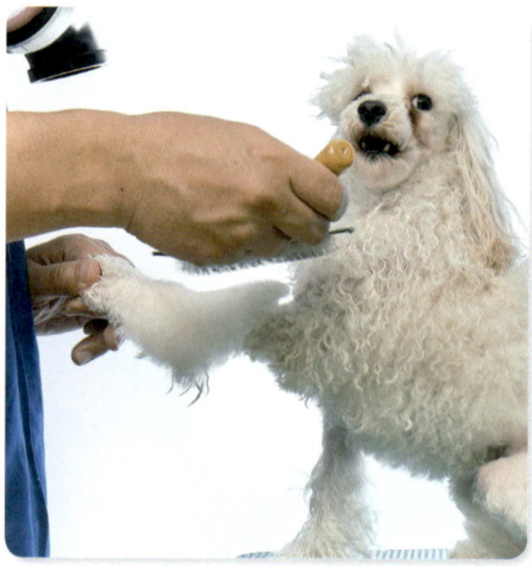

14 前肢も足先から上へ乾かしていきます。

15 前肢は、ヒール・パッドのすぐ上が要注意ポイント。毛を伸ばしにくい部分なので、ていねいに作業します。

POINT

毛を伸ばしにくい理由としては、以下の3点が挙げられます。

①ドライヤーの風がうまく当たっていない
②しっかり洗えていないため、皮脂が残っていて乾きにくい
③皮膚のコンディションが悪い

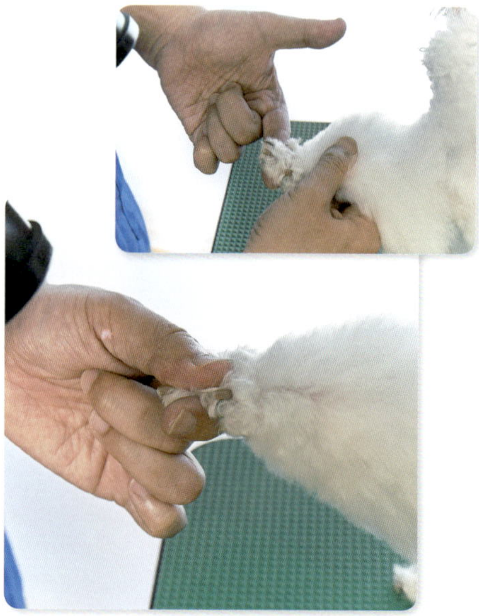

16 前肢のブラッシングなどを嫌がる場合は、足裏に人差し指の先を当て、上から親指でしっかり挟んで保定します。

17 脇も乾かし残しに注意したい部分。前肢を前方向に、脇の後ろ側を少し横に上げて、脇の前側を乾かします。

18 犬を後肢で立たせ、下胸を乾かします。

19 前胸は、毛流と反対に上から下へとかしながら風を当てます。

20 頭部も、毛流と反対にとかしながら乾かします。

21 顔に風を当てるときは、左手の親指と人さし指で下まぶたを軽く押し上げ、中指～小指をマズルの上へ回して鼻を覆います。

22 ストップ～目の上は、コームで上へ向けてとかしながら乾かします。

23 マズルは、毛流に沿ってコームでとかしながら風を当てます。

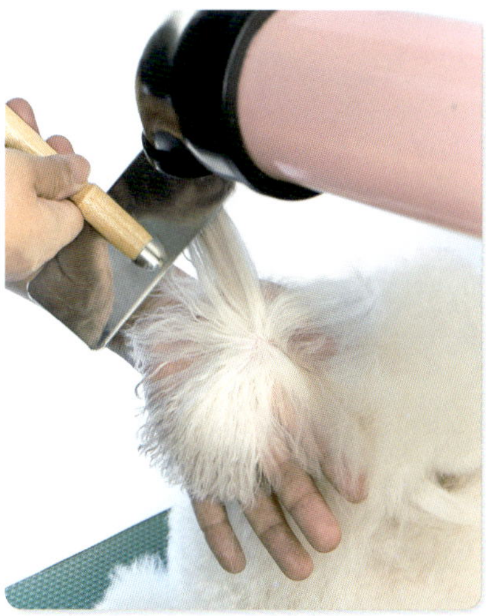

24 耳は、毛流に沿ってスリッカーでとかしながら乾かします。耳の付け根から放射状に毛を広げるようにとかしていきます。

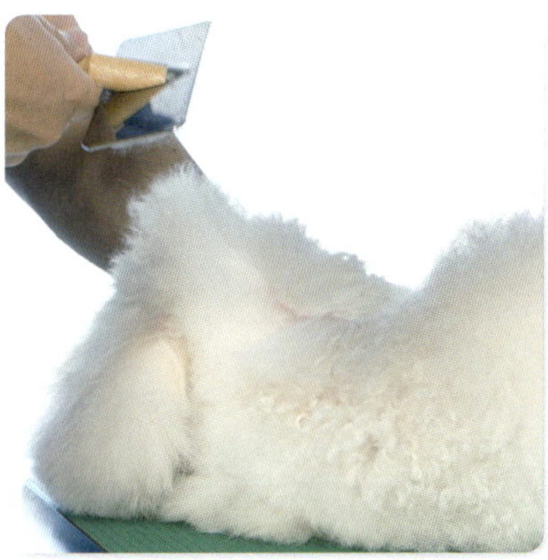

25 ボディは、毛流と反対にスリッカーでとかしながら乾かします。

finish

26 全身にコームを通し、毛のもつれなどがないことを確認しながら毛流を整えます。

④ダブル・コートのベイジング

柴犬に代表されるダブル・コートの犬は洗い方が少し異なります。エア・フォース・ドライヤーをうまく活用しましょう。

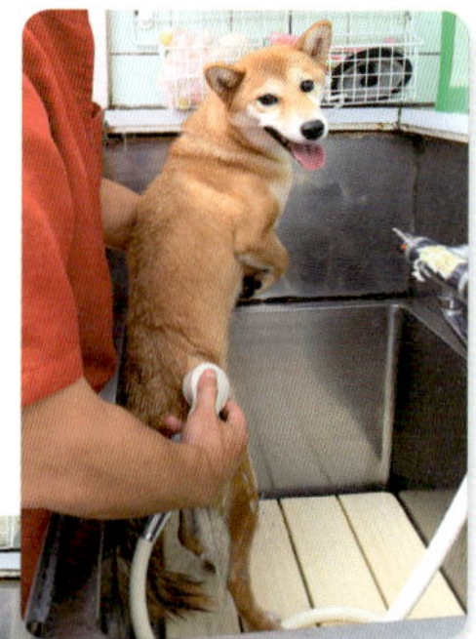

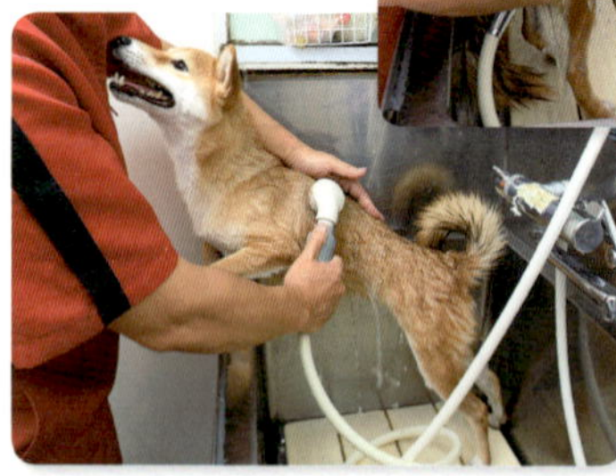

1 足先～お尻に続けて、ネック～ボディ～前肢を十分に濡らします。頭はまだ濡らしません。

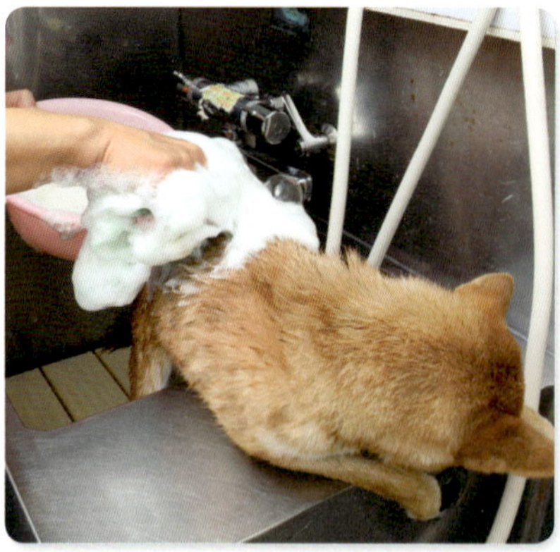

2 シャンプーをスポンジで泡立て、頭以外の部分に泡を付けます。

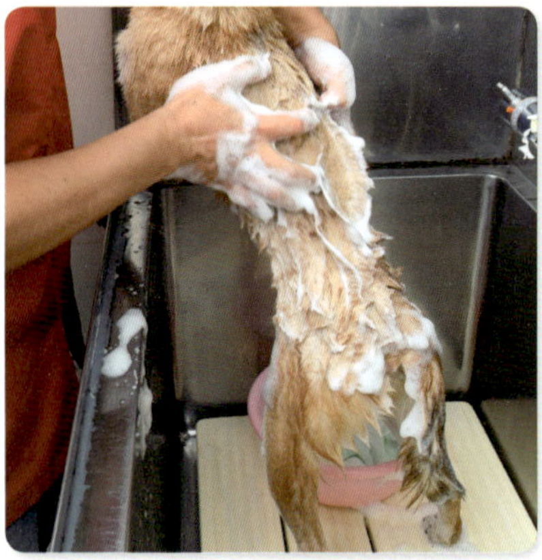

3 マッサージするように洗います。お尻や大腿部の前側、足先（指のあいだ）、テイルの表側と付け根はとくに脂っぽいのでしっかりと。

4 体の上（背中など）から下（足）へすすいでいきます。腹部も忘れずに。

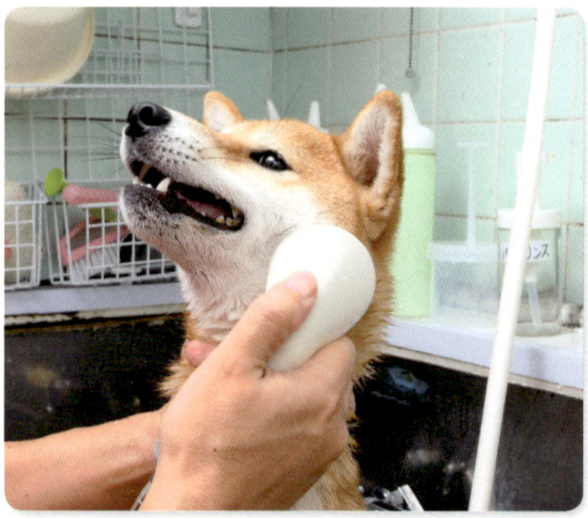

5 頭を濡らします。柴犬は敏感なので、シャワーヘッドを密着させて水はねなどを防ぎ、様子を見ながら濡らしていきます。

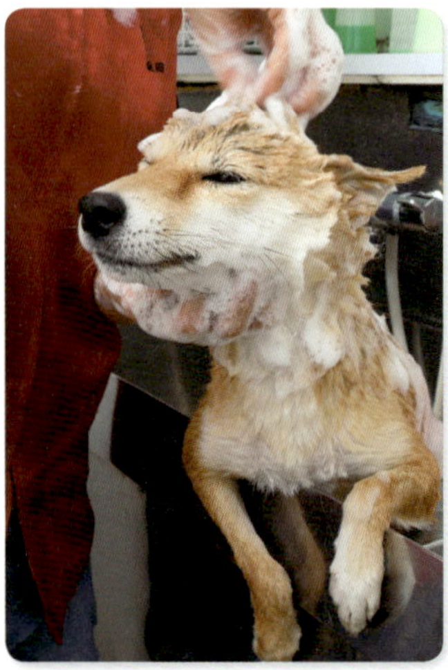

6 頭に泡を付け、軽くマッサージするように洗います。

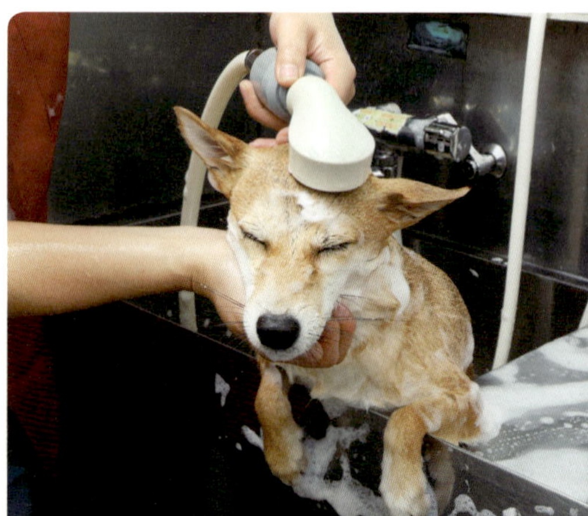

7 ぬるま湯ですすぎます。どうしても嫌がる犬は、薄めたシャンプー液に浸したタオルを絞ってふいてもいいでしょう。

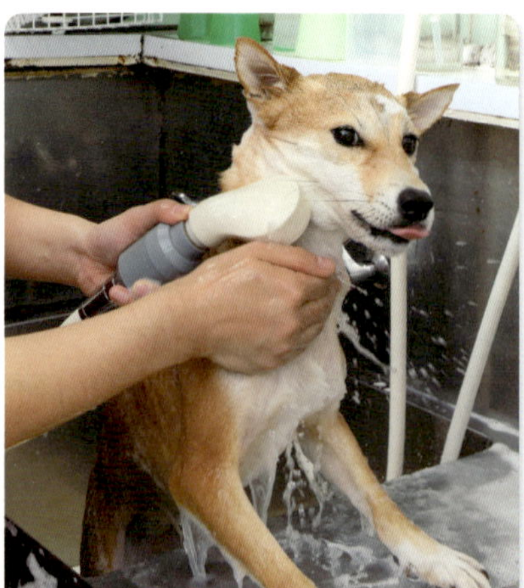

8 全身にコンディショナー（リンス）を付け、すすぎます。ふわっとした感じに仕上げるなら省略可。

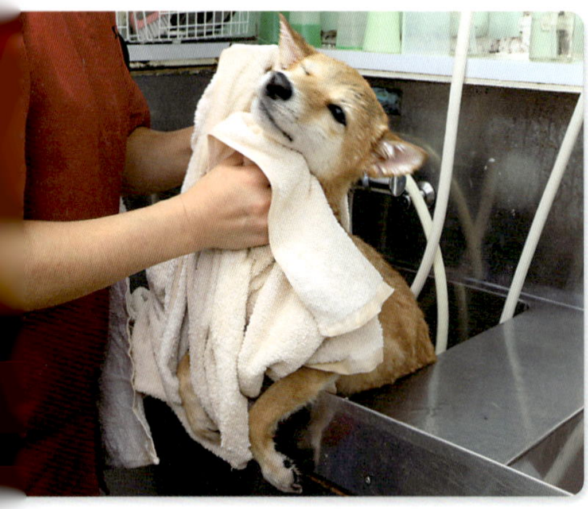

9 タオルで全身をふきます。ドライヤーをかける時間を短くするため、タオルでできるだけしっかり水分を取っておきます。

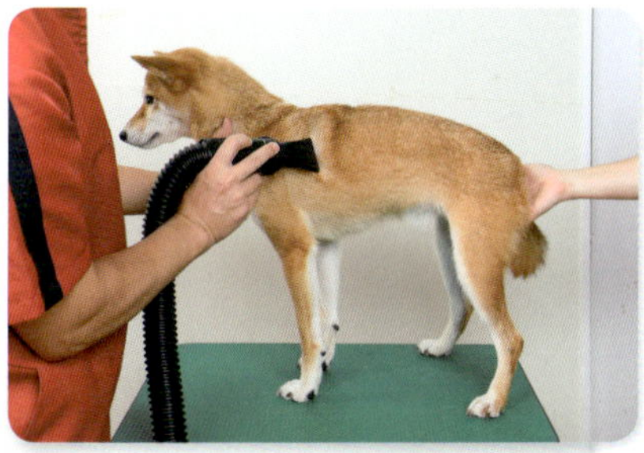
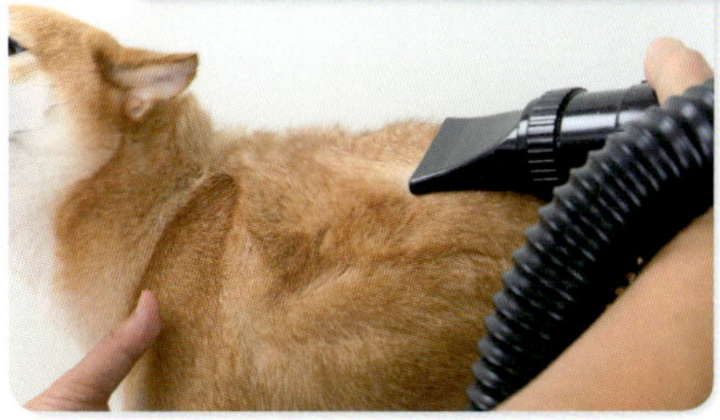

10 エア・フォース・ドライヤーで水分を飛ばしていきます。毛流に沿って動かしますが、早く乾かしたいときは毛流と逆でもかまいません。

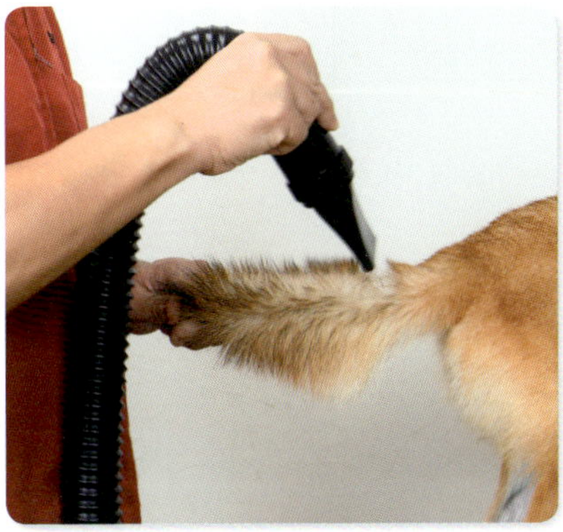
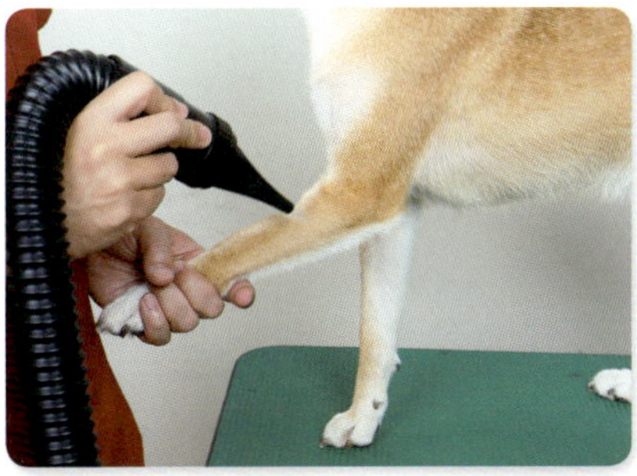
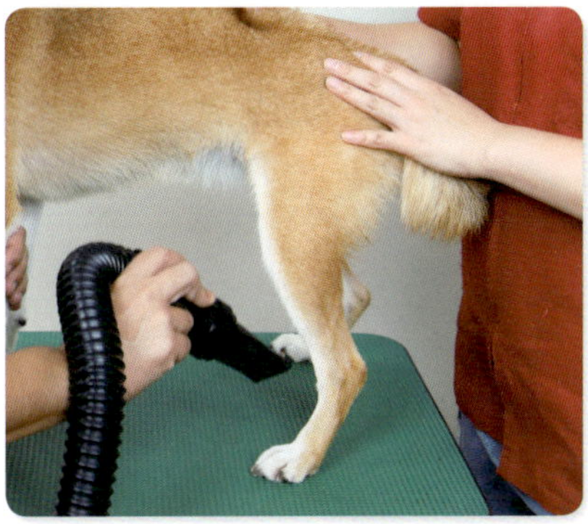

11 前肢の前側、後肢の前側、テイルの付け根など、被毛が密な部分や極端に短い部分には水分が残りやすいので注意（びっくりさせるので顔には使わない）。

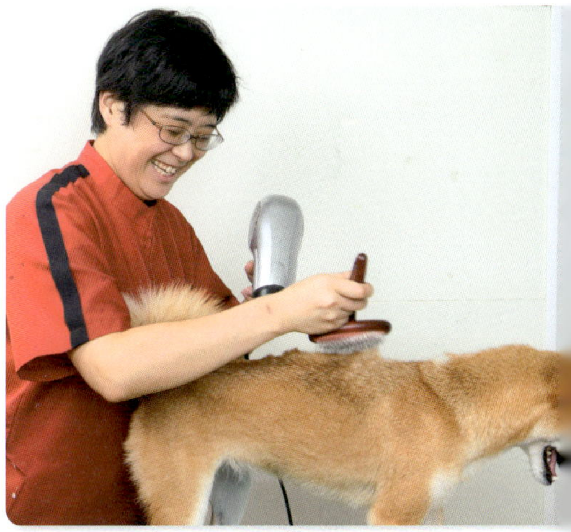

12 ドライヤーをかけていきます。スリッカーで毛流と逆にとかしながら、ドライヤーの風を当てます。

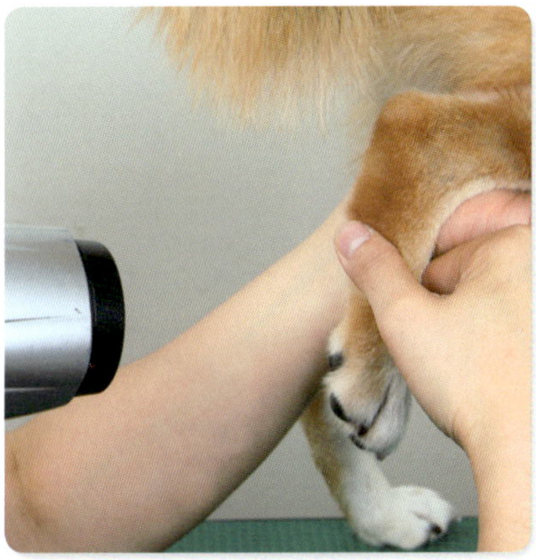

13 足先など毛が短い部分は、指で毛を軽くこすりながら風を当てます。

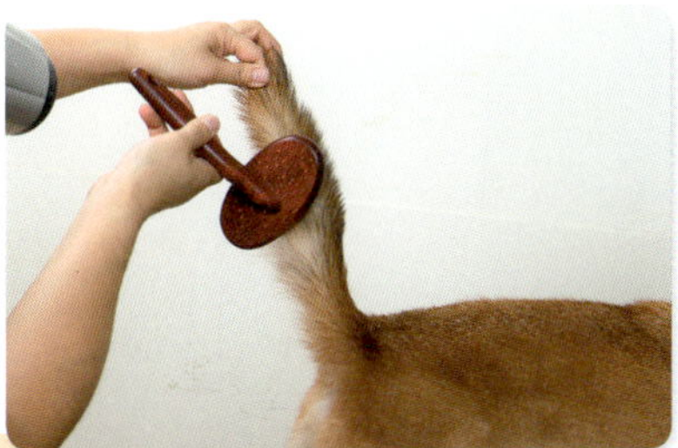
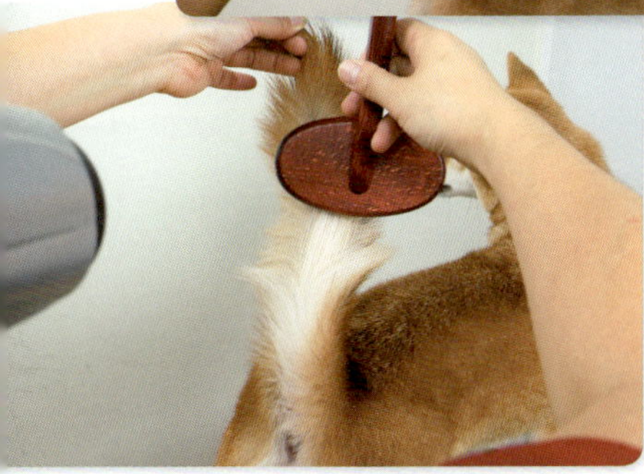

14 テイルの表側（巻いたときの内側）は、毛流と同じ方向または横方向へとかしながら風を当てます。裏側は毛流に沿って。

15

耳の表側は、耳を折るようにして倒し、毛を指で軽くこすりながら風を当てます。裏側は、親指で耳孔をふさいで風を当てます。

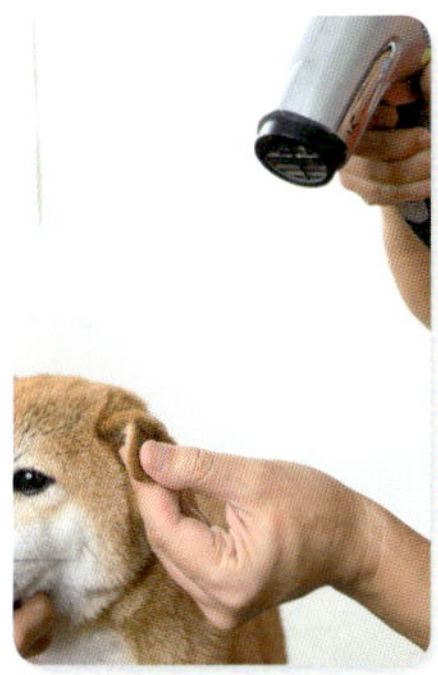
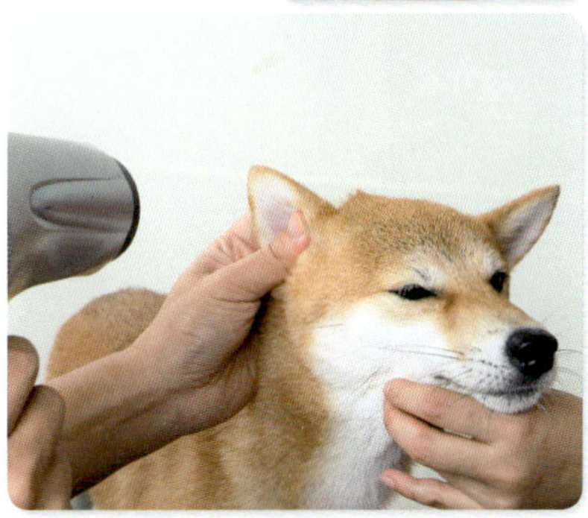

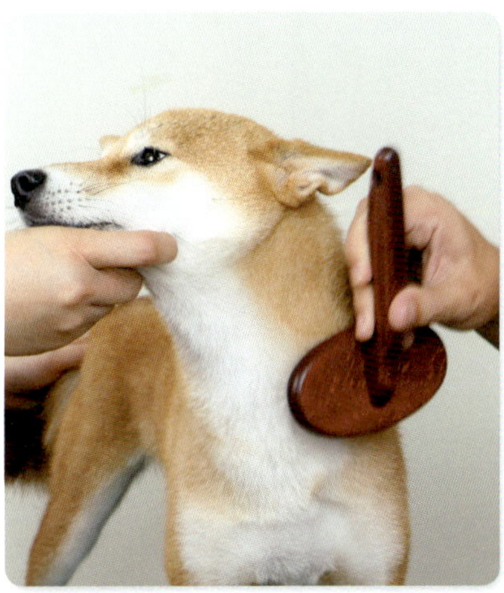

16 首周りは、毛流と逆にとかしながら風を当てます。

17 頬のあたりは、首～頬を上へ持ち上げるように押さえ、目に直接風が当たらないように閉じさせてから乾かします。

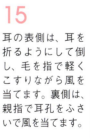

テクニック
2

クリッパー・ワークのコツ

スピーディーにスタイルが作れるクリッピングは、
トリミングのなかでも大きなウエイトを占める作業です。
ついさっと済ませがちですが、コツを押さえて失敗のないようにしましょう。

クリッピングの希望はできるだけ具体的に

クリッパーでスタイルを仕上げるときは、飼い主さんの希望をできるだけ具体的に聞いておくようにしましょう。とくに短い刃を使う場合は、刈ってからの修正が効きにくいことが多いもの。「5ミリ」、「1㎝」のように数字で示してもらうのがいちばんですが、それが難しい場合は「皮膚が透けない程度に」など、仕上がりのイメージを詳しく確認しましょう。短くしすぎるとかえって皮膚や被毛に良くないこともあるので、気を付けてください。

注意が必要なのは、同じミリ数の刃でも、メーカーなどの違いによって毛の取れ方が異なること。初めて来店する飼い主さんからミリ数で指定を受ける場合は、店にストックしてある写真のうち、クリッピングした状態の写真を参考に見てもらうなどして、仕上がりの雰囲気を事前に確認してもらうと安心です。

仕上がりの被毛の長さについて飼い主さんからアドバイスを求められたり、全面的に任されたりした場合は、その犬の犬種、毛質や毛量、年齢などを総合的に考えた上で、クリッパーの刃の長さを決めます。テイルの付け根など目立たない場所で小さく試し刈りをし、刈りムラの出方なども確認してから作業を始めるようにしましょう。

クリッピングによって毛質に変化が出ることも

犬によっては、クリッピングによって毛質が変わることもあります。たとえばポメラニアンのような開立毛の場合、いったんクリッパーを入れてしまうと、その後、被毛の量が減って全体のボリュームが落ちたり、毛のコシが弱くなって開立しにくくなったりすることがあります。こうした変化の理由にはいくつかの説がありますが、成長期の毛が刈られて換毛のサイクルが乱れ、毛が伸びるペースが変わることなどが原因の1つと考えられています。

そのため、初めてクリッピングする場合は一度刈ったらクリッピング前と同じ状態には戻らない可能性があること、それはトリミングの技術とは関係なく起こる可能性があることなどを飼い主さんにきちんと伝え、了承を得ておく必要があります。

クリッパー・ワークの注意点

❶ 刃先の角度に合わせて皮膚に当てる

クリッパーの刃先の角度を意識しながら犬の皮膚に当てます。

ブレードの底に対して刃先が下がっているので注意（メーカーによって角度が異なります）。

❷ 真っ直ぐに動かす

ブレードの中心に重心を置き、真っ直ぐに動かします。

片側に重心をかけると、仕上がりが乱れます。

❸ 動刃の速度を考えて動かす

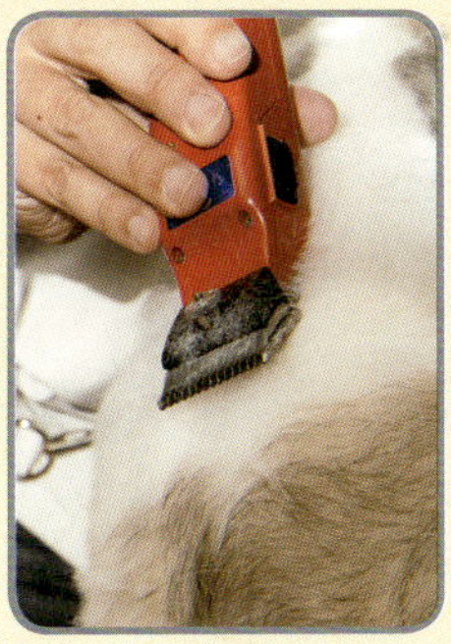

動刃の速度が遅いものは、ゆっくり動かします。速く動かしすぎると、毛の表面に刃の跡が残りやすくなったり、被毛が抜けたりすることがあります。

短い刃の場合は刃を立てない、長い刃の場合は皮膚を挟まないように！

基本のクリッパー・ワーク

シー・ズー、プードル、ヨークシャー・テリアなど、犬種を問わずに応用できる基本テクニックです。

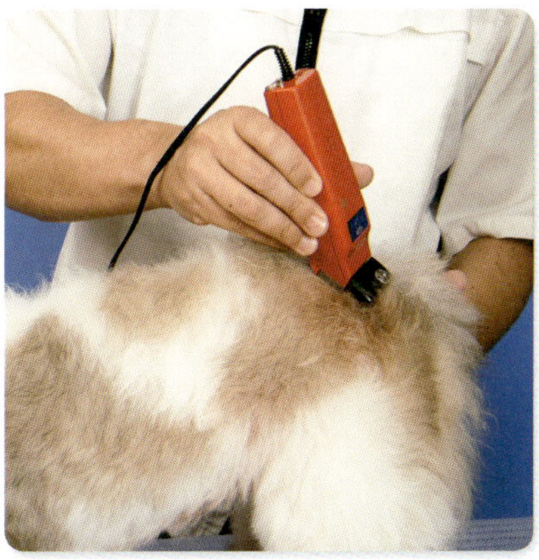

1　３ミリの刃を付けたクリッパーで試し刈りをします。テイルの付け根あたりを軽く並剃りし、仕上がりの雰囲気を確認します。

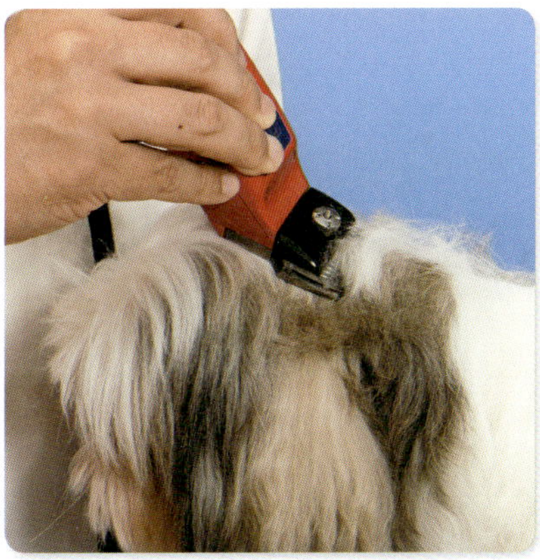

2　背線を刈ります。オクシパットより少し下からテイルの付け根に向けて、毛流に合わせて並剃りしていきます。

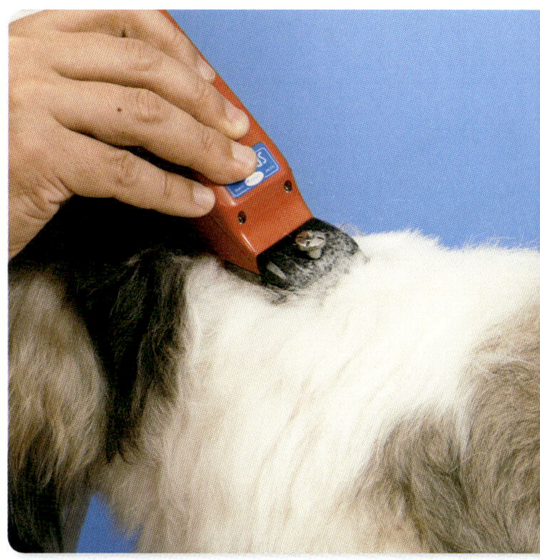

3　首の後ろにくぼみがあるタイプ（スウェイ・バック）の場合、へこんでいる部分では刃を浮かせ気味に当て、平らに整えます。

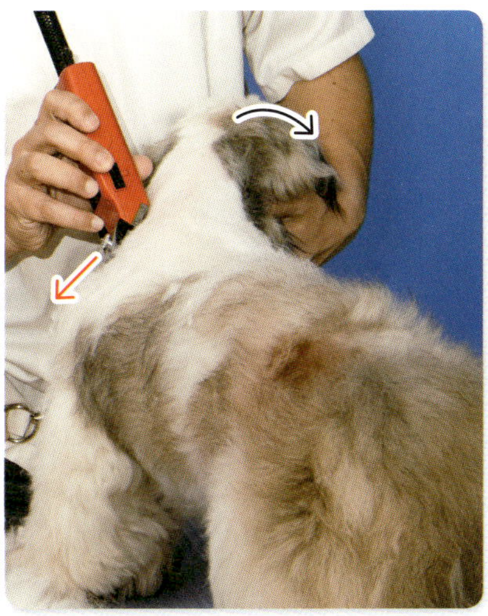

4　サイドネック～肩甲骨につながるあたりは、刈りたい側と反対方向へ犬の首を向け、皮膚を伸ばした状態にして刈ります。

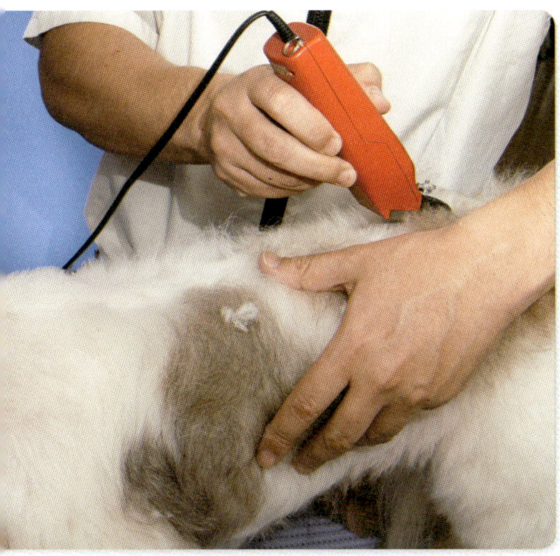

5　肩甲骨より後ろは、犬に真っ直ぐ前を向かせて背線を刈ります。

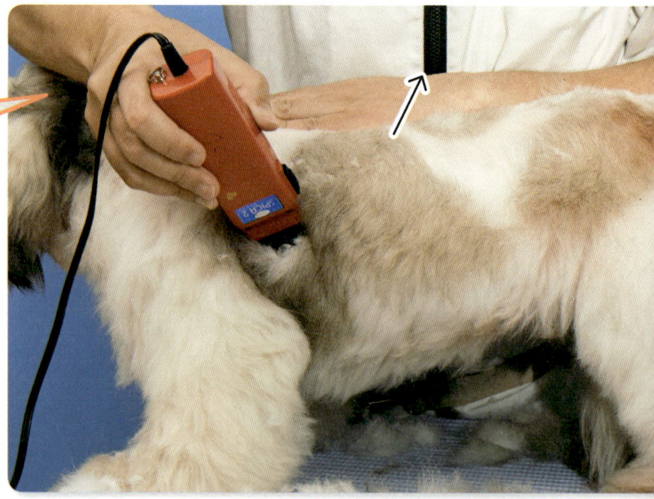

POINT

左手でクリッパーの動きと反対方向へ皮膚を引っ張り、皮膚を伸ばした状態にしましょう

6 サイドボディを刈ります。背線から続けて、毛流に合わせて並剃りします。ボディ下部の、クリッパーが届くところまで続けて刈ります。

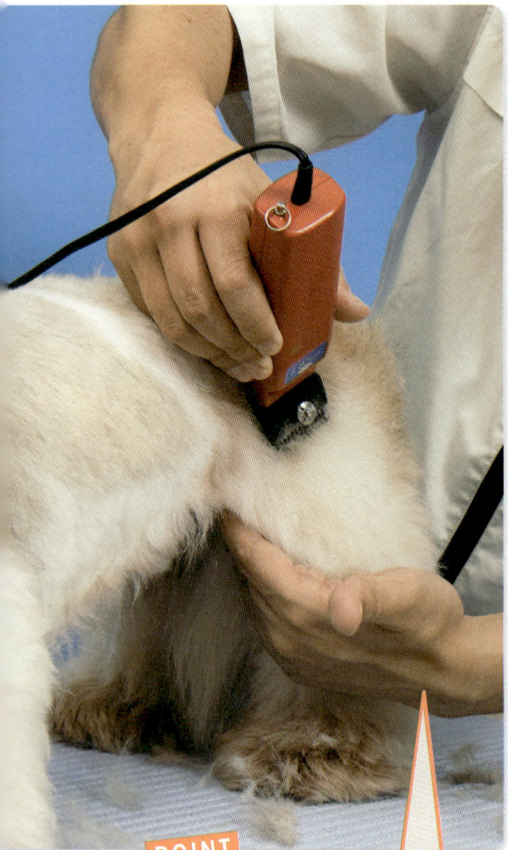

7 大腿部にはふんわりと毛を残したいので、タック・アップ〜テイルの付け根を結ぶイマジナリー・ラインを想定し、そのラインの高さまで並剃りします。

POINT

皮膚が薄くやわらかいタック・アップ周辺は、下から手を添えて皮膚を伸ばし、傷付けるのを防ぎます

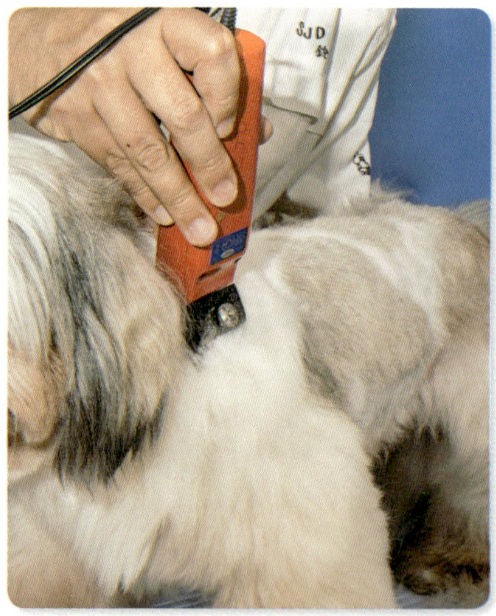

8 肩を刈ります。肘の上のくぼみより指の幅1本分ほど上から並剃り。

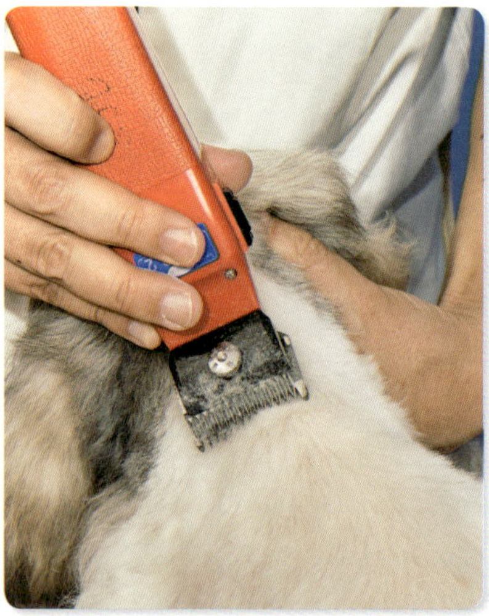

9 首の後ろを刈り直します。左手で皮膚を伸ばしながら並剃りし、首〜背線を自然につなげます。

POINT

お尻とテイルの境目がはっきりしてメリハリが付き、汚れ防止にも役立ちます

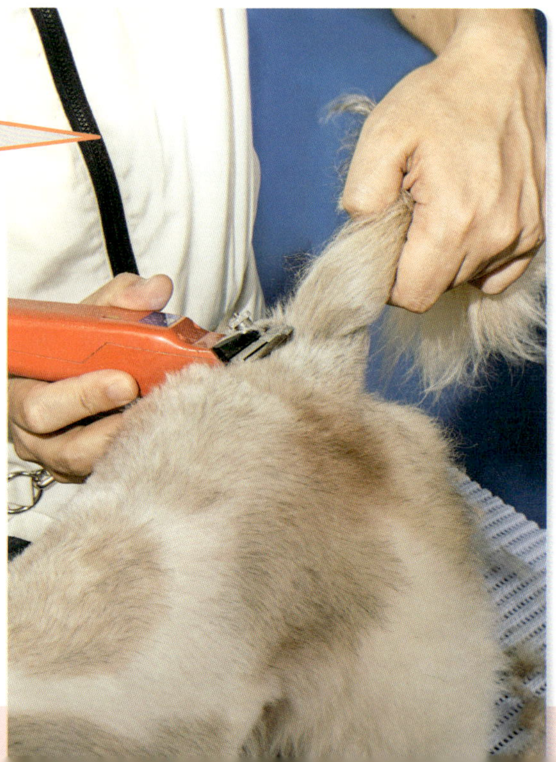

10 テイルを刈ります。付け根から2〜3㎝ほどのところまで、ぐるりと並剃りします。

11 胸を刈ります。のどから毛流が前向きの部分を並剃りします。胸骨端より下はクリッパーの刃を手前に逃がすように刈ります。

12 犬を座らせて下胸の長い毛を取り、胸骨端から前肢付け根の前側へつなげるように並剃りします。

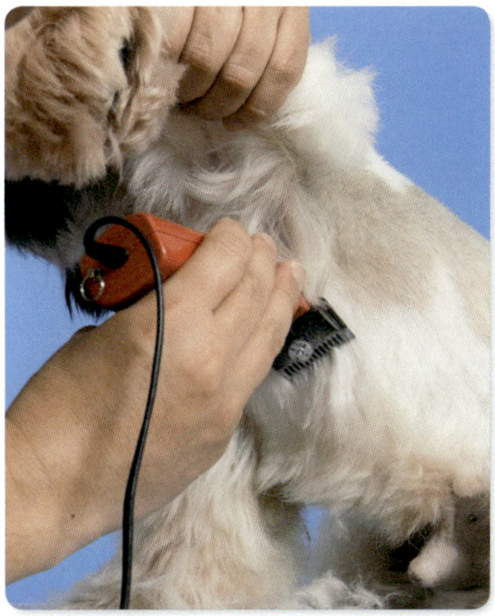

13 前肢を片方ずつ持ち上げ、いちばん前の乳頭の手前まで、下胸を並剃りします。

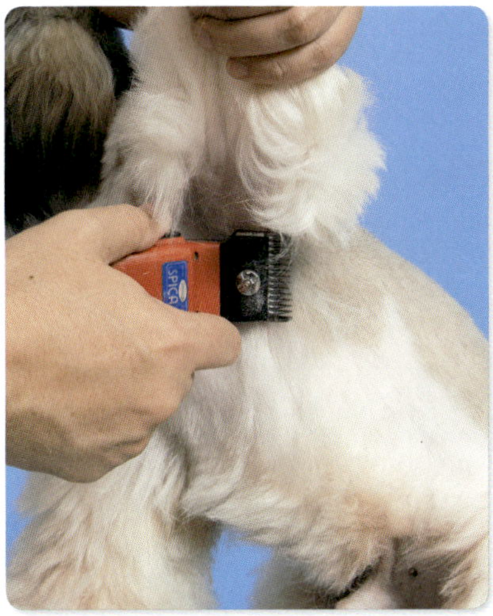

14 脇を刈ります。2本の筋のあいだのくぼんだ部分に、内側から外側へ向けてクリッパーを当てます。

POINT

毛玉になりやすい部分なので、ていねいに。ボディに長めの刃を使う場合、脇は短い刃に替えると良いでしょう

15 同じ部分に、外側から内側へ向けてクリッパーを当てます。

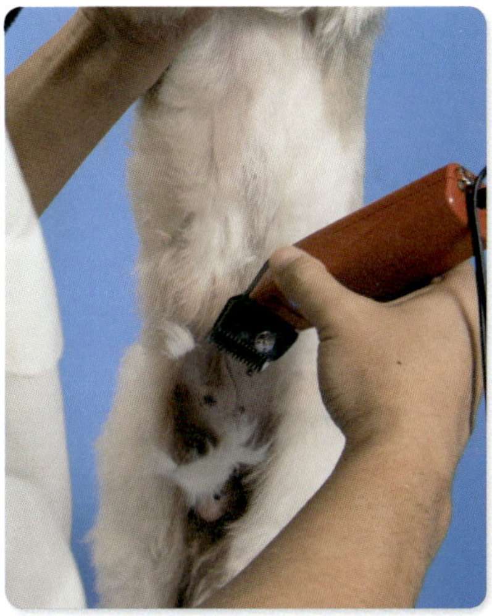

16 腹部を刈ります。犬を後肢で立たせ、乳頭を確認しながら並剃りします。

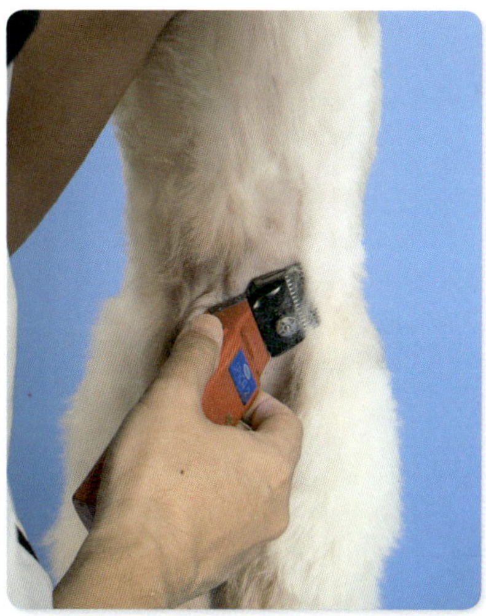

17 タック・アップは内側から外側へ向けて刃を当て、きれいに毛を取ります。

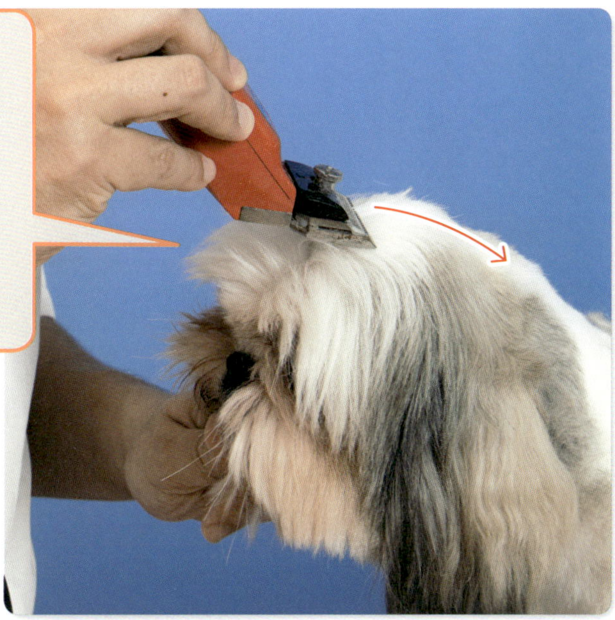

POINT

顔をボディよりふんわりと仕上げる場合、ボディとのバランスを考えて刃の長さを選びましょう。ボディに対して頭部を大きくしすぎないことも、かわいくするポイントです

18 顔を刈ります。クリッパーの刃を6ミリに替え、頭頂部から後ろへ並剃りします。

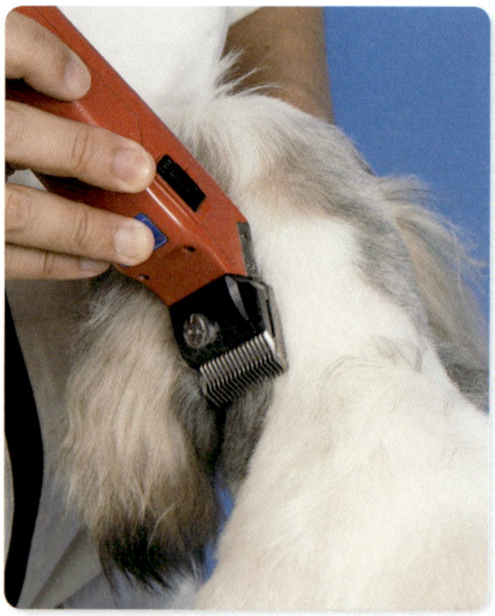

19 耳の後ろ側の毛は、首になじませるように並剃りします。

細部の仕上げはハサミで！

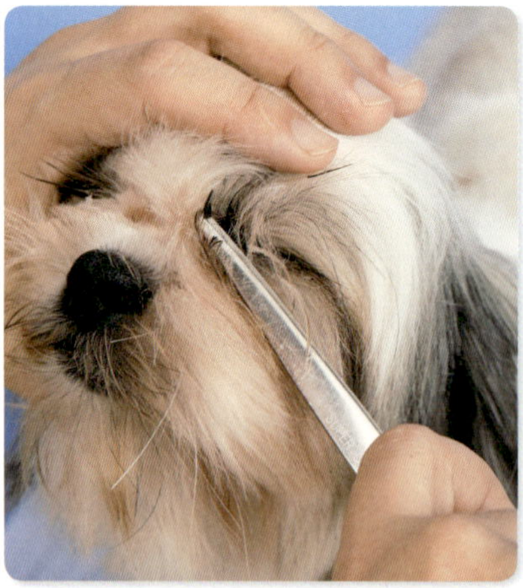

20 前望したときに目を隠す目頭と目の上下の毛をカットし、目をしっかり見せるようにします。

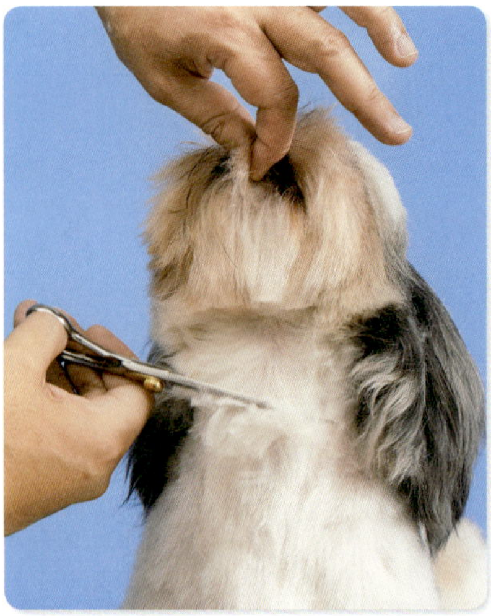

21 顔の輪郭を作ります。首の付け根を、アーチを描くようなラインでカットします。

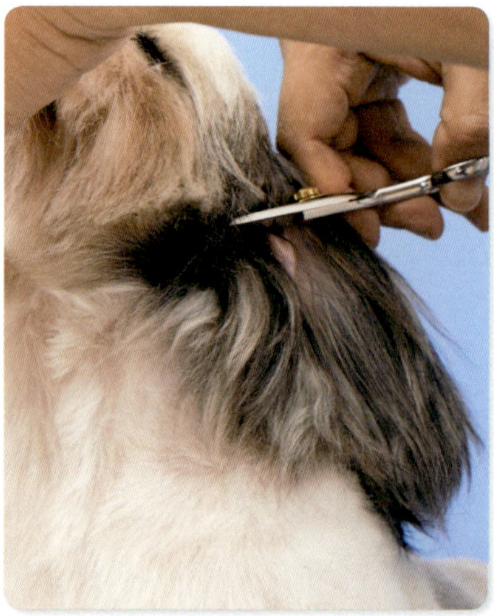

22 耳の下側の付け根から、テーブルに対して垂直にカットします。

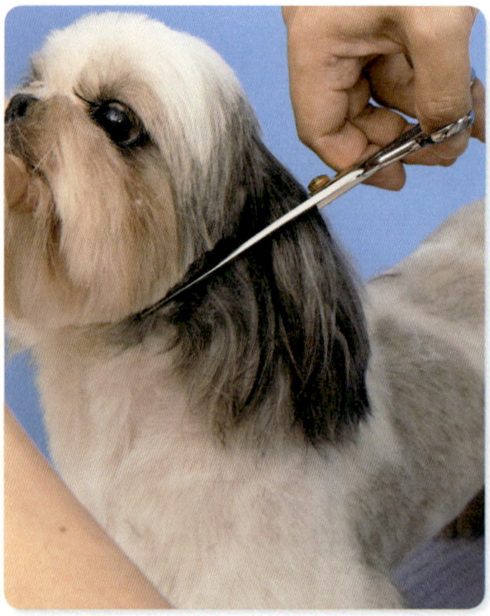

23 ㉑〜㉒を丸く結ぶようにカットします。

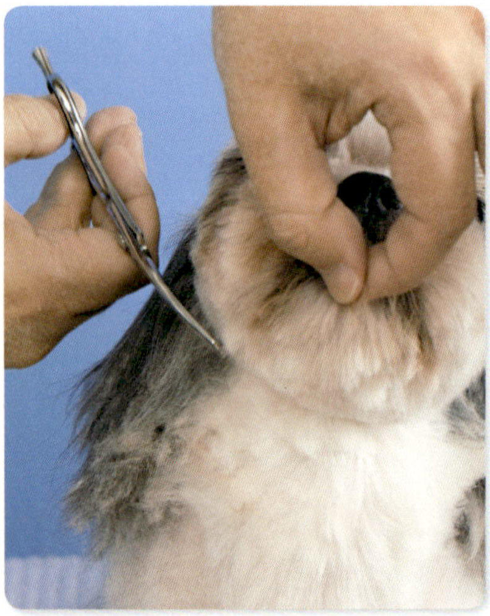

24 口ひげをカットします。前望し、マズル全体を丸く整えます。

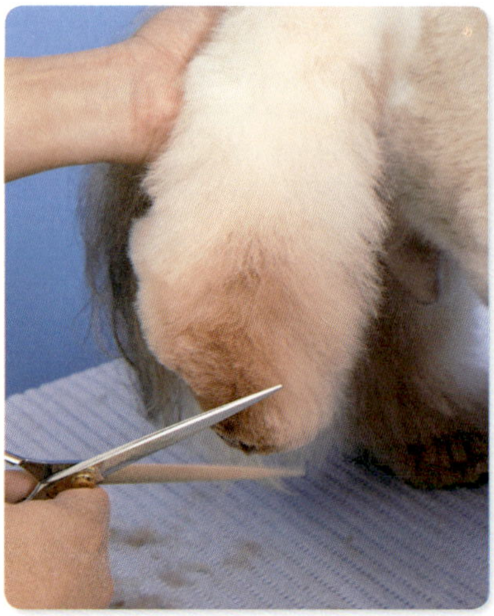

25 足先をカットします。足裏の長い毛を処理し、足先を足裏に対して垂直にカットします。

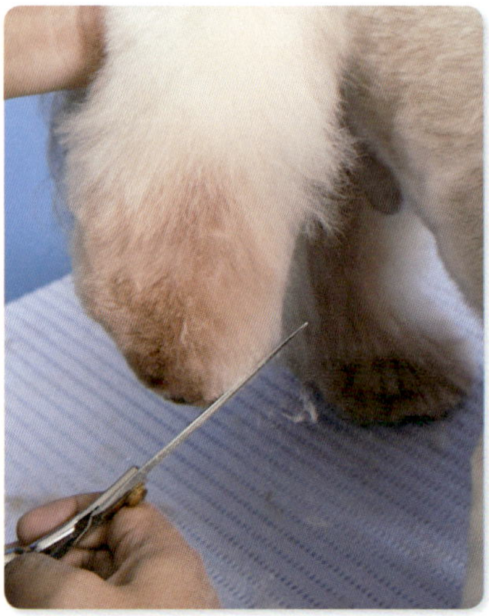

26 足先から続けて、足周りをカットします。ふんわりとした足を作るので、足の両サイドの毛は広めに残します。

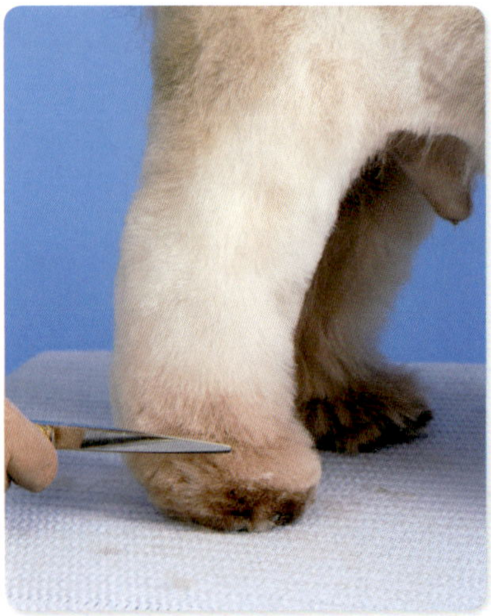

27 肢〜足周りの毛を起こすようにコーミングし、握りの部分に十分な厚みを残して丸く整えます。

刈りムラが出やすい犬

ダックスフンドやコーギー、チワワなどは、短めの刃で刈りムラが出ないように注意しながら作業します。

before（M・ダックスフンド）

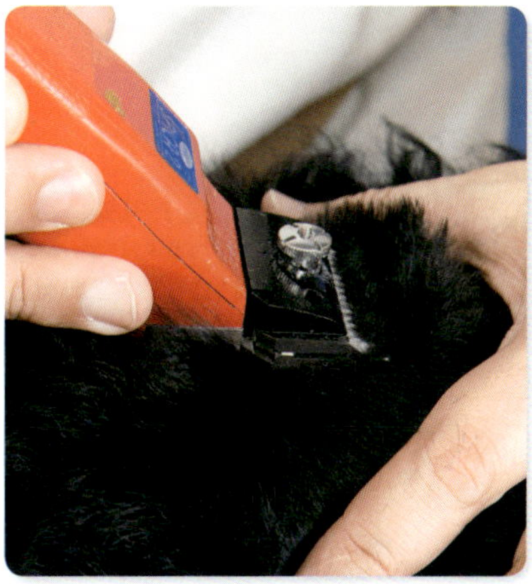

1　3ミリの刃を付けたクリッパーで試し刈りをします。テイルの付け根あたりを軽く並剃りします。

POINT

色味の違いが目立ち、刈りムラのように見える場合は短い刃に替えてみましょう

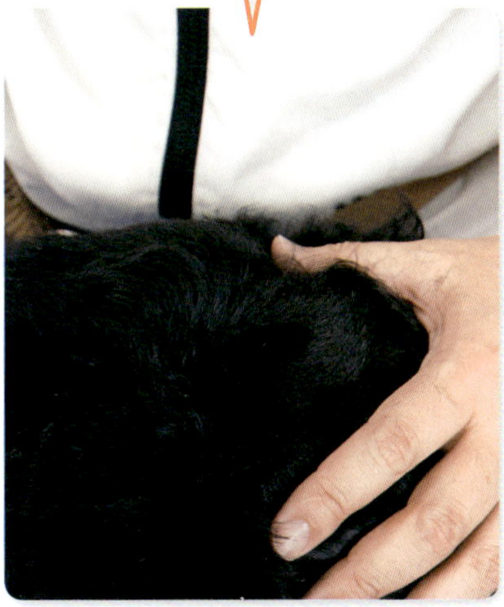

2　クリッピングした部分はアンダー・コートの色が出てくるため、どのくらい色味が変わって見えるか確認しておきます。

3　背線を刈ります。オクシパットより少し下からテイルの付け根に向けて背線を並剃りします。

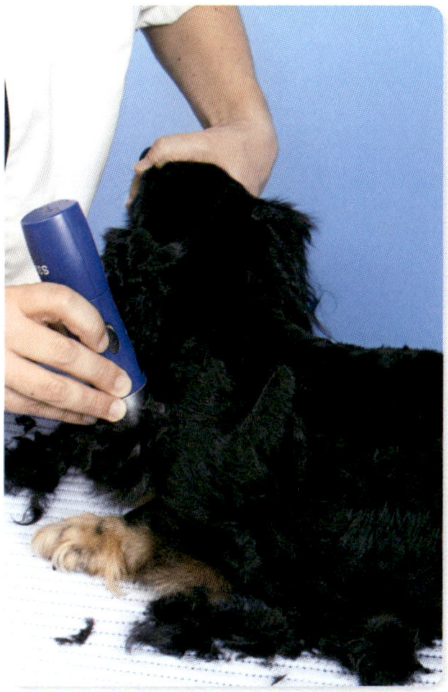

4　シー・ズーの手順⑪～⑫と同様に、前胸を刈ります。

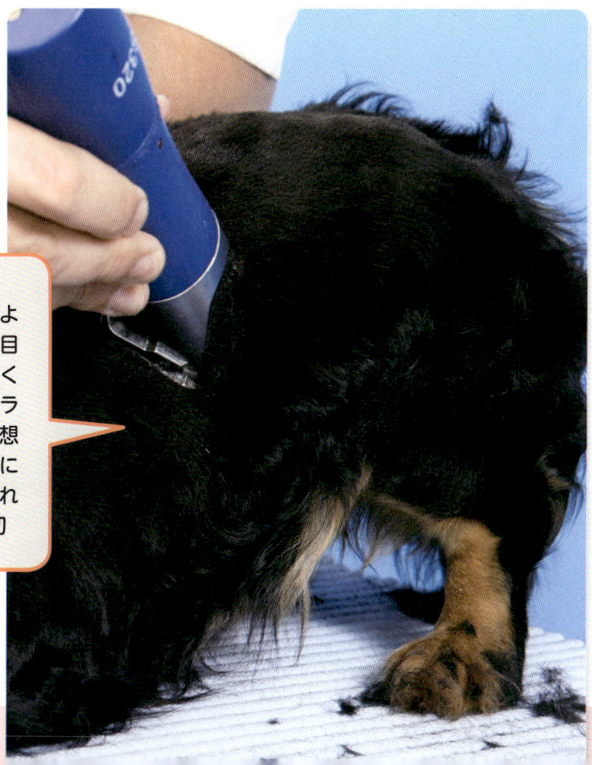

5　シー・ズーの手順⑥～⑩と同様に、ボディや肩、テイルを刈ります。

POINT

クリッピングによる毛色の違いが目立つ場合は、とくにイマジナリー・ラインをきちんと想定。正しい位置にクリッパーを入れていくことが大切

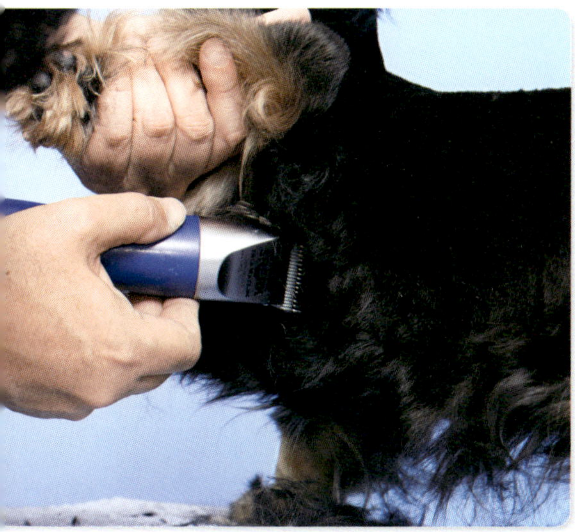

6　下胸を刈ります。前肢を片方ずつ持ち上げ、いちばん上の乳頭の手前まで、下胸を並剃りします。

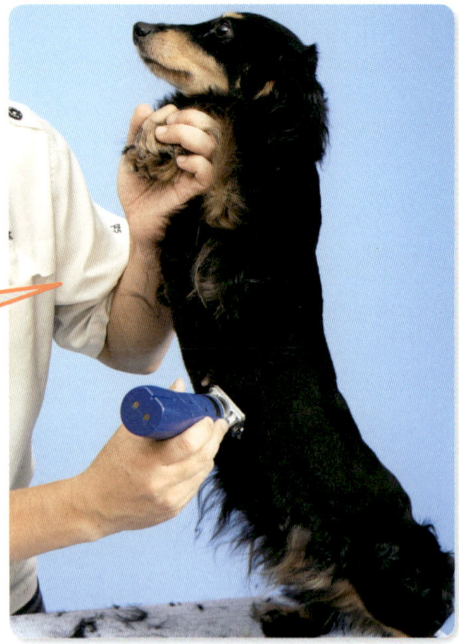

7　クリッパーの刃を1ミリに替え、犬を後肢で立たせて腹部を刈ります。同じ刃で足裏の毛も処理します。

POINT

汚れやすい性器周りや足裏は、短い刃ですっきりと毛を取っておくと衛生的です

仕上げのシザーリング

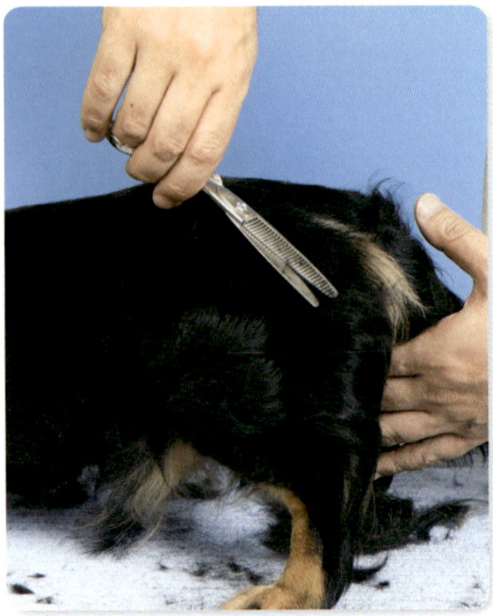

8　ボディ～大腿部のつながりを、スキバサミでなじませます。

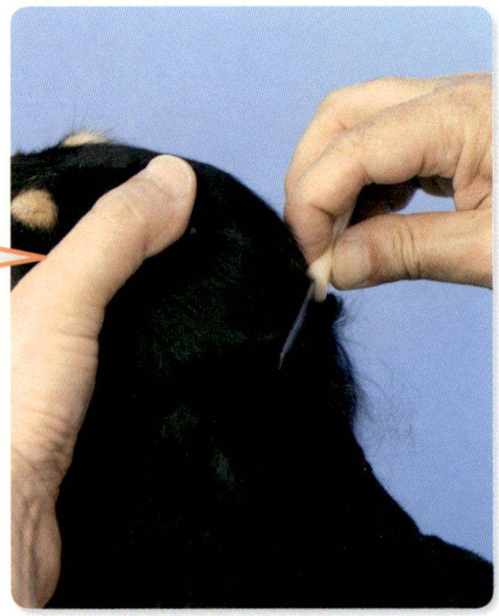

9　後頭部～②の刈り始めのつながりをなじませます。細目のトリミング・ナイフで、後頭部のアンダー・コートをほど良く取ります。

POINT

アンダー・コートを取るには、ナイフやマグネット・コームが便利。ナイフは、毛が皮膚に密着している犬や細かい作業をするときに使います。マグネット・コームはナイフよりもコートに深く入り幅も広いので、毛の浮いている犬や一度に多くの毛を取りたいときにおすすめ

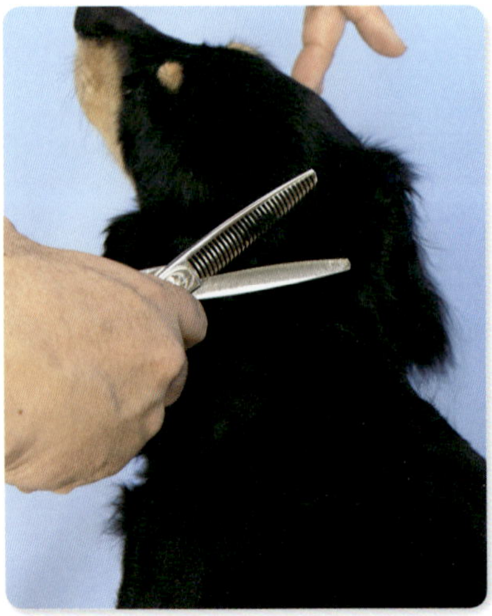

10　スキバサミでブレンドし、頭部～ボディを自然につなげます。アンダー・コートを取っておくと、自然にボリュームダウンすることができます。

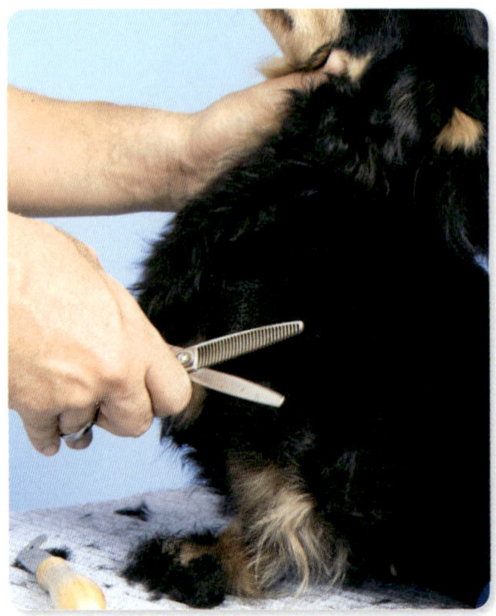

11　前胸～ボディのつながりを、スキバサミでなじませます。

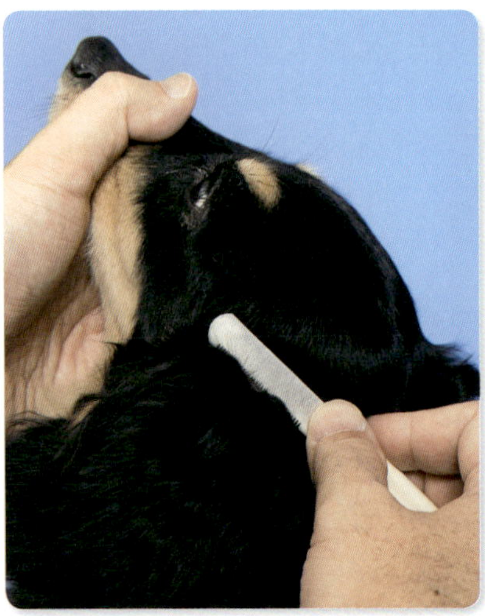

12　耳の付け根のアンダー・コートをナイフで取り、ボリュームを調節してなじませます。

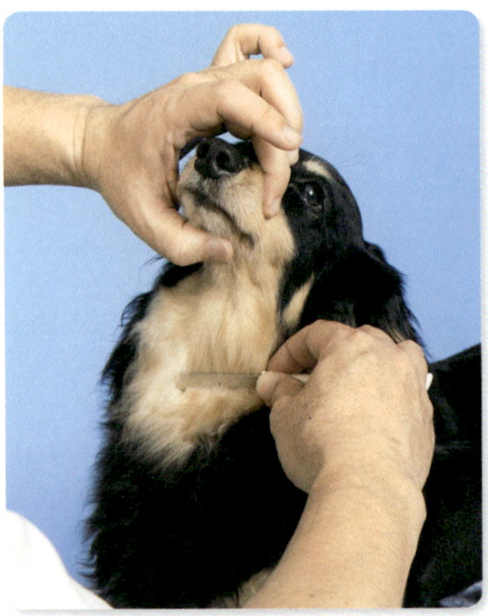

13　首～胸のアンダー・コートをナイフで取り、ボリュームを調節してなじませます。

クリッピングを避けたいとき

ポメラニアンなどクリッピングでの毛質の変化を避けたい犬は、アンダー・コートを取ってボリュームダウンできます。

POINT

作業する部分の毛を分けて上からかぶさる毛を左手で押さえ、同時に毛流とは逆方向に皮膚を引っ張って伸ばします

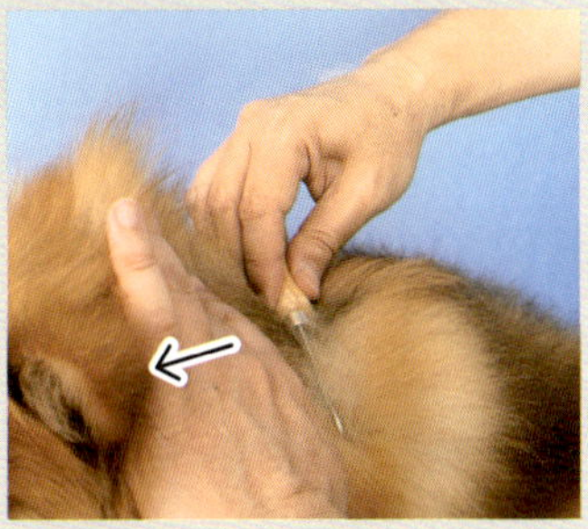

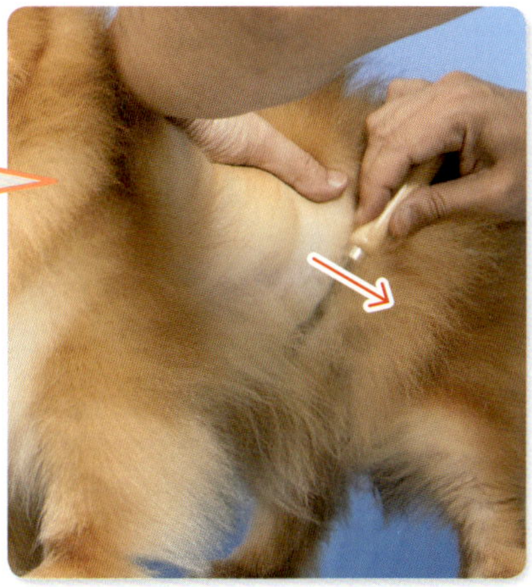

1　マグネット・コームで毛流に沿ってとかし、アンダー・コートを取ります。皮膚に直接当てないように注意。

before（ポメラニアン）

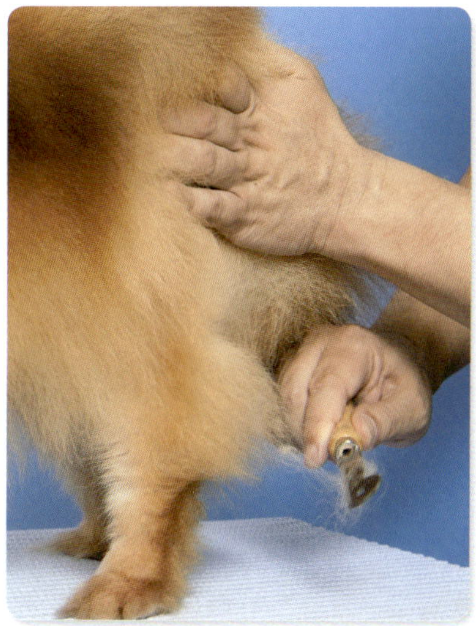

2　胸やお尻は軽くとかす程度にして、ポメラニアンらしいボリューム感を残すようにします。

毛の取りすぎが心配なら…

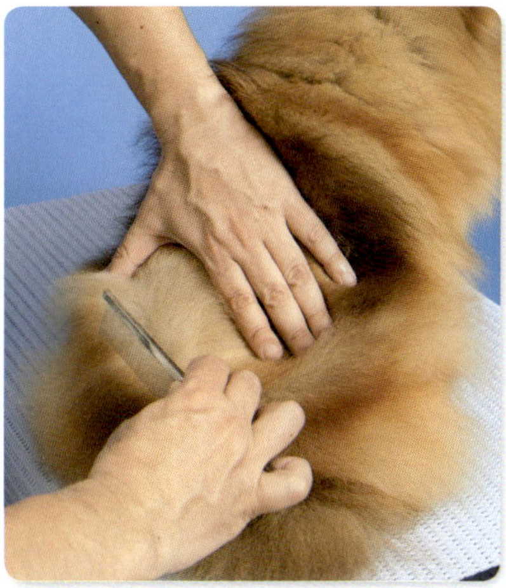

3　マグネット・コームの代わりにコーム（目の細かいほう）を使い、同じ部位を4～5回とかします。

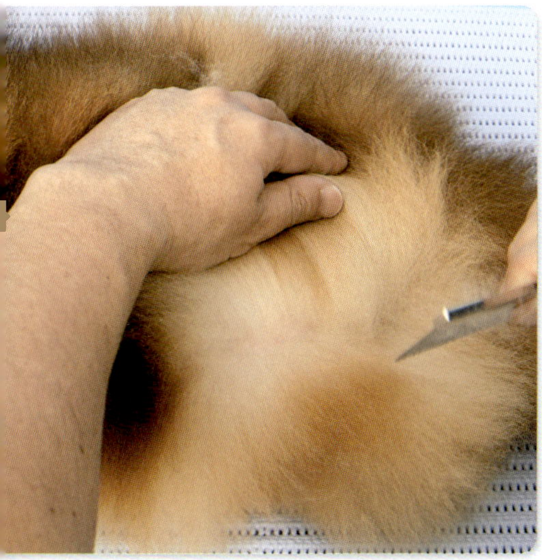

4　コームが引っかかったら無理に毛先までとかさず、手首を返していったんコームを抜きます。

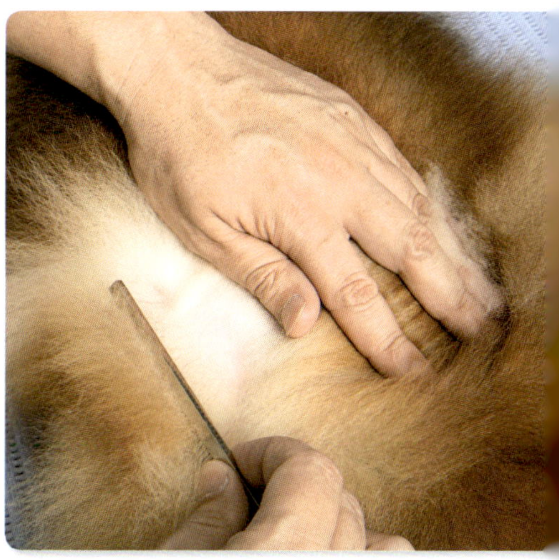

5　同じ部位を軽く数回とかし、オーバー・コートに絡んだアンダー・コートを毛先までずらすようにして取ります。

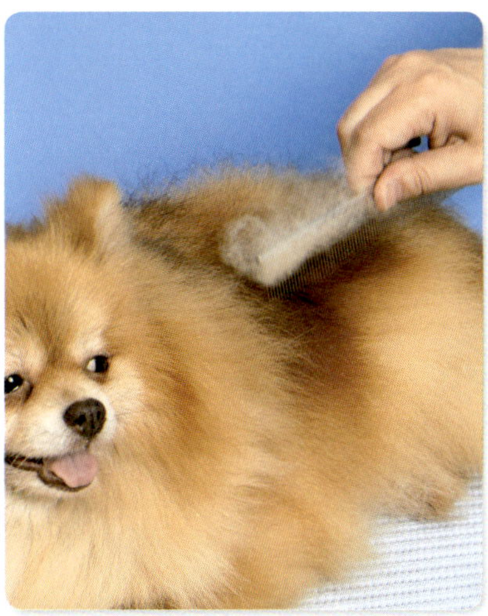

6　ポメのアンダー・コートはオーバー・コートより色が淡いので、きちんと取ることで毛色が鮮やかに見える効果もあります。

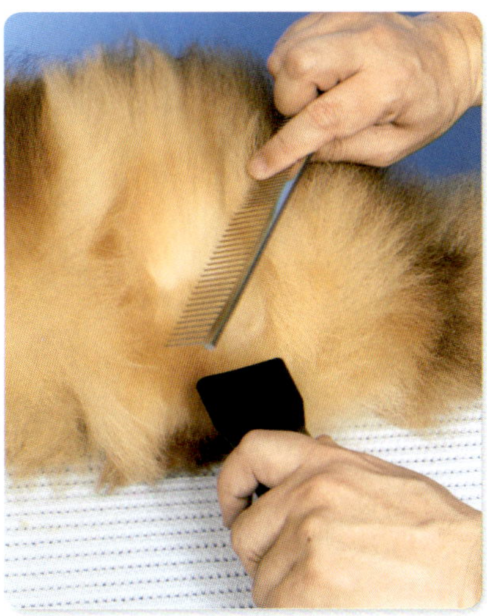

7　コームでも取りすぎが心配な場合は、エア・フォース・ドライヤーを被毛の根元に当てながらコーミングし、不要なアンダー・コートを飛ばしてもOK。

テクニック 3

ハサミのトレーニング

シザーリングは、トリミング作業のなかでもまさに“キモ”。
ふだんから地道な練習を取り入れれば腕にみがきがかかり、
仕上がりの質も大幅にアップするはずです。

継続的なトレーニングで効率化と苦手克服

ハサミのトレーニングというと、「初心者のやることで、ある程度経験のあるトリマーには必要ないのでは？」と思う人もいるかもしれません。しかし、一流のスポーツ選手が基礎練習を欠かさないように、初心者はもちろん熟練のトリマーにとっても基本を確認することは非常に大事なのです。トレーニングが大事な理由としては、次の3点が挙げられます。

❶ハサミの扱いに慣れることができる
❷苦手なカットの問題点を見つけて改善できる
❸細かい点を見直すことで、カットの効率や精度を上げる

まだハサミの扱いに慣れていない学生や初心者が❶の目的で行うのはもちろん、スキルアップを目指す現役トリマーにも❷や❸といった効果が期待できるのです。

ひと口にトレーニングと言っても、ただハサミを動かすだけではありません。毛糸など身近なものを切る簡単な方法からトリミング練習用のツールを活用した方法まで、工夫次第でさまざまなやり方があります。苦手な部位や犬種（毛質）、効率化したい工程など、今抱えている課題によって、適した練習法にチャレンジしましょう。

トレーニングの進め方

自分が使いやすいハサミで、
持ち方などの基本を確認

↓

身近なものを使って繰り返し
カットし、ハサミの扱いに慣れる

↓

トリミング練習用のツールを使って
本物の犬を切るときの条件に近付け、
理想的なカットを作る感覚をマスター

↓

その感覚をもとに、
実際の犬をカットする

ハサミの基本

トレーニング前に、ハサミの各部名称や持ち方などの基本を確認しましょう。

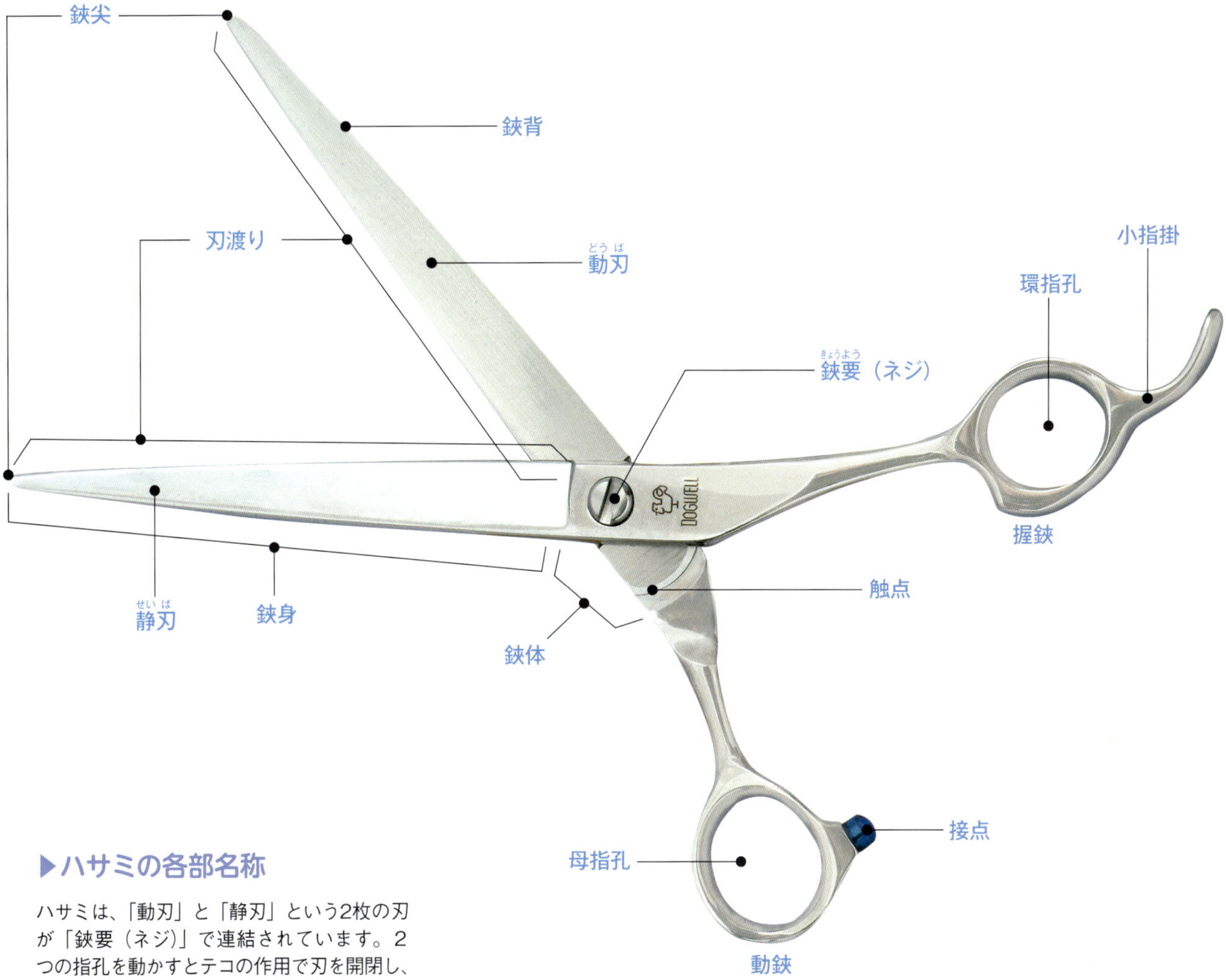

▶ハサミの各部名称

ハサミは、「動刃」と「静刃」という2枚の刃が「鋏要（ネジ）」で連結されています。２つの指孔を動かすとテコの作用で刃を開閉し、２枚の刃が閉じるときに毛を挟み切ります。

ハサミ選びのポイント

メインで使うハサミ（ストレートシザー／仕上げバサミ）を選ぶ際には、次の点に注意しましょう。

- [ ] **自分の手に合うかどうか**
  →実際に持って試してみる
- [ ] **重心と鋏要の距離**
  →近いほうが使いやすい
- [ ] **ハマグリ刃、平刃など刃の種類の違い**
  →それぞれの特徴を把握して選ぶ
- [ ] **被毛のとらえやすさ**
  →基本的に「被毛をとらえやすいもの」を選ぶ

▶持ち方

小指は小指掛けに掛けて縦ブレを防ぎ、中指は鋏体の横に添えて横ブレを防ぎます。人さし指はできるだけ鋏要の近くに添えると、刃先が安定。この３本の指でしっかり支えることで、ハサミの動きがコントロールしやすくなります。

①身近なもので練習

簡単に用意できるものでまめに練習する習慣を着け、ハサミの動作に慣れましょう。

手や紙などを芯に毛糸を巻いて中心を縛り、端を切ります。

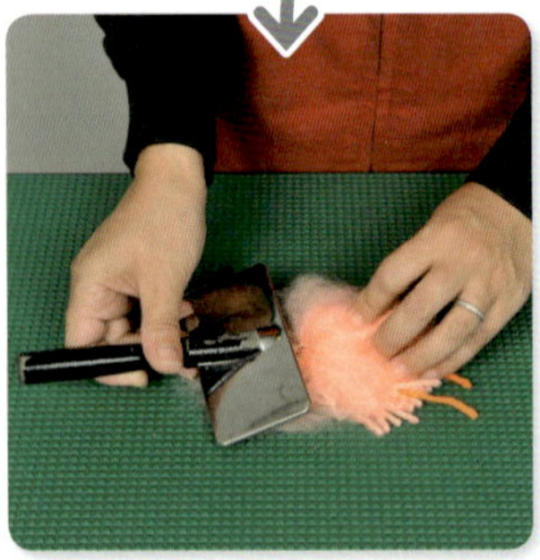

スリッカーや指で毛糸をほぐし、毛先を広げて完成。

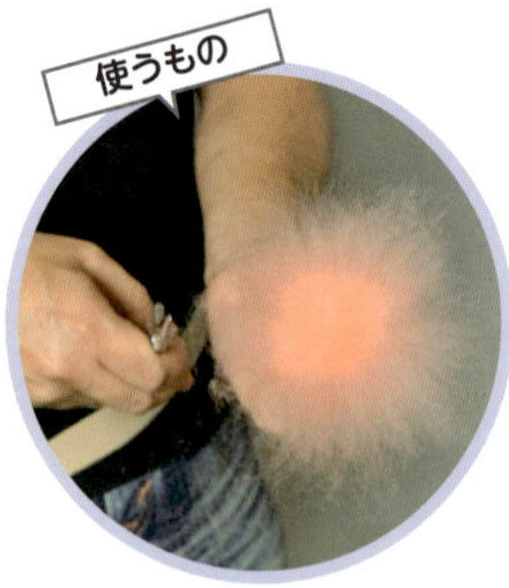

毛糸のポンポン

プードルの頭部やテイルを丸く整える練習に適しています。

トレーニングのポイント

- □いつでもどこでも練習できる
- □カットの完成度や手の動かし方を見直す
- □目的に応じて使いやすいツールを用意する

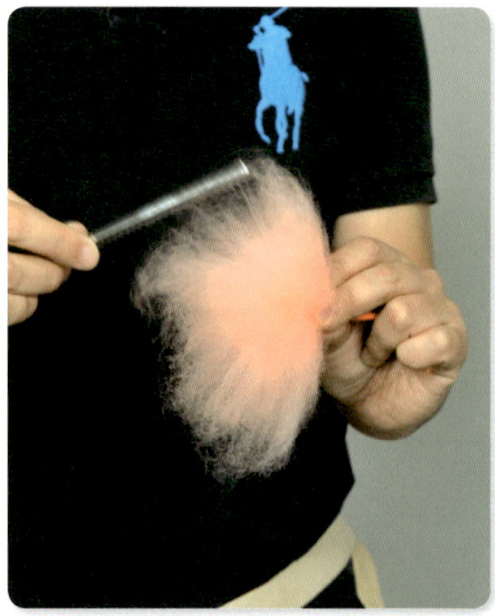

1　コームでとかして、丸くなるように毛を立たせます。毛の密度が高いほうが、本物の犬の毛に近くなります。

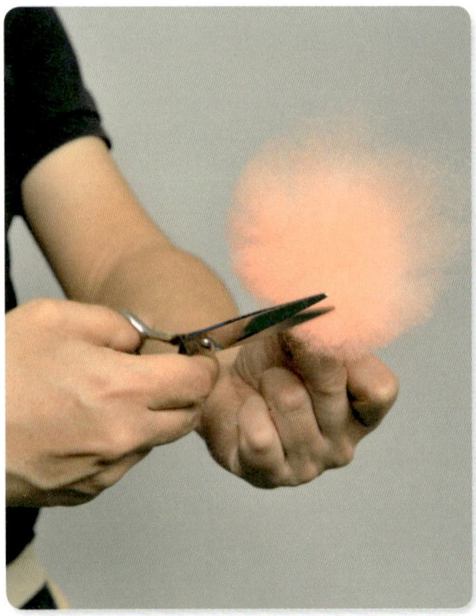

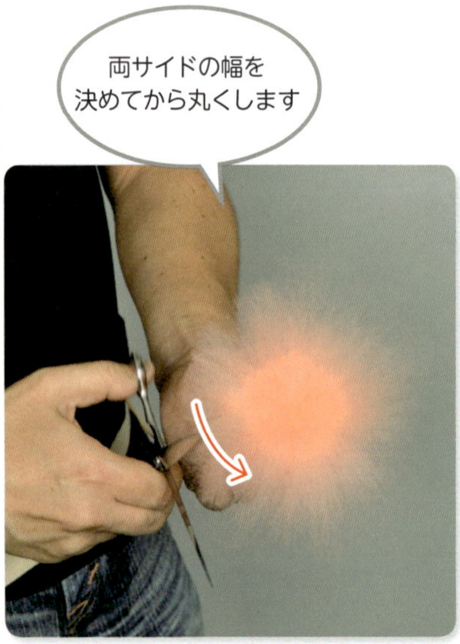

両サイドの幅を
決めてから丸くします

2　逆の手でポンポンの中心をつまみ、丸いラインを意識してカット。まず右側でハサミを上→下に動かしていきます。

3　反対側のサイドと上下も続けてカットし、なめらかなラインでつなげます。反対側は裏バサミを使って。

4　ポンポンは、実際に犬をカットするときに頭部（またはテイル）が来る位置で持つと実践的な練習になります。目の前まで持って来たり、体に近付けすぎないように。

+α

ポンポンを作るときは、毛糸を1本1本根元からていねいにほぐすこと。これは毛玉を取る練習にもなります。

②練習用ツールを使う

カット練習用に市販されているツールを使って練習しましょう。
ここではシンプルなプレートタイプを使用。

曲げたり物に巻いたり、工夫次第でさまざまな使い方が可能。

練習用プレート

厚手の紙に、毛が一列に縫い付けられています。

トレーニングのポイント

- □四肢・ボディ・頭部など、さまざまな部位をシミュレーションして練習できる
- □カットするときの立ち位置を確認する

基本練習（垂直）

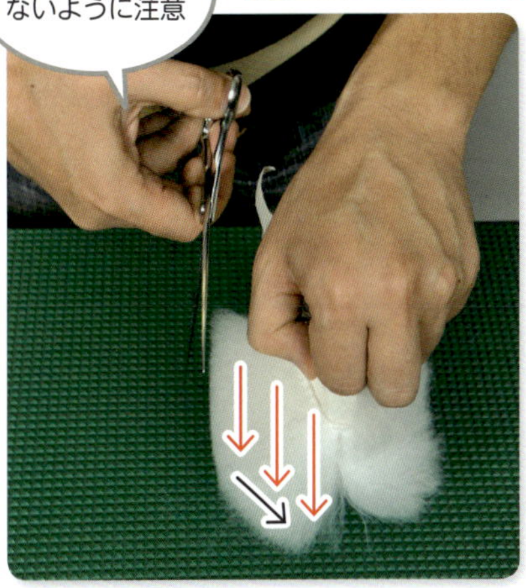

1 ハサミを垂直に動かす切り方を練習します。プレートを縦に折って片手で持ち、上→下、手前→奥の順にカットしていきます。

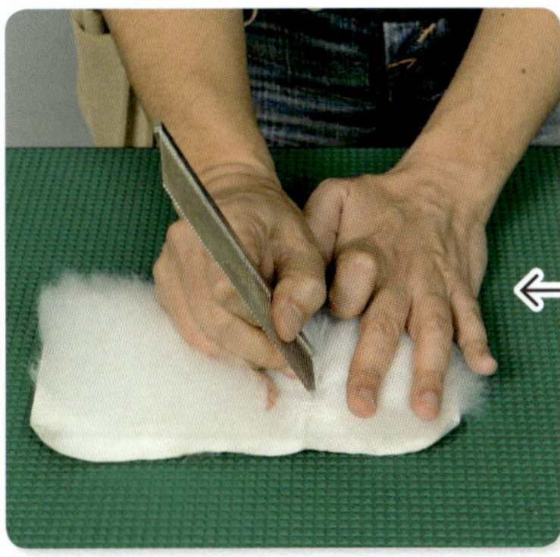

コームを毛の根元から入れてパーティング（ライン付け）しておきます。

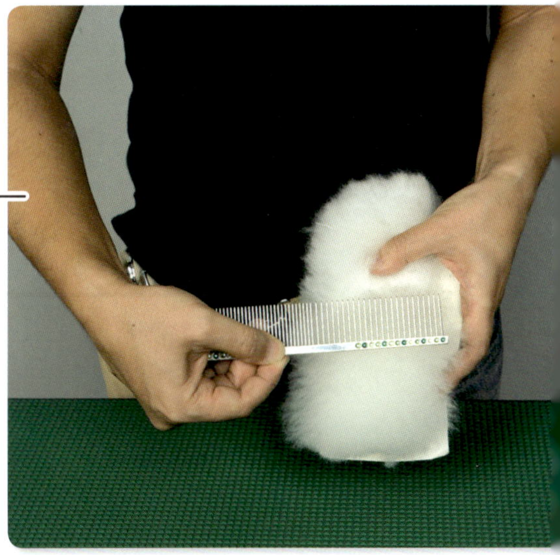

カット前に、コームをテーブルに対して45°の角度で入れて毛を起こしましょう。

背線

POINT

横向きに動かすときはハサミがブレやすいので、基本の持ち方をとくに意識しましょう

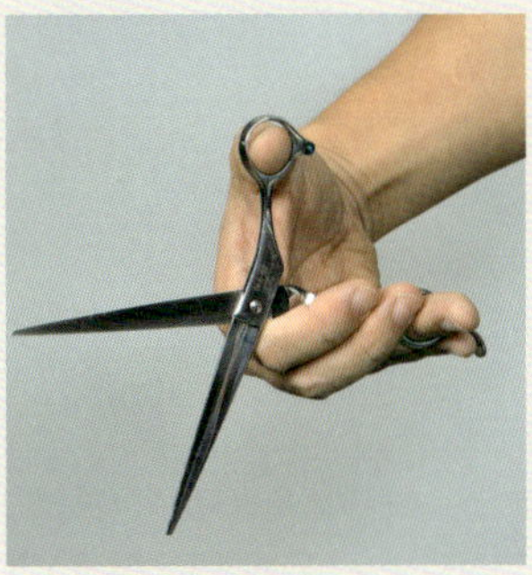

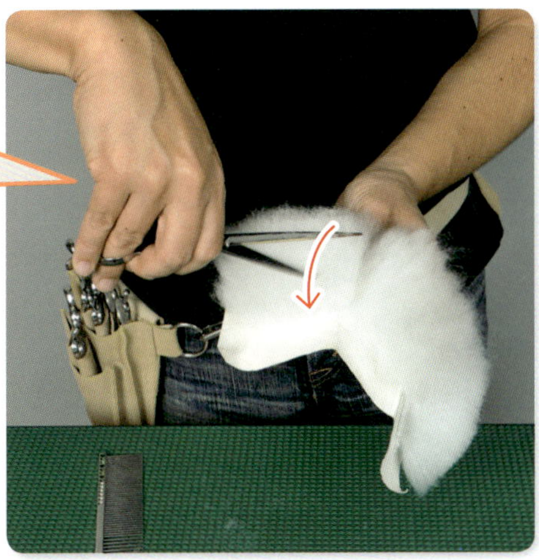

背線をカットする練習をします。プレートを開いた状態で一面を横にして持ち、手前から奥へハサミを動かします。

2 カットした面を整えます。このとき、プレートと体を少し離して全体をチェックします。

頭部

1 トイ・プードルの頭部を丸く作る練習をします。頭部をイメージして、プレートを丸めて持ちます。

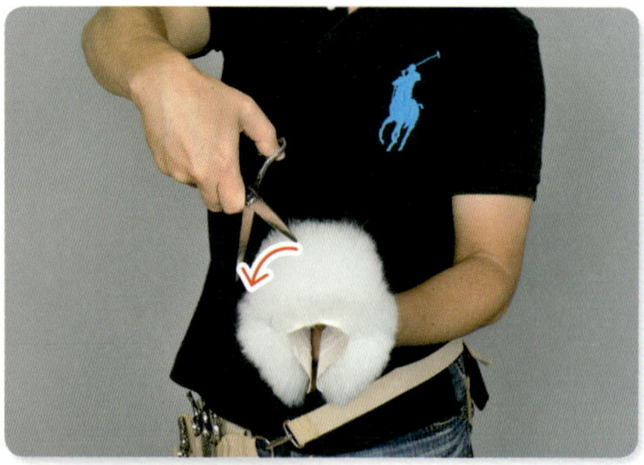

2 中心から右側へ丸いラインを描くように、手前から奥へ向かってカットします。手首の角度は固定して、ハサミの位置を変えるのがポイント。

肩を動かさずに手首だけで切ると、丸いラインがうまく作れません。刃の面が毛に接する角度に気を付けましょう。

肩を引くと、手を動かしやすくなります

3 実際の犬をトリミングするときと同じくらいの距離感でカットします。右足を1歩引き、肩を外に逃がすことができる体勢を心がけて。

4 同じ体勢のまま、反対側を裏バサミでカットしていきます。今度は肘を持ち上げて刃の面が接したままハサミを動かし、丸いラインを作ります。

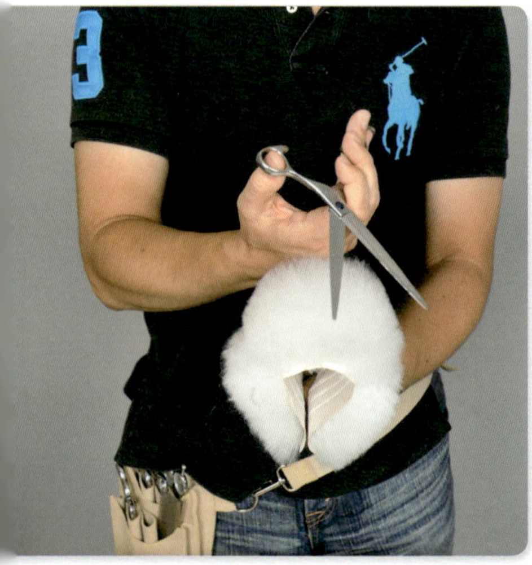

5 裏バサミのときに手首を返すと、切りすぎてしまうことがあります。手首はそのままで肘の動きに重点を置きましょう。

四肢

クリップや洗濯バサミなどで固定してもOK

1 四肢のカットの練習をします。まず、スプレーボトルなど筒状のものにプレートを巻き付けて固定します。

2 前後左右のどの肢と想定するのかを決めます。どの肢かによって自分の立ち位置が変わります。

3 ここでは、左前肢の後ろ側と想定。動刃で毛をすくい上げながら、上→下へカットします。

4 前側も同様にカットします。バランスの良い円柱になるよう、全体を見て幅を決めましょう。

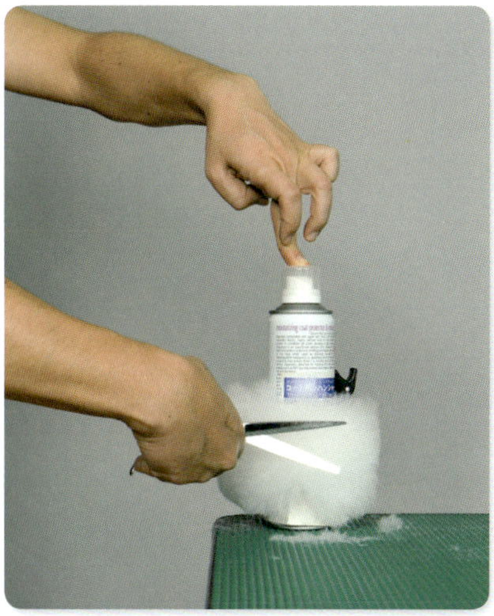

5 続いて外側もカットします。肢全体のバランスを見ながら進めましょう。

6 内側は裏バサミでカットします。上から斜めにハサミを入れるのがポイント。

7 形ができたら、上望しながら全体の角を取って丸く整えます。

8 最後に、チッピングで面をそろえます。

9 足周りとなる部分もカット。パッドの高さを想定して、カットした面につながるように切り上げます。

練習用ツールについて

プレート以外にもさまざまな練習ツールがあります。代表的なものが犬の形をした人形（ウイッグ）で、サイズ感や立体感など実際の犬をカットするときと近い感覚をつかむことができます。ただ、被毛の生え方や毛流は本物の犬と異なることがあるため、違いを意識して使うことが必要。

また、専用のツールでなくてもトリミングの練習をすることは可能です。たとえばボールにハサミを当てて球体を作るときのイメージトレーニングをするなど、手近なもので感覚をつかむこともできるのです。

初歩的な技術の練習でもイメージトレーニングでも、重要なのは自分の目的やカット方法に合った道具を使うこと。いろいろなタイプを試してみて、より使いやすいものを見つけてください。

③実践編（シー・ズーのカット）

トレーニングで得た感覚を犬のカットに反映させてみましょう。
シー・ズーの四肢と頭部～顔のカットで見ていきます。

四肢

カットのポイント

- □基本の持ち方やカットのポイントを意識する
- □毛流の向きに注意する
- □毛質にクセがあって取りこぼしやすいため、被毛を押さえられるハサミを使う

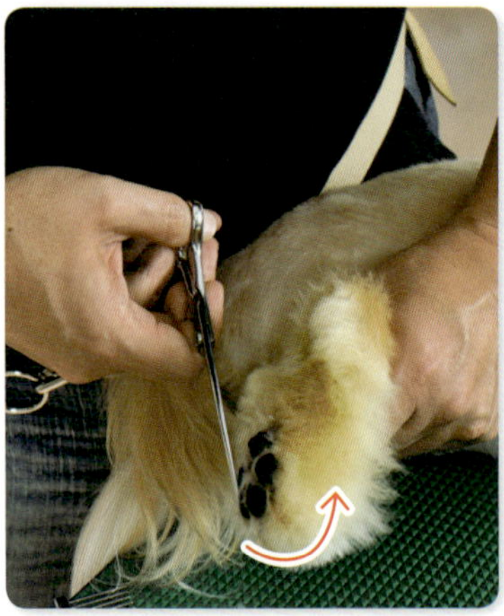

1 肢を持ち上げて足の裏を上向かせ、パッドの膨らみに沿って円を描くようにパッドの周囲の毛を切っていきます。

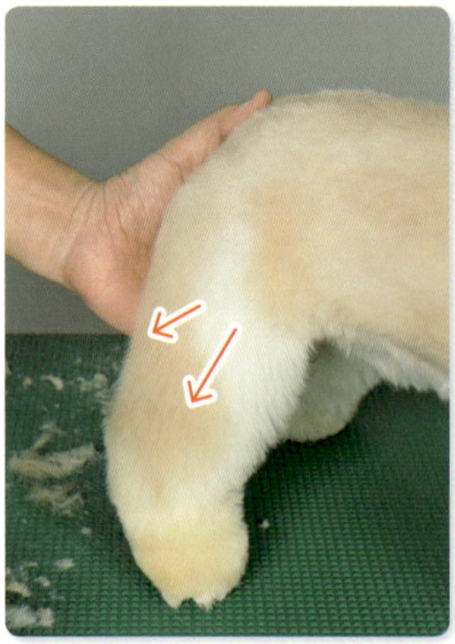

後ろ向きと下向きの毛流があるので、ハサミを入れる向きに要注意。部位に応じて、角度を変えながらカットしましょう。

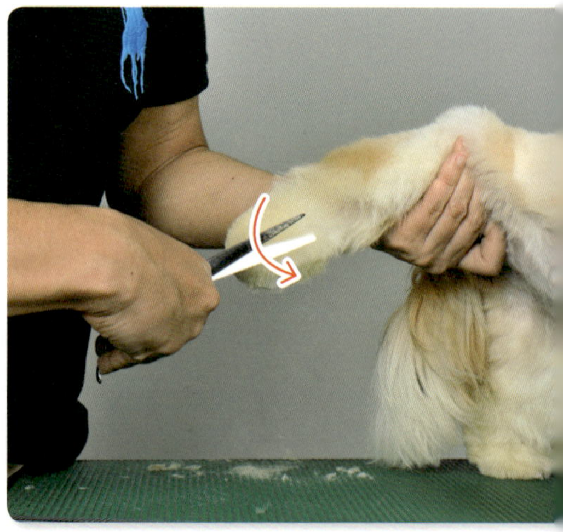

2 足周りは、肢を持ち上げたまま垂直にハサミを当てて丸めていきます。肢の内側は、体勢を変えてしっかり目で見てカットしましょう。

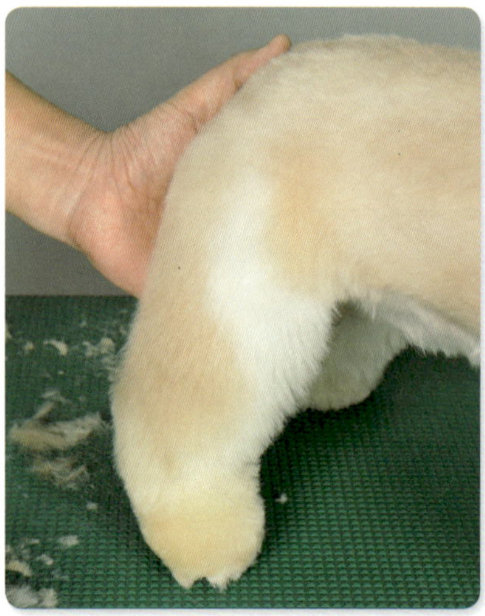

3 立たせて肢の形をチェック。膝下は刃の根元を使うと毛が多めに残り、ふわっとしたラインが作れます。

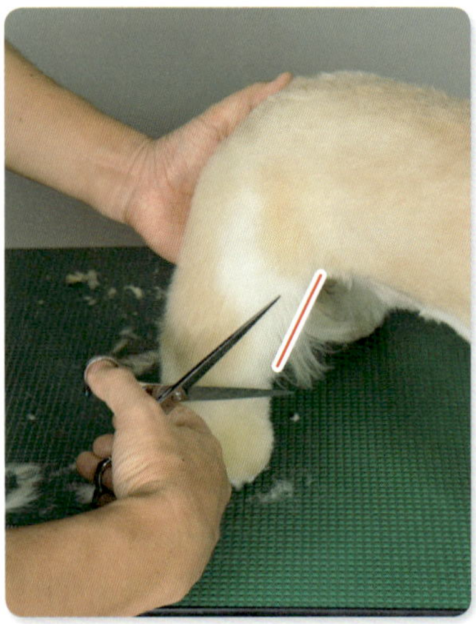

4 膝より上の毛は、毛流に合わせてやや斜めにカットします。

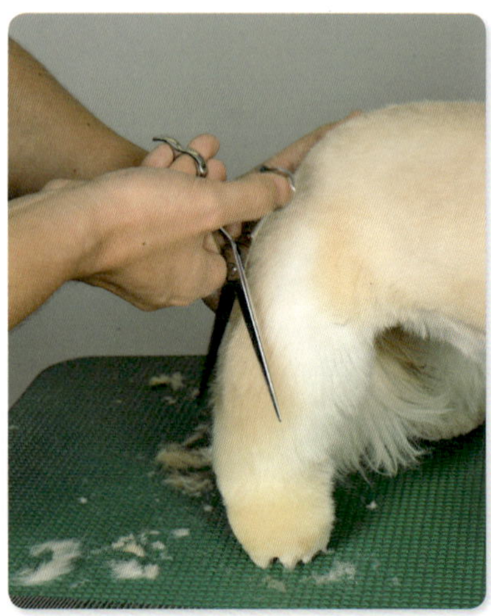

5 続けて肢の後ろ側をカットします。上からハサミを当てて、毛流に合わせて真っ直ぐに切ります。

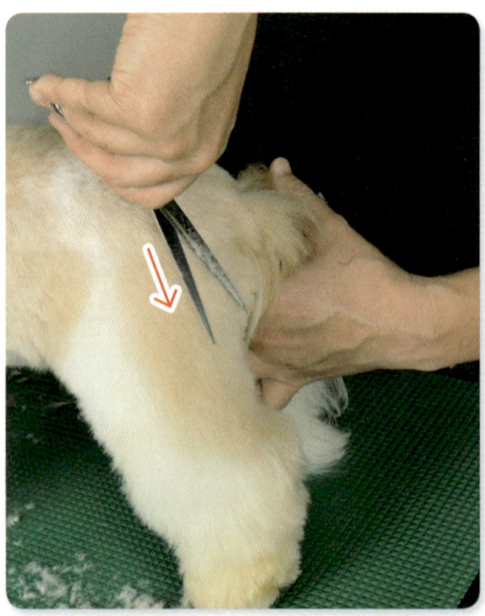

6 大腿部は毛流が交差しているため、後ろ向きと下向きの２段階に分けてカット。まず、後ろ向きの毛流に合わせてハサミを当てます。

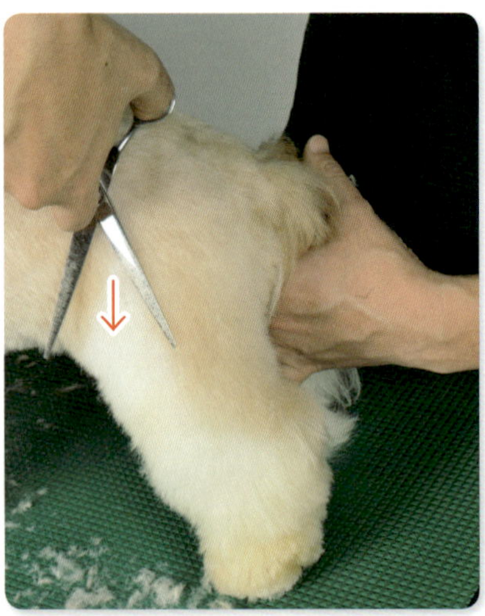

7 続けて、前側の下向きの毛流に合わせてカット。最後に全体の角を取って丸く整えます。

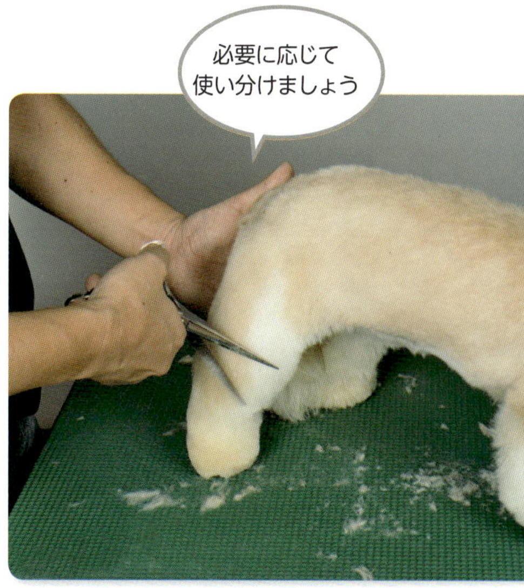

8 ハサミを横向きに当ててカットする方法もあります。こうすると面はそろえやすいものの、動刃の角度によってはハサミの跡が付きやすいというデメリットも。

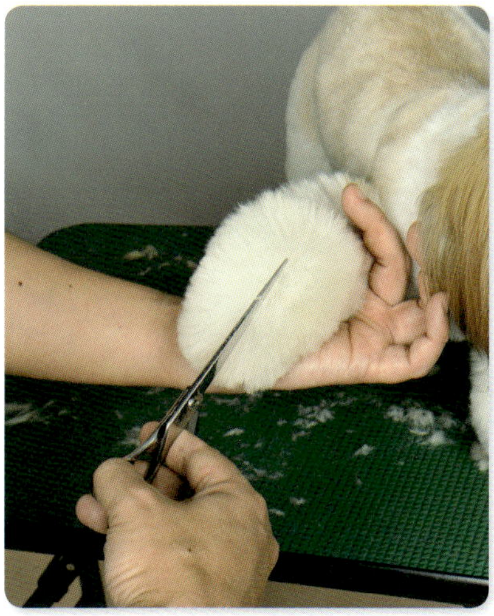

9 前肢も後肢と同様、毛流の違いを意識すること。第３指（中指）の上あたりが毛流の分かれ目になっているので、まずはそこを見きわめましょう。

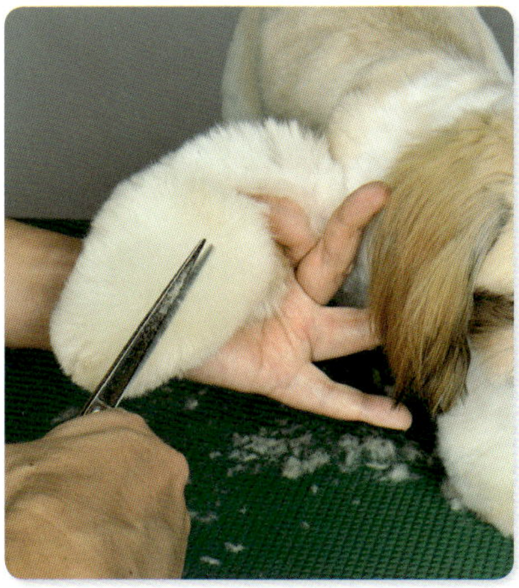

10 ⑨の分かれ目を目安に、角度を変えてカットします。最後に角を取って丸く整えましょう。

頭部〜頭

丸い頭部を作るためには、毛流に合わせるだけでなく、なめらかにつながるようにバランスを見てカットすることが重要。刃を入れる角度に気を付けましょう。

毛をすくい上げるように
コームを動かします

1 まずコームを毛の生えている向きと逆に当てて、被毛を立たせます。

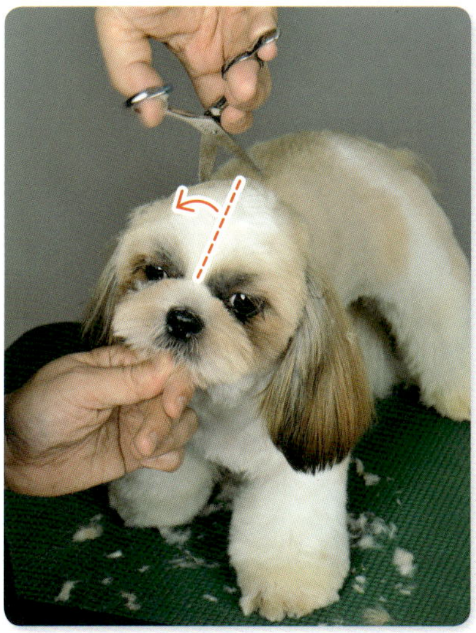

2 前望して頭部を中心線で半分に分け、左側からカットします。手前から奥へ、丸いラインで整えていきます。

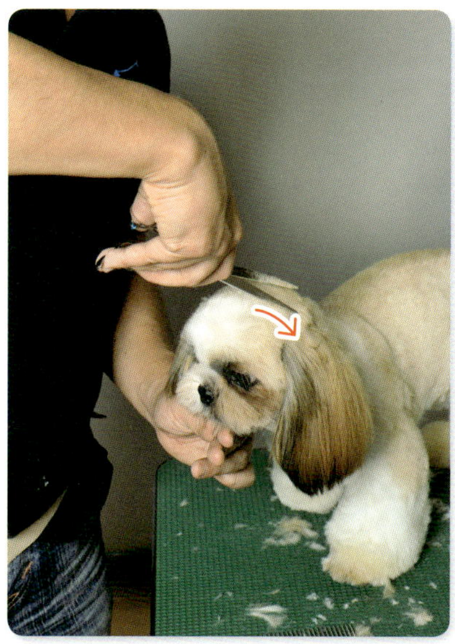

3 半分が終わったら、逆側も同様にカットします。先に作った半分のラインとつながるように、角度やボリュームを調節しましょう。

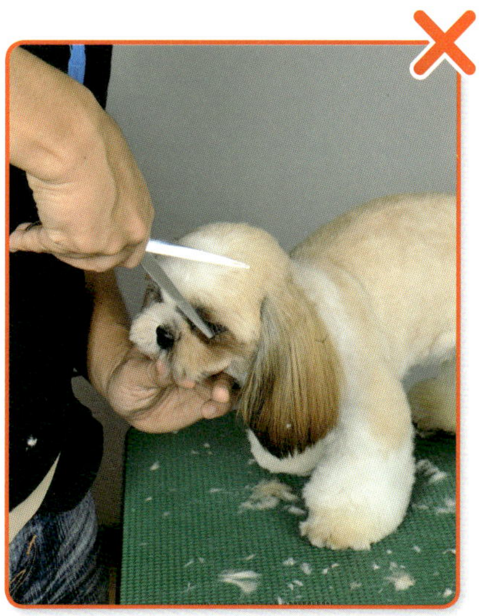

カットするとき、自分の体と犬との距離が近すぎるとハサミの刃が起きて刃先が鋭い角度で入り、穴を開けてしまいます。適度な距離を置きましょう。

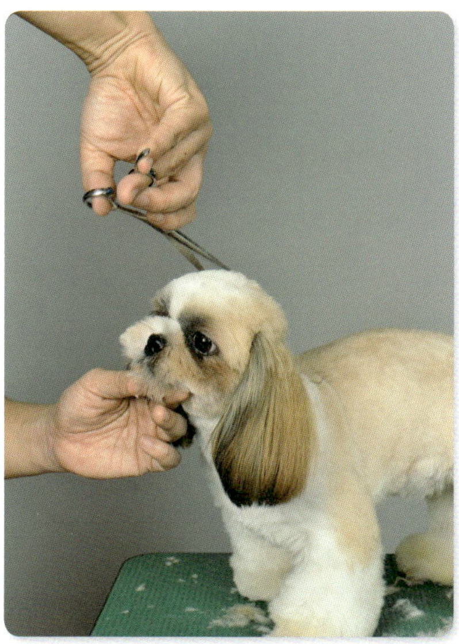

4 両側のカットが終わったら、頭部全体を見て形を整えましょう。

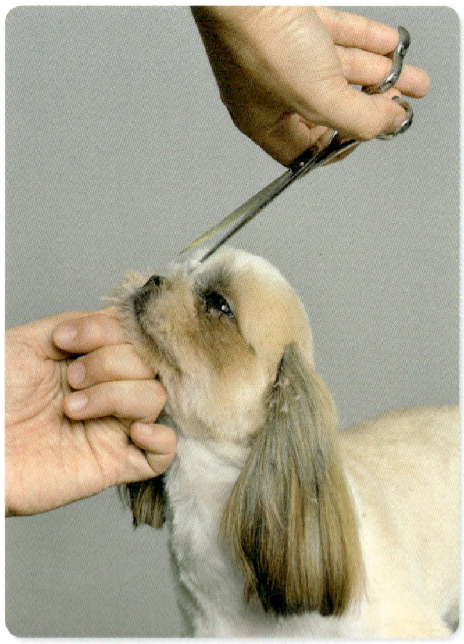

5 眉間をカットします。上から縦にハサミを当てて、頭部とつなげます。

眉間の毛は上向きに生えているため、下からハサミを当てると毛を寝かせてしまいます。

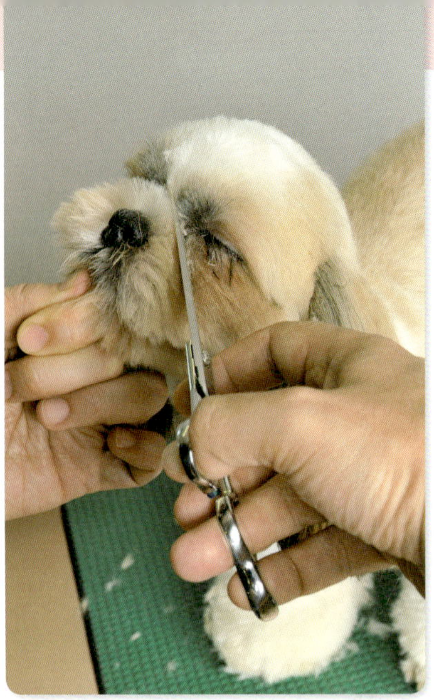

6 マズルをおにぎり形に整えます。マズルの奥に斜めのラインを入れて、付け根の毛を短くすることでマズルの毛全体を支えます。

7 フェイス・ラインを整えます。前望して、頭部やマズルとのバランスを見てラインを決めます。

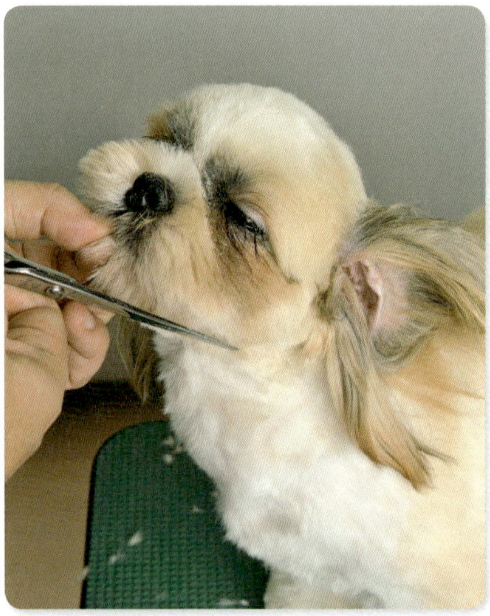

8 ハサミは、下顎に沿うように真っ直ぐに入れます。直線でカットしてから、最後に角を取って丸く見えるように仕上げます。

動刃と静刃の位置と動きに注意しながらカットすると、切りすぎを防げます。

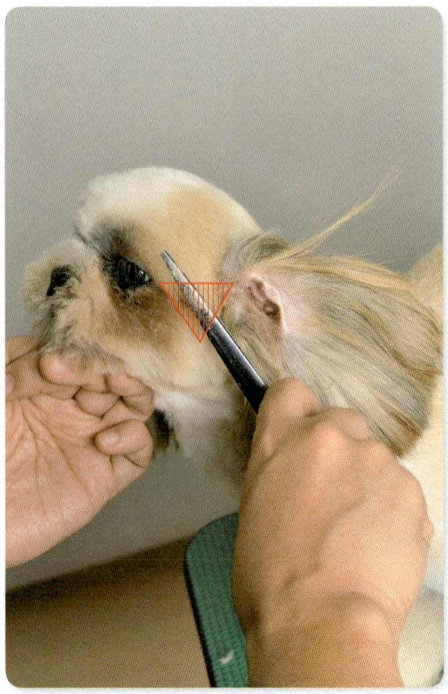

9 側望して、目尻〜耳の前側の付け根をつなぐV字の内側の被毛を長めに残すと、フェイス・ラインが丸くなってかわいく見えます。そこだけ残して周りをカットしましょう。

手軽で身近な素材でカットの練習をすれば、このように本番に生かすことができます。

テクニック 4

「仕上げ」と「スキ」の使い分け

カットでよく使う「仕上げバサミ」と「スキバサミ」。
それぞれの特徴と使いどころを意識すれば、
より的確な使い分けができるはずです。

スキバサミ

段差をなじませる、毛の長さを変えずに量だけ減らす、ラインをぼかしてやわらかい印象に仕上げる、といった用途で使われます。目数が少ないほど毛量を減らしやすい、刃渡りが長い（サイズが大きい）ほど切るパワーが大きいなど、クシ目の目数やハサミの全長、刃の形状によって使いどころは異なります。粗刈り用、両刃、左用、カーブなどの各種がそろいます。

基本の持ち方

持ち方やそれぞれの指の役割は仕上げバサミと同じ。仕上げバサミは親指のみの動きで開閉しますが、スキバサミは棒刃とクシ刃の両方を動かします。

仕上げバサミ

カット率が高くはっきりしたラインが作れる、いちばんベーシックなハサミのタイプです。刃線（笹刃、柳刃、直刃、鎌刃）や刃の形状（はまぐり刃、段刃、剣刃）などによっていくつかの種類に分かれ、それぞれ切れ味や使用感が異なります。サイズ（一般的に全長約4～8インチ）によっても変わるため、犬の部位やカットのイメージ、自分の手の大きさなどに応じて使い分けます。

基本の持ち方

小指でハサミの上下の振動、中指で左右のブレを抑え、人さし指はなるべく鋲要の近くに添えて安定させます。親指は軽く母指孔に掛けて、根元から動かして開閉します。

使い方の基礎

使い分けのコツの前に、それぞれのハサミの使い方を再確認してみましょう。

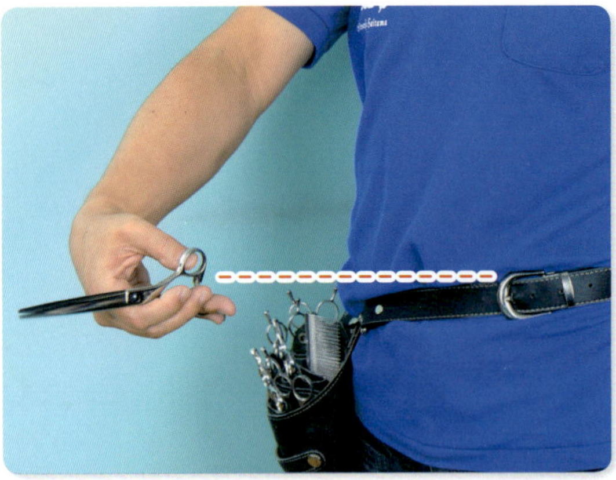

手や腕の位置を意識。脇を軽く開いて（脇にボールを1個挟むイメージ）、手はへその前に持っていくと、犬を見やすい距離になります。

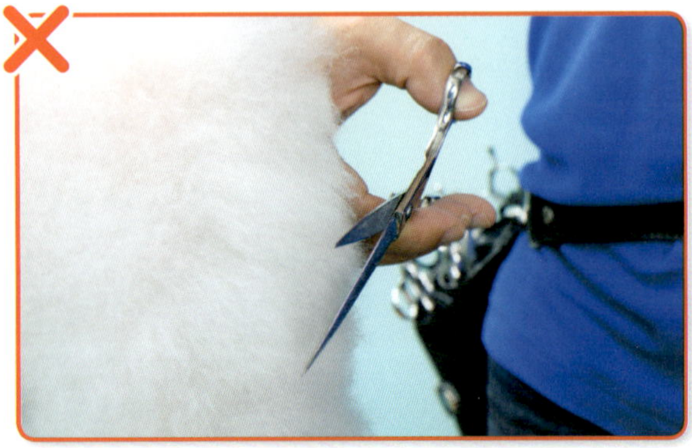

刃を斜めに当てると、ハサミの跡が付いたり溝ができてしまいます。

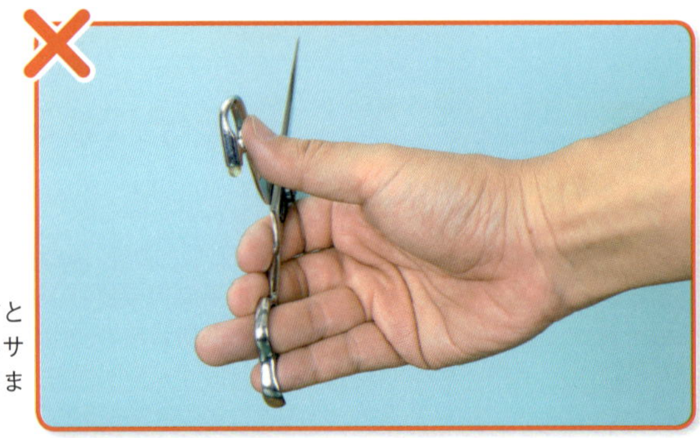

親指でハサミを押すと刃が強く当たり、ハサミの寿命が短くなります。

仕上げバサミ

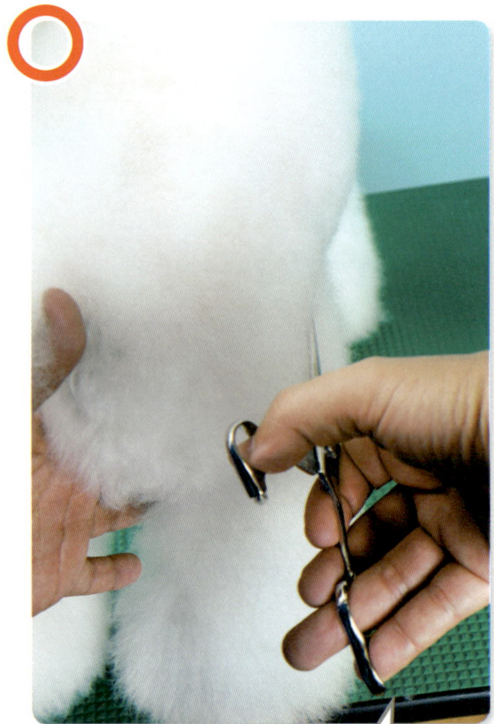

原則として刃を犬の体に対して平行に当て、1回の開閉でカット。初心者は「コーミング1回につきハサミを3回開閉」でカットすると、ラインが決まります。

立毛させた状態で切る場合は、静刃をやや外側に向けてカットします

小指の処理

手の大きさによっては小指が小指掛けに届かないことも。そんなときは、小指を薬指の後ろに持っていきましょう。無理やり小指掛けに掛けると、ハサミの向きと角度が変わってしまいます。

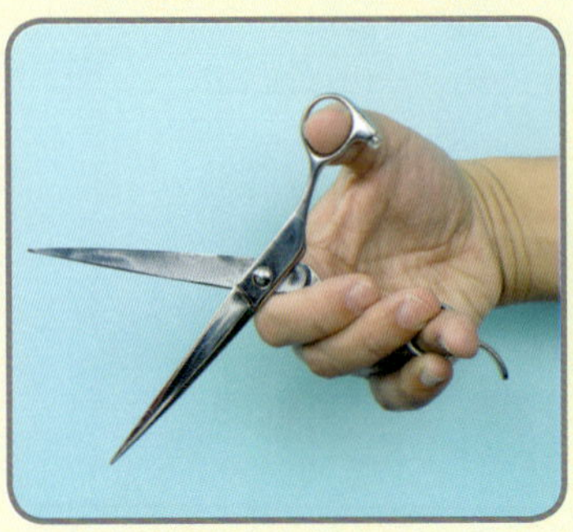

スキバサミ

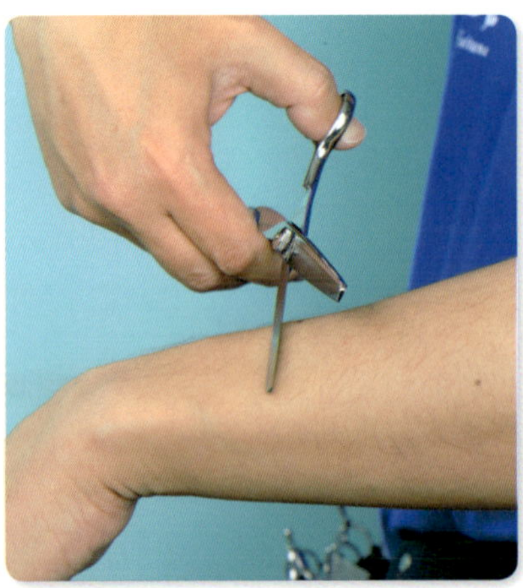

横に寝かせるほど切れる毛量が減るので、ラインをぼかすとき（ブレンディング）は寝かせて使います。

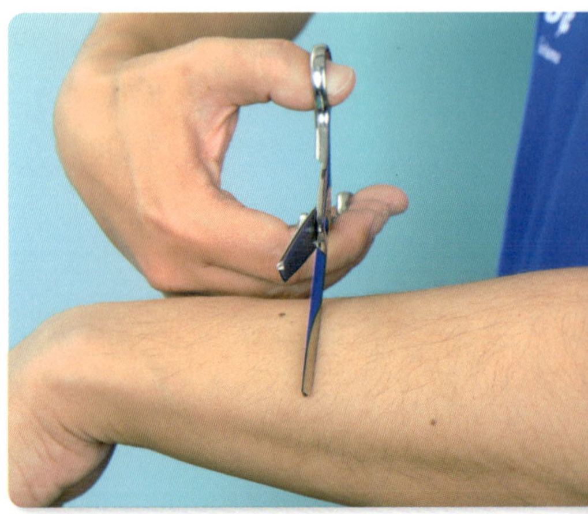

寝かせ方（犬の体に当てる角度）によって毛のすき率が変化。立てた状態でカットすると切れる毛量も多く、ラインが出やすくなります。

犬種・部位別の使い分け

仕上げがメインの犬種はトイ・プードル、スキの出番が多い犬種はペキニーズをモデルに解説します。

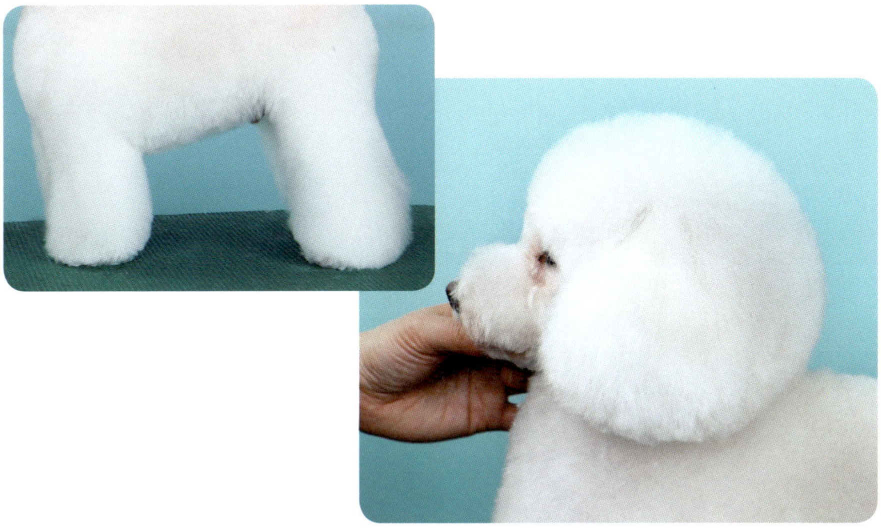

トイ・プードル

仕上げメインの犬種

トリミングを必要とする犬のほとんどは、仕上げバサミで形を作るのが基本です。スキバサミでアウトラインから作ることもできますが、スタイルが長持ちしにくくなります。

ただ、仕上げだけでは需要の高い「ふわふわしたスタイル」を作るのが難しいことも。仕上げをメインにしながら、顔など目に付きやすい部位のラインをスキでぼかすといった使い分けが重要でしょう。

仕上げバサミのみ

1 外側へ向けて毛を削ぐように斜めにカットしていきます。角を取って円柱状にすることで、立体感が出ます。

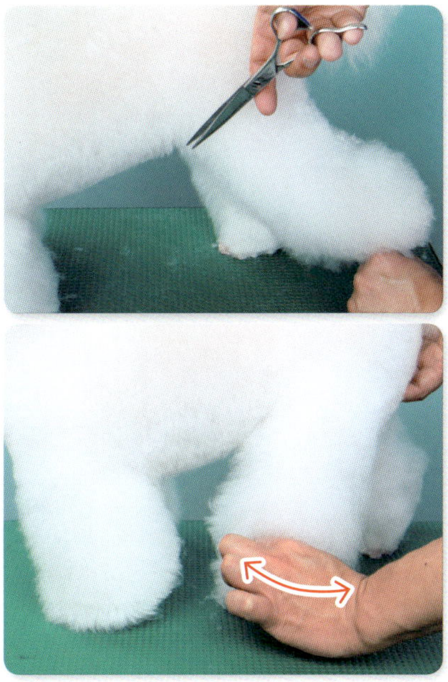

2 後肢は、肢を動かしたときに付け根に毛がたまってカプリング（ラスト・リブ～寛骨）のラインを崩していないか、肢を前後に動かして確認しながら仕上げます。

3 前肢は、犬を正しい姿勢で立たせてカットします。座った状態だと胸骨端が前に出て、前胸に穴を開ける可能性があるので注意。カーブシザーでもかまいません。

スタイルが崩れやすい四肢。
「ふわっと広がるように」したいなら、
仕上げで形を整えてから最後にスキで
ラインをぼかす程度にすると
崩れにくくなります

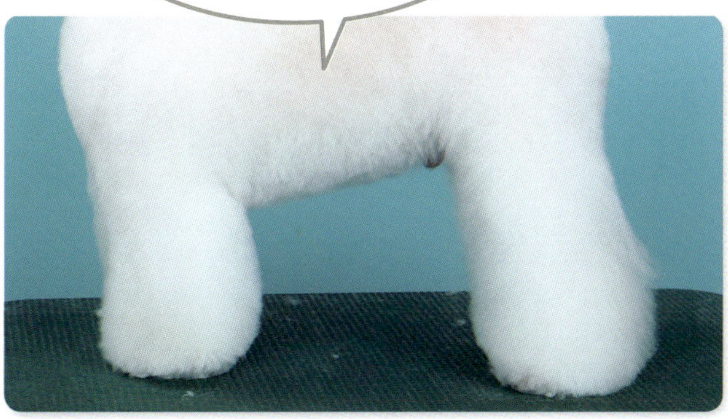

4 ラインがしっかり決まって崩れにくい、立体感のある円柱状の肢ができました。

仕上げ＋スキ

POINT
スキバサミでもラインを作れますが、最初から使うと崩れやすくなる上、時間もかかります。まずは仕上げでカットするのがおすすめ

1 まずは仕上げバサミを使います。コームで立毛しながら、刃を手前側に傾けてカット。下の毛が上の毛を支えて、自然にボリュームを出せます。

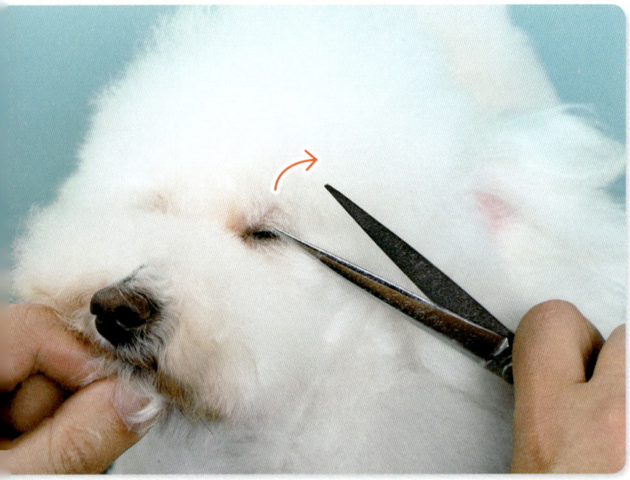

2 目の上の毛を目尻へ向けてコーミング。目尻から斜めに刃を当てて、目の上の毛を丸く残すように上へ向けてカットします。目の上の毛を残すと、奥目に見せられます。

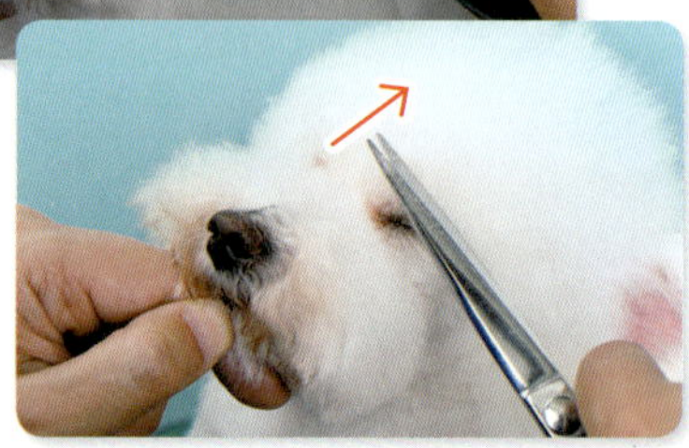

3 マズルに刃を斜めに当てて、マスタッシュを作ります。マズルを短く見せたいときは、目のあいだ〜額を短くカット。

4 仕上げのみでカットした状態。頭部〜耳のラインがはっきりしています。

POINT
飛び出た毛だけをスキでカットすると、時間が経ってもラインが崩れにくくなります

5 ここからスキバサミ使用。頭部〜顔のアウトラインをブレンディングします。刃先で毛をつまんで引っぱり、飛び出た毛の先端だけをカットしていきます。

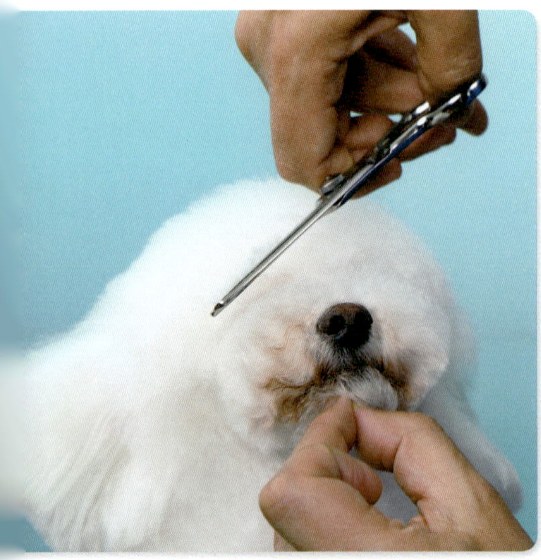

6 マスタッシュも頭部と同様にカット。刃を斜めに当てて、つまんで出た毛をカットします。

POINT
ここは跡が残りやすい場所。仕上げでカットせず、スキを使うようにしましょう

7 リップラインの下〜下顎をカットします。ここを短くしておくと、口周りの毛が落ちてきたときにたるんで見えなくなります。

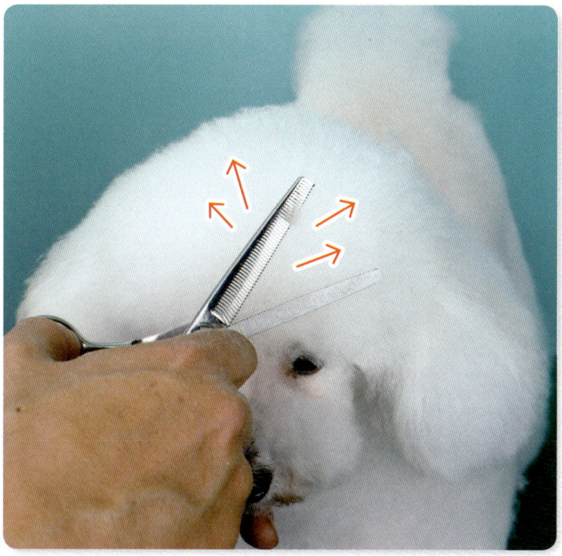

8 額〜頭頂部は、刃を寝かせてぼかしていきます。前から後ろへ向けて、放射線状にハサミを動かします。

9 耳のラインをぼかします。頭部やマズルと同様、つまんで飛び出た毛をカットしていきます。

10 アウトラインを仕上げで作って崩れにくくしてからスキでぼかしたことで、全体的にふわっとした印象になりました。④と比較してみましょう。

カーブシザーの使い分け

ラインを作るときには、カーブシザーを使うのも便利。頭部やマズルの丸いラインだけでなく、刃の先端や反っていない部分を使えば仕上げと同様のカットができます。注意点は、刀身全体が見える状態でカットすること。刃先まで視界に入れていないと、切りすぎてしまいがちです。

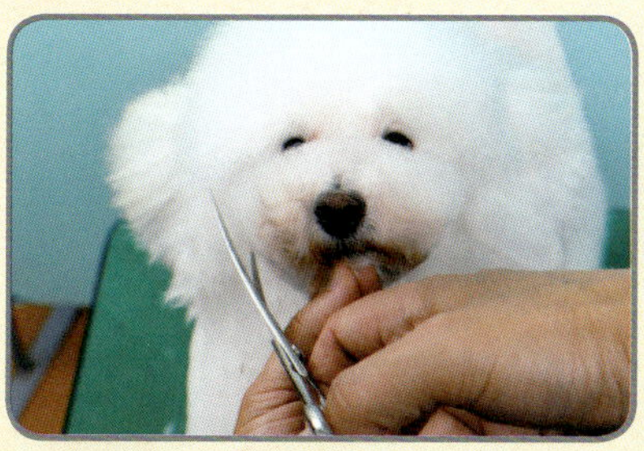

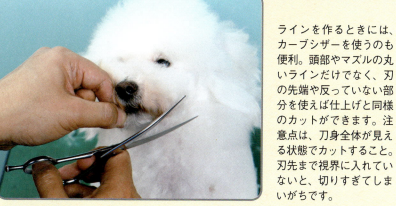

刃を裏返せば、左右対称の丸い形が作りやすくなります。裏刃で使うときは、肘を曲げないよう注意。

刃先が見えない状態でカットすると、思わぬところを切ってしまいます。

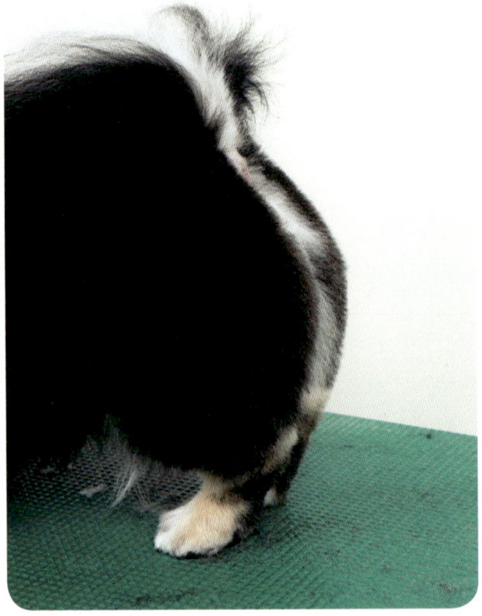

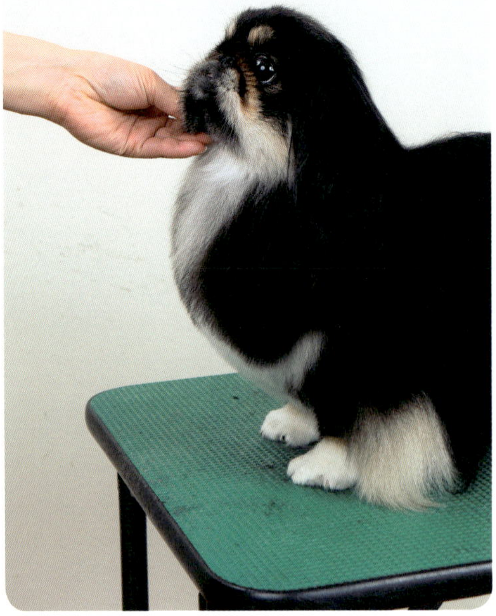

ペキニーズ

スキを多用する犬種

ペキニーズやポメラニアンなどダブル・コートで前胸やお尻にボリュームがある犬種は、ふわっとしたラインを作りやすいスキバサミ仕上げがおすすめ。最初からスキバサミでカットしてもかまいませんが、プードルと同様に仕上げバサミで形を作ってからスキバサミで整えると効率的です。

仕上げ+スキ

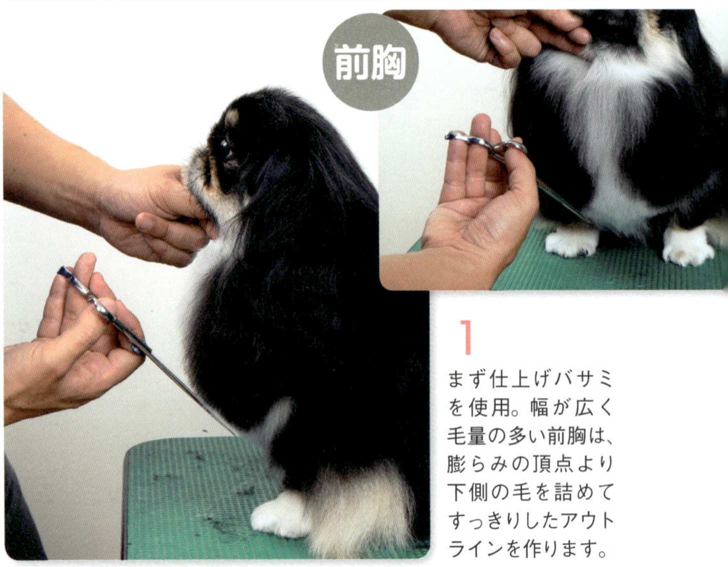

1 まず仕上げバサミを使用。幅が広く毛量の多い前胸は、膨らみの頂点より下側の毛を詰めてすっきりしたアウトラインを作ります。

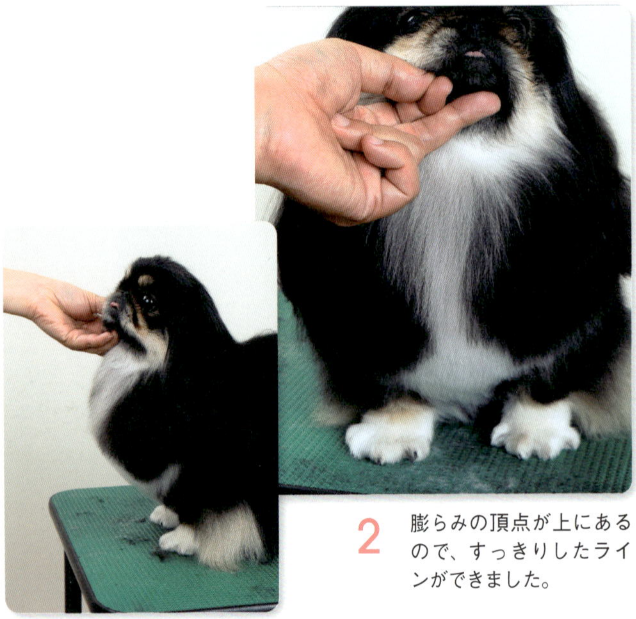

2 膨らみの頂点が上にあるので、すっきりしたラインができました。

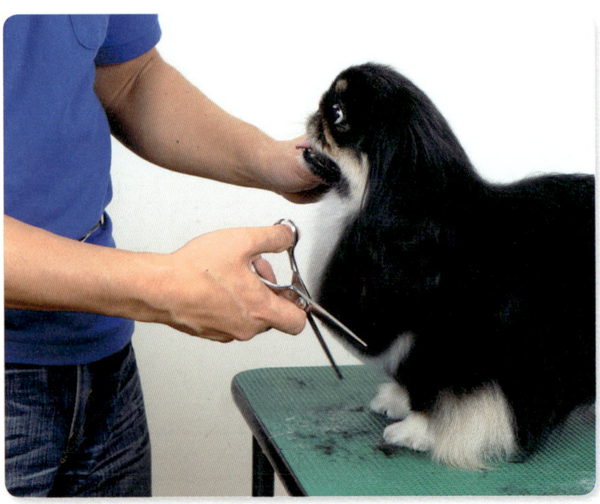

3 ここからスキバサミでラインをぼかしていきます。仕上げのように刃を縦に開閉して毛を減らしながら、上から下までつなげます。

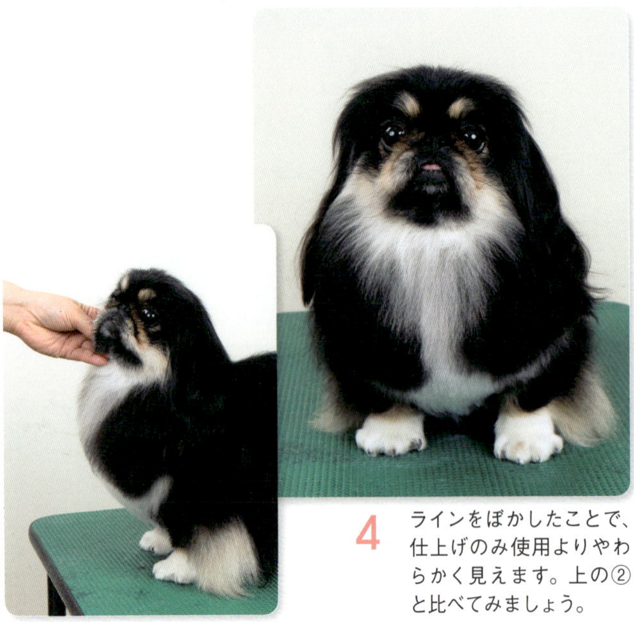

4 ラインをぼかしたことで、仕上げのみ使用よりやわらかく見えます。上の②と比べてみましょう。

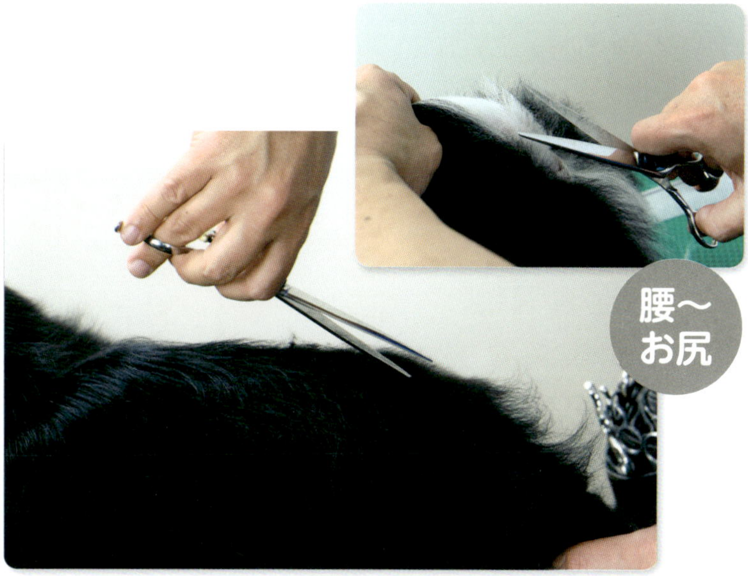

1　テイルを上げたときに当たる部分（テイルの付け根周り）と、テイルを持ち上げたときに肛門周りに落ちてくる毛を、仕上げバサミでカット。

お尻が下がって
見えないよう、
上に持ち上げるような
ラインを作ります

2　コームで立毛しながら、お尻周りの毛を下から上へ切り上げるようにカットしていきます。

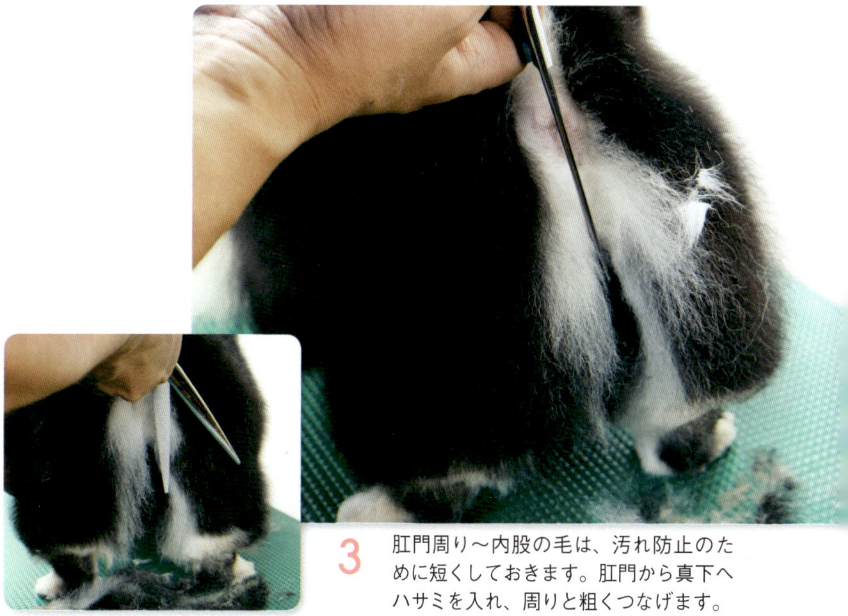

3　肛門周り〜内股の毛は、汚れ防止のために短くしておきます。肛門から真下へハサミを入れ、周りと粗くつなげます。

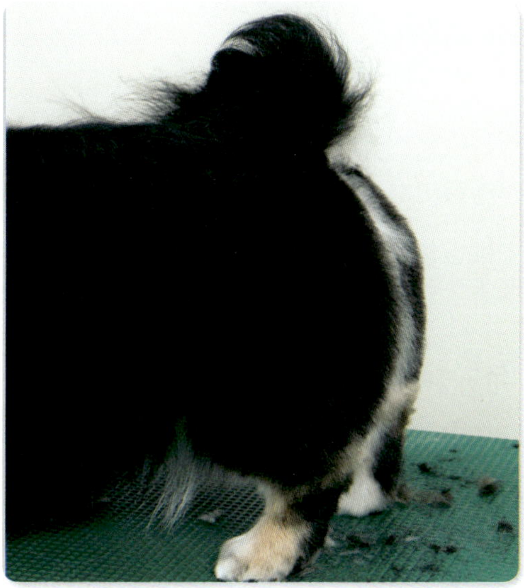

4　お尻が上がっているので、すっきりしてスタイル良く見えます。

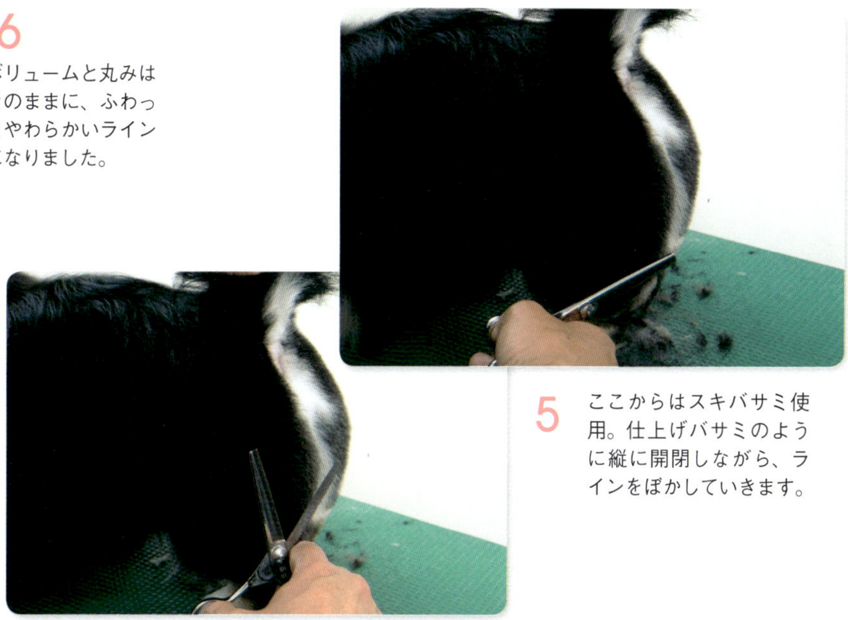

5　ここからはスキバサミ使用。仕上げバサミのように縦に開閉しながら、ラインをぼかしていきます。

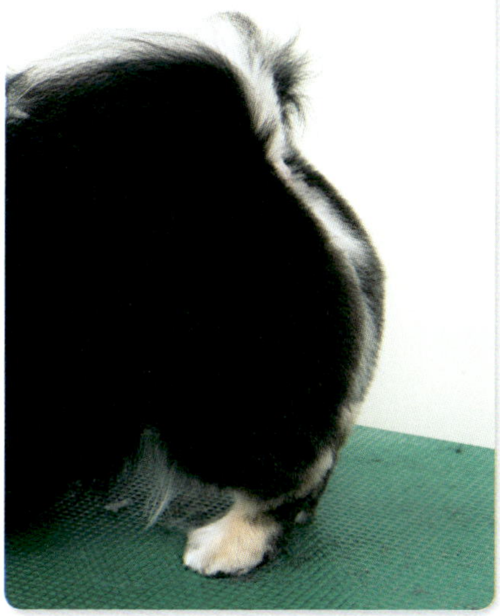

6
ボリュームと丸みはそのままに、ふわっとやわらかいラインになりました。

masami's column 1

ハサミを捨てよ、町へ出よう

カットの練習だけがトリミングの勉強ではありません。犬にふれたり先輩から技術を学んだりすることは、もちろん大切です。でもトリミング上達のヒントは、トリミング・ルームの外にもたくさんあると思います。

私は以前、ある美術館で「ほぼ完全な球体」だという作品をじっくり見たことがあります。さわることのできる作品だったので、いろいろな角度から観察したりさわったりしていて発見したのが、自分自身の「丸く切る」という感覚と実際に球体にハサミを当てる角度に大きな違いがある、ということ（笑）。それに気付いて以来、シー・ズーの顔を丸く作るのが得意になりました。

絵画展では光と影、色彩が生み出す効果、華道展ではさまざまな要素で作るバランス、恐竜展では動物の骨格と体の動き……。トリマーの視点からこれらを見てみることで、「きれい」とか「おもしろい」以外にも新鮮な発見がたくさんあるはず。もちろん、ヒントがあるのは美術館や博物館だけではありません。道路に立つ電柱の陰影を見て、プードルの前肢の作り方がひらめいたことだってあります（笑）。

センスをみがくためには、新しいものをインプットし、それについて自分なりに感じたり考えたりすることが大事。だから時にはハサミを置いて、「トリマーの目」だけを持って外へ出てみてください。

どんなものでも
ヒントになります！

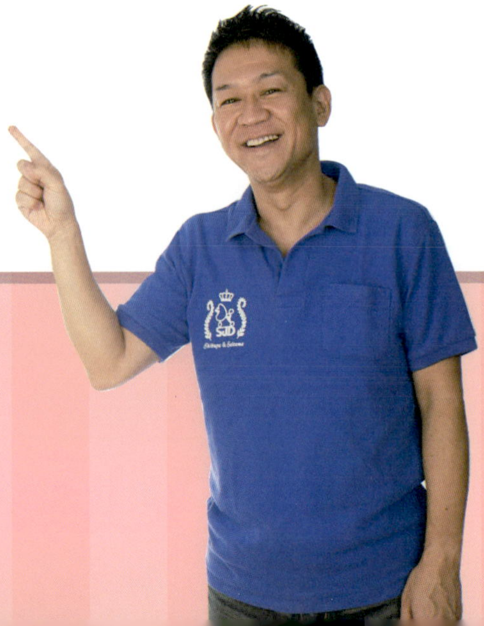

Part2

「愛され顔」と「愛されスタイル」

「愛されスタイル」の基本

「愛され顔」と肢の作り方

体型補正のテクニック

顔をメインに、四肢や体型カバーなど
「愛されスタイル」の作り方を
詳しくレクチャーします。
わかりやすいイラストでアウトラインを
学んで、実際のカットに入りましょう。

イラストで
見る

「愛されスタイル」の基本

「愛されるスタイルづくり」には、各犬種ごとにコツやポイントがあります。
ここではシー・ズー、ミニチュア・シュナウザー、トイ・プードルの
3犬種を例に説明していきます。

シー・ズー

shih tzu

カットの前に……

スカル（頭蓋）の形が楕円か真円を見きわめ、どういう形にするかを決めましょう。

真円

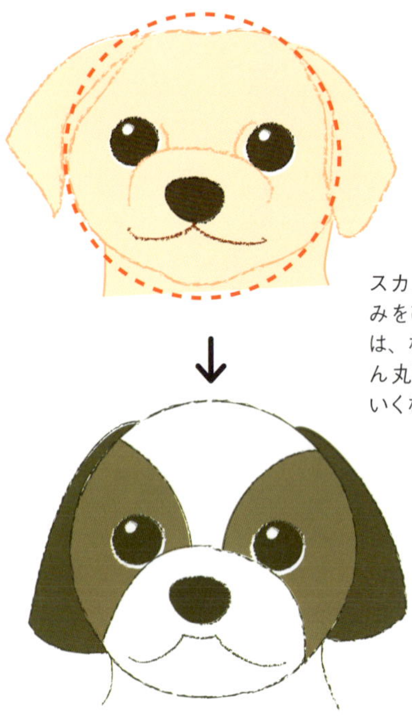

スカルの幅が狭く丸みを帯びている場合は、なるべく真円（真ん丸）にするとかわいくなります。

楕円

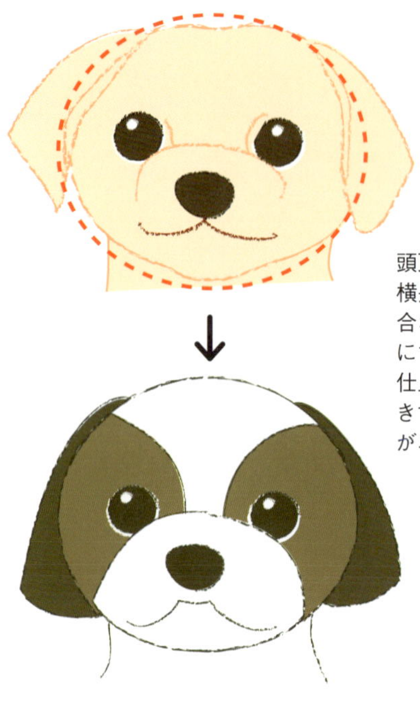

頭頂が平らでスカルが横長の場合は、それに合わせて輪郭も楕円形にするとバランス良く仕上がります。目が大きすぎる犬も、楕円形がおすすめ。

頭部カットのコツ

意外と難しいシー・ズーの頭部。とくに気を付けてほしいポイントは以下の通りです。

頭頂部

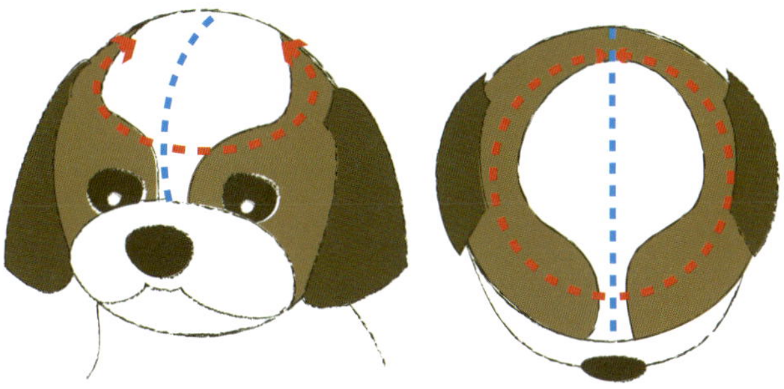

上望して、頭頂部を鼻鏡で縦半分に分けます。鼻から後頭部に向けて、丸く回すようにハサミを入れていくと、丸みを付けやすくなります。

目の上

毛流に沿って、矢印のような向きでハサミを入れます。顔の中心部から目尻側に向かってカットしていきます。

目尻〜耳前

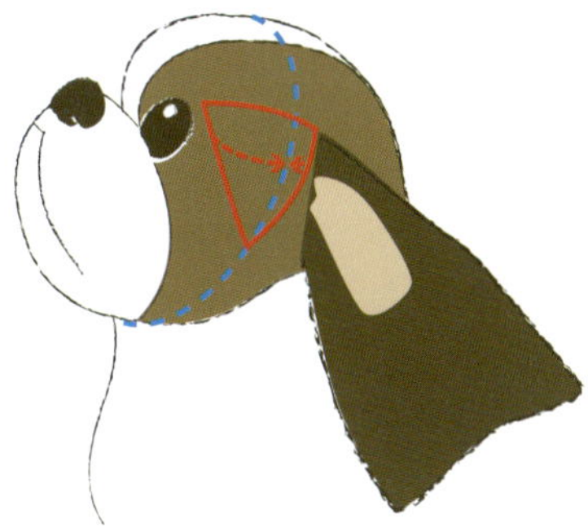

目尻と耳の前は短くカット。青のラインに向かって徐々に長く残すようにすると、顔が立体的になって丸みが出ます。

マズル

“角の丸い三角形”をイメージ。左右の辺は角度を付けて真っ直ぐに近いラインでカットし、上の角部分でラインを丸くつなぎましょう。

頬の横

目の下から生えている毛をスキバサミでえぐるようにカットすると、カットの持ちが良くなります。えぐれているようには見えません。

下顎（サイド）

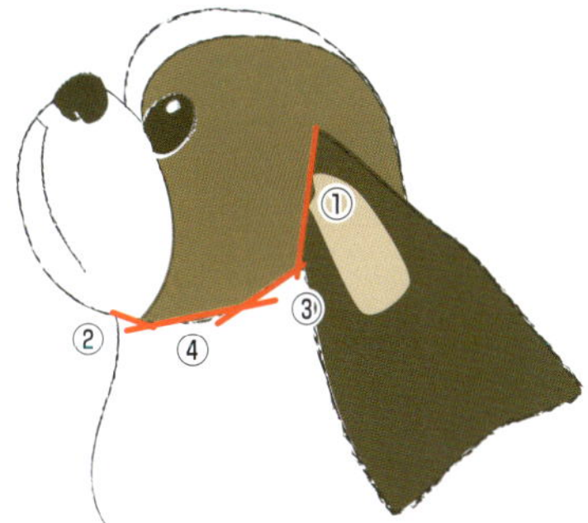

側望したときの輪郭は、①耳の前→②下顎→③下顎骨の横→④下顎骨の角（エラ）の順でカットし、角を取ります。

ミニチュア・シュナウザー

miniature schnauzer

顔のクリッピングとカット

ベーシックなペット・カットにおいて、顔のクリッパーを入れる位置とカットのコツをわかりやすく示しました。

カット［側望］

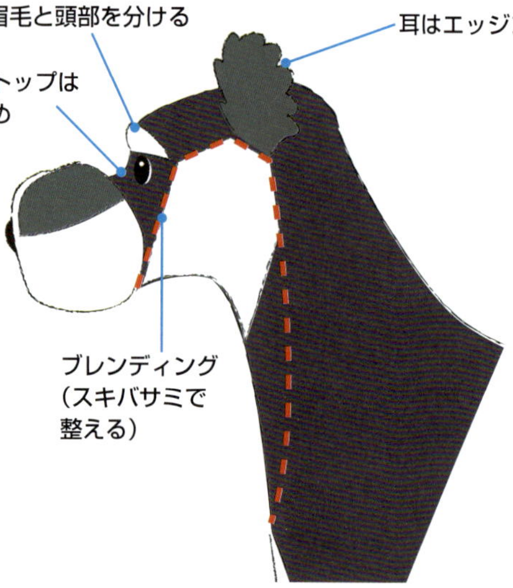

クリッピング・ライン（赤い破線）は、スキバサミでブレンディングして整えます。眉と頭部ははっきり分けて、ストップは短めに。耳は、縁ぎりぎりにカット。

クリッピング

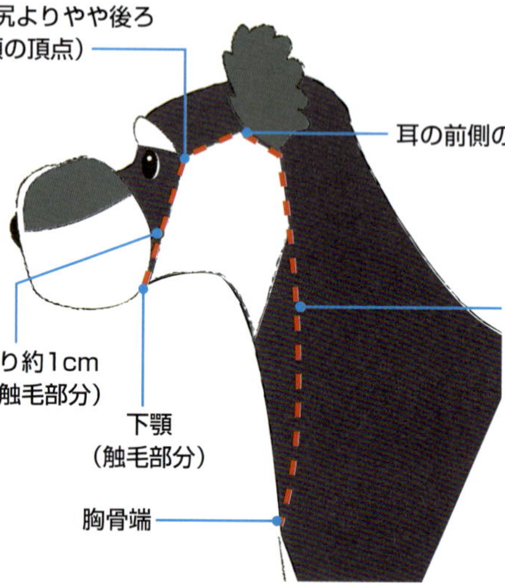

左の各ポイントを通るライン（赤い破線）を想定し、その内側をクリッピングします。基本的に並剃りですが、つむじなど毛流が変わっていたり複雑になっているところがあるので、刈りすぎには十分注意してください。

カット［上望］

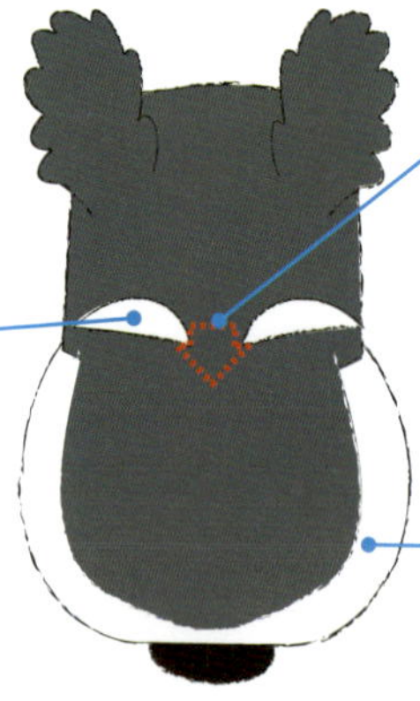

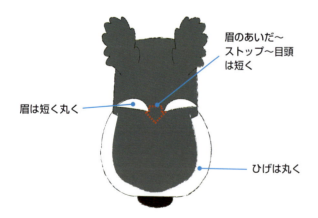

眉のあいだ～ストップ～目頭（赤い破線内）は、上望した状態だとカットしやすくなります。そのほかも上望したときにチェックして、整え直しましょう。

カット［前望］

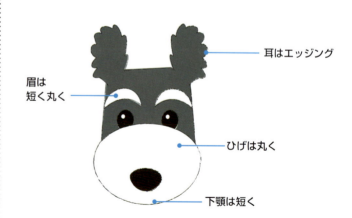

側頭部は、前望したときにやや下に向かって広がるようなラインにします。ひげを丸く仕上げたいときは、コームで毛を起こしながらカットして立体的に作ります。下顎の毛は顎ぎりぎりに短く。

シュナウザーのひげと眉

ひげと眉は、シュナウザーの印象を決める重要なパーツです。飼い主さんの希望や犬のタイプをよく見て決めましょう。

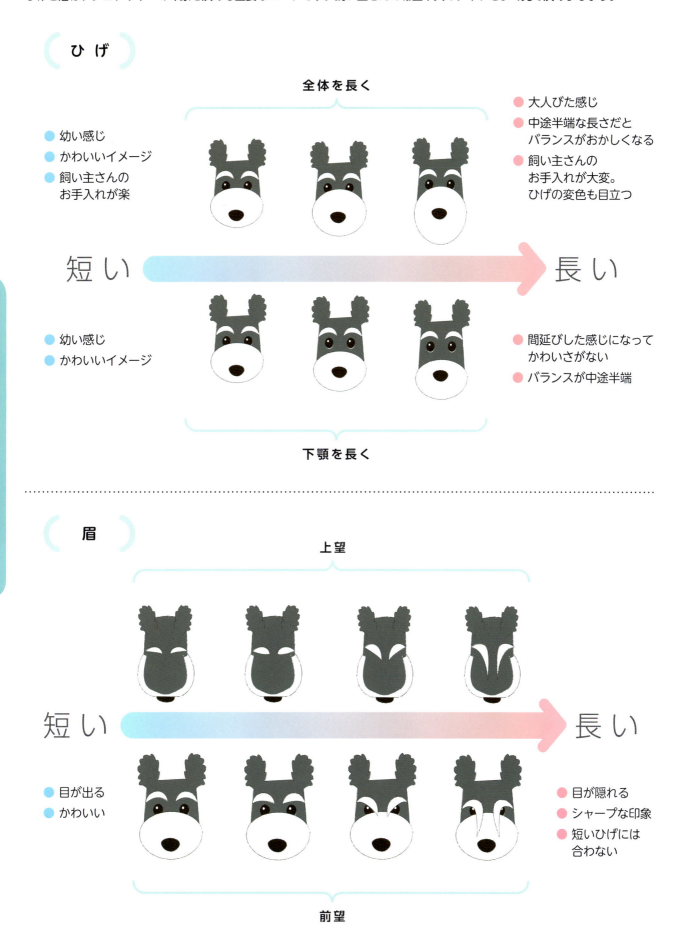

ひげ

全体を長く

- 幼い感じ
- かわいいイメージ
- 飼い主さんの
お手入れが楽

- 大人びた感じ
- 中途半端な長さだと
バランスがおかしくなる
- 飼い主さんの
お手入れが大変。
ひげの変色も目立つ

短い

長い

- 幼い感じ
- かわいいイメージ

- 間延びした感じになって
かわいさがない
- バランスが中途半端

下顎を長く

眉

上望

短い

長い

- 目が出る
- かわいい

- 目が隠れる
- シャープな印象
- 短いひげには
合わない

前望

トイ・プードル

toy poodle

マズルのカット・テクニック

「愛される顔」にするには、マズルは大きめで短く見せるのがコツ。スタンダードとは異なるセンスとテクニックが求められます。

マズルを大きく見せる

上望したときに、マズルの後ろ（裏側）を凹状にすると、マズル自体を強調できます。

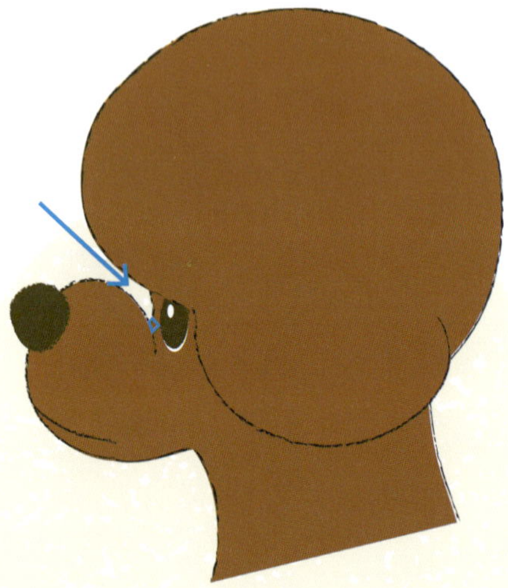

目頭のあいだからマズルに向かってハサミを当てて、短くカット。目頭より上〜頭部に向かって、防波堤を作るように立ち上げます。目の下のマズルの毛はしっかり分けます。

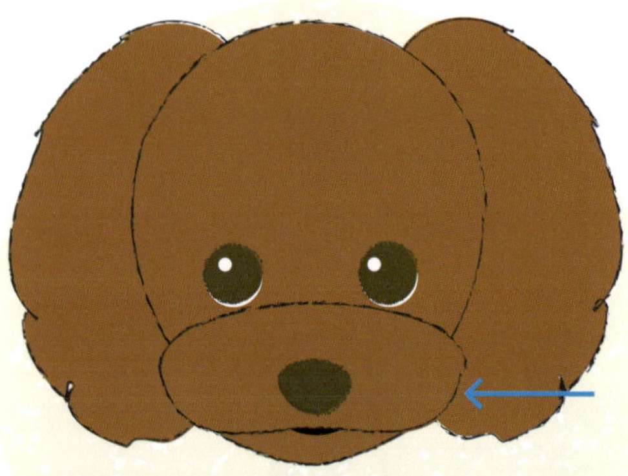

前望したときに、マズルの幅より顔の幅を小さく短くします。これで、マズルを大きく見せられます。

マズルを短く見せる

マズルの上部分をあえて残し、キャラクターのようなかわいらしさを出します。

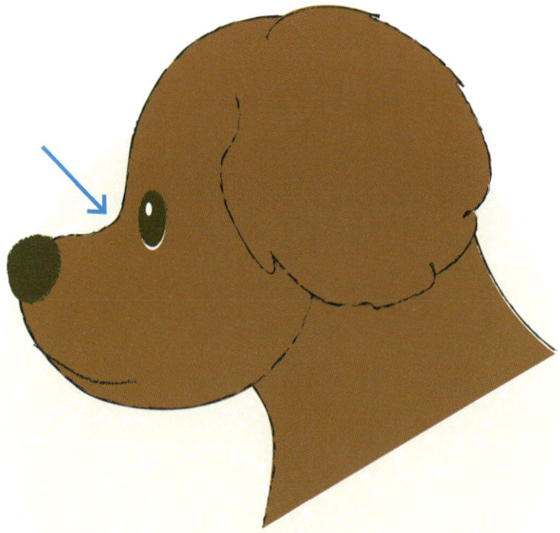

「ストップをなるべく出さない」ようにします。矢印の部分にはゆるやかな丸みを付け、マズルを強調しすぎないよう工夫します。

耳の作り方のコツ

定番スタイルとなったアフロと、それよりラフなスタイルの耳の作り方やボリュームの出し方をご紹介します。

アフロ

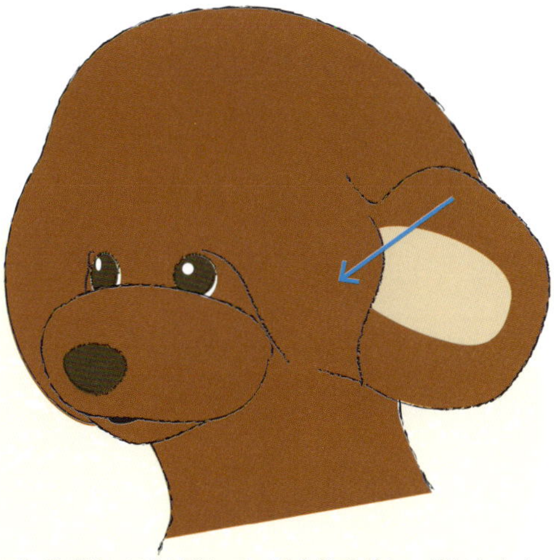

耳前の毛（矢印）の毛を残して、耳本体の毛と一緒にします。すると、耳にボリュームを出すことができます。

頭部と耳はつなげて作ります。頭部は誇張し、マズルはやや小さめに、各パーツを真ん中に集めるようにカットすると、童顔に見せられます。

ラフなスタイル

耳前の毛を残し、耳の毛と一体化。首の毛も一部耳（頭）の毛として残します。

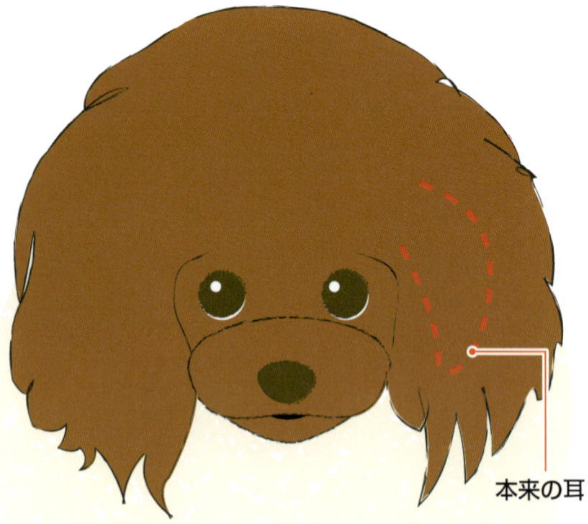

頭部と耳はつなげて作ります。頭部は誇張し、マズルはやや小さめに。アフロより耳を長めにして、全体的にラフな雰囲気にします。

チークとリップ・ライン

チーク

下顎はなるべく小さく、シャープなV字型に作ると、チークを持ち上げてマズルのカットを長持ちさせられます。

リップ・ライン

下唇周辺をクリッピング。上唇を分離させるとラインがしっかり出てかわいくなります。

テディベア

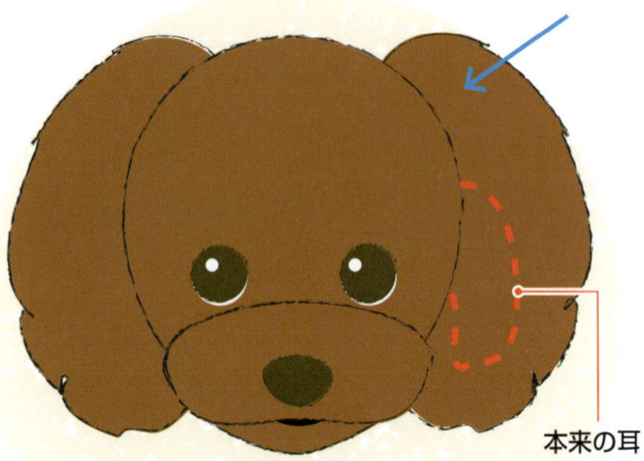

頭部と耳は分けて作りますが、頭部の一部を耳の毛としてカットします（矢印）。耳前の毛は残さずにカット。

「かわいさ」を
表現しやすいパーツ

「愛され顔」と肢の作り方

「愛され顔」のポイントは"子どもっぽさ"。
実際の年齢にかかわらず、パピーのようなかわいらしさを演出できるよう意識しましょう。
有効なのが、目や鼻が顔の真ん中に集まっているように見せること。
全体的に丸くふんわりとした印象に仕上げることも大切です。

トイ・プードル toy poodle

モデル犬は耳付きがほぼ理想的。さらに耳付きを高く見せることで、「愛され顔」を作れます!

check!
耳付きを高く見せたほうがかわいくなります。まず本来の耳付きを確認。

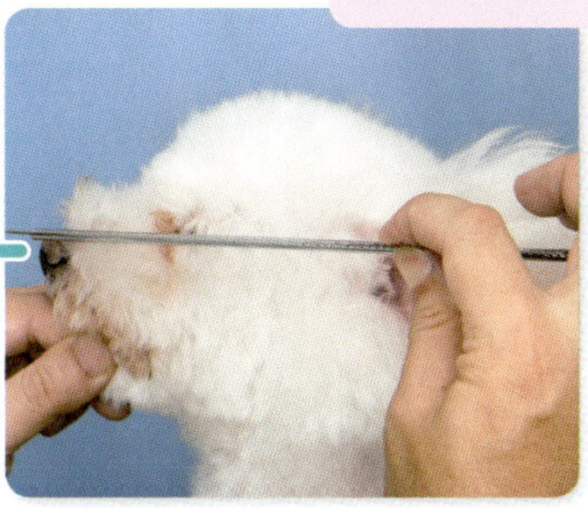

鼻〜目尻の延長線上に、耳の前側の付け根がある。

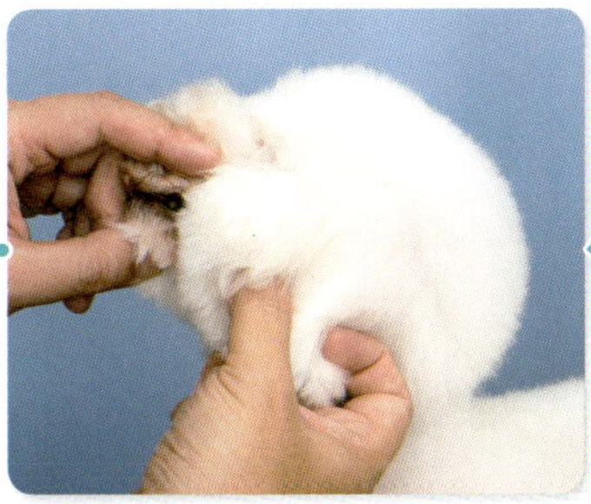

耳介が口まで届く。

before

耳付きが良く、マズルの長さも十分。

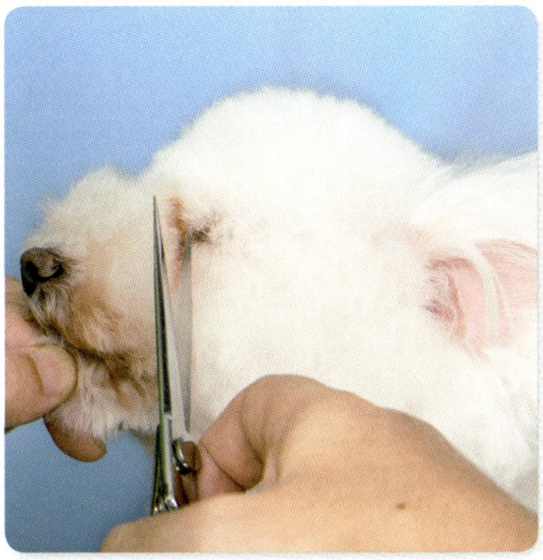

1 目の下とマズルの毛をしっかり分け、マズルの付け根でカット。ここを短くすると、マズルのふんわり感が長持ちします。

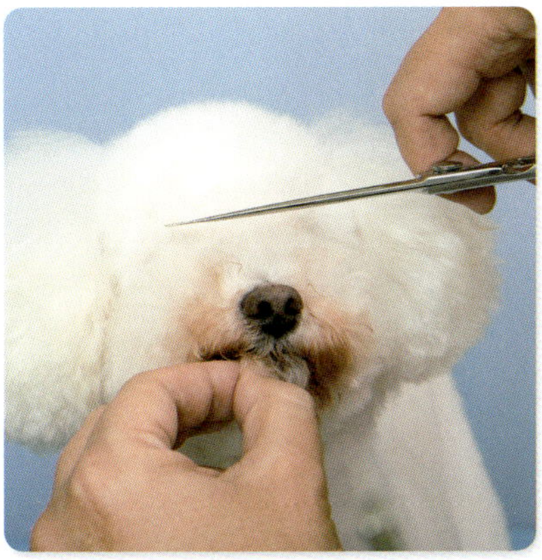

2 前望し、目がしっかり見える高さでマズルの上部を真っ直ぐにカット。

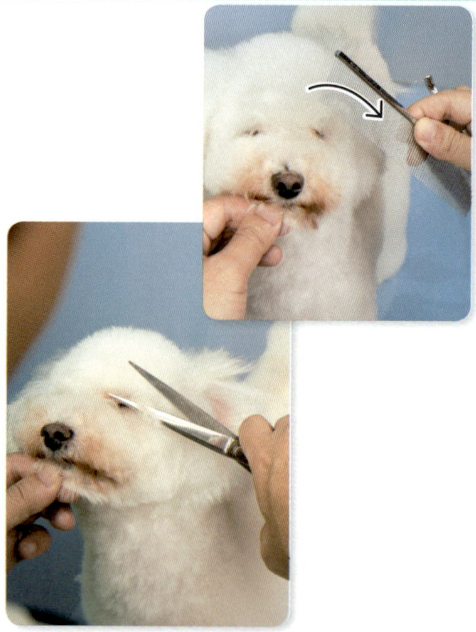

3 目の周りを毛流に沿ってコーミングし、目の上にかぶさる毛を、目尻を延長した角度でカットします。

ストップをはっきり
出さないことで、
マズルを短く見せられます

4 目の上〜マズルの上部はストップを強調せず、なだらかにつなげます。

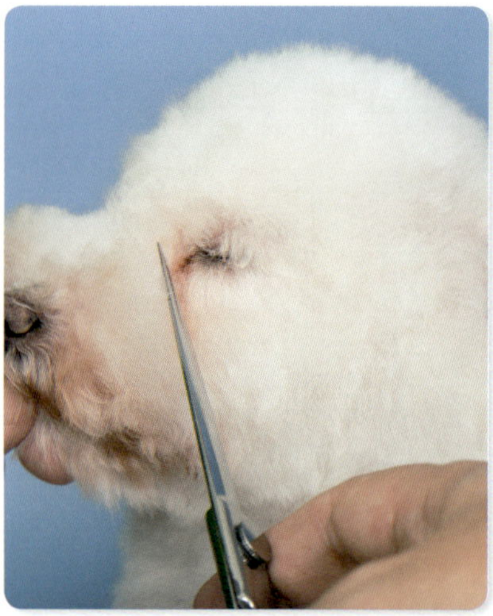

5 目にかぶさる目頭の毛をカット。軽く彫り込むようにカットします。

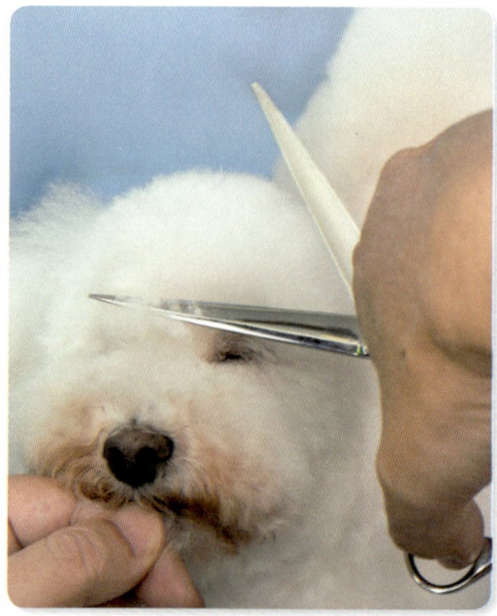

6 ④から続けて、目の上を真っ直ぐ上に上げるつもりでカットします。

首に丸みがあるので、
自然にV字形になる

7 輪郭をカットしていきます。犬の首を上げ、のどから両側へ、それぞれハサミを真っ直ぐに当ててカット。

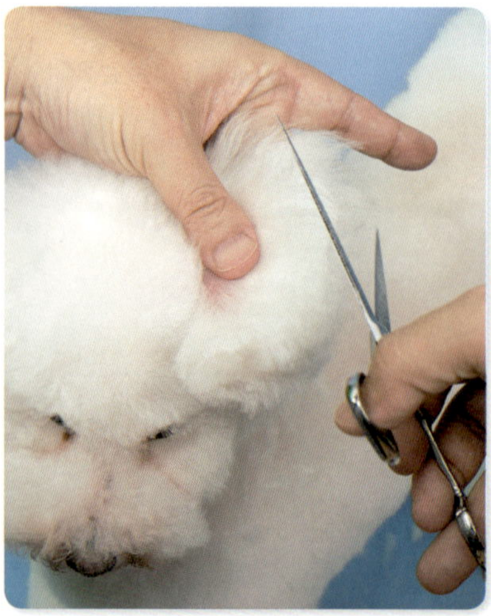

8 耳をカットします。耳の下側は、耳の縁ぎりぎりの長さでカットします。

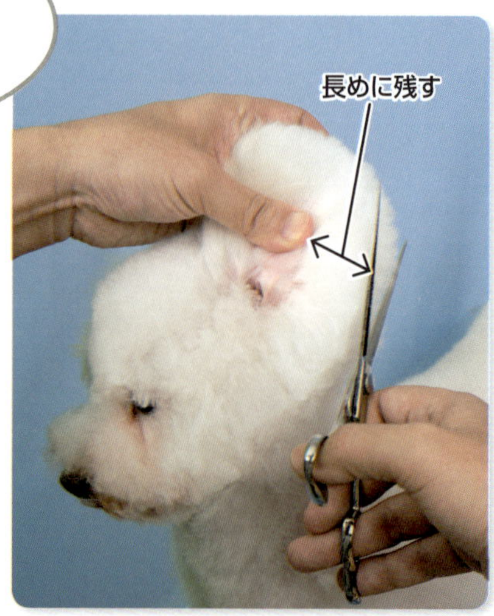

9 耳の前側は縁に沿ってカットし、後ろ側には長めに毛を残します。

耳の後ろに毛を残すと
耳が前に出て、
かわいらしさが
強調されます

10 耳の毛に空気を含ませるようにコーミングし、耳の後ろ側の毛の一部を、耳となじませるようにカットします。

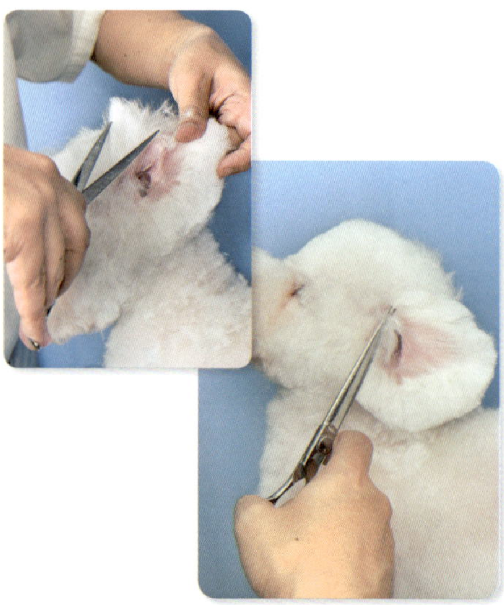

11 耳を裏返し、顔の毛とぶつかって浮き上がった毛をカット。耳の前の毛は、すっきりとカットします。

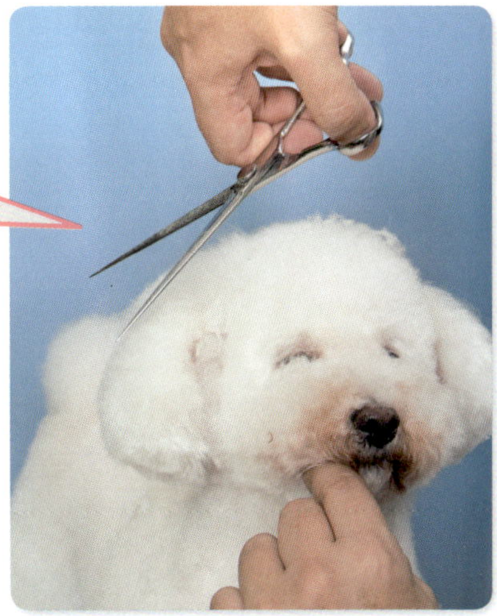

12 耳の付け根の上をカットします。頭頂部の毛を起こすようにコーミングし、頭の毛の一部を耳になじませるようにカットします。

POINT

実際より耳付きを高く見せるための工夫です。下は、向かって左側のみ⑫のカットを終えたところ

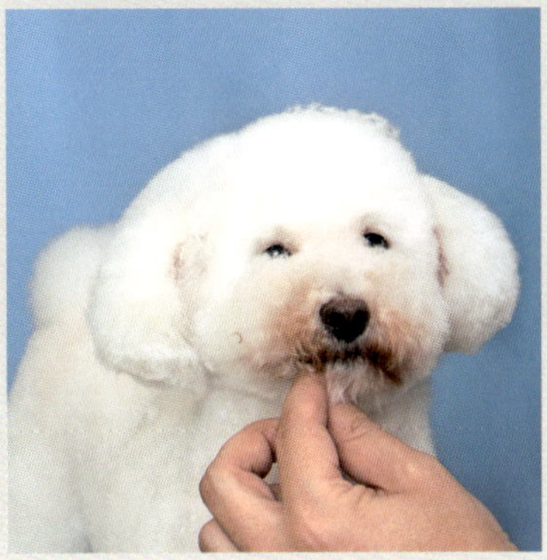

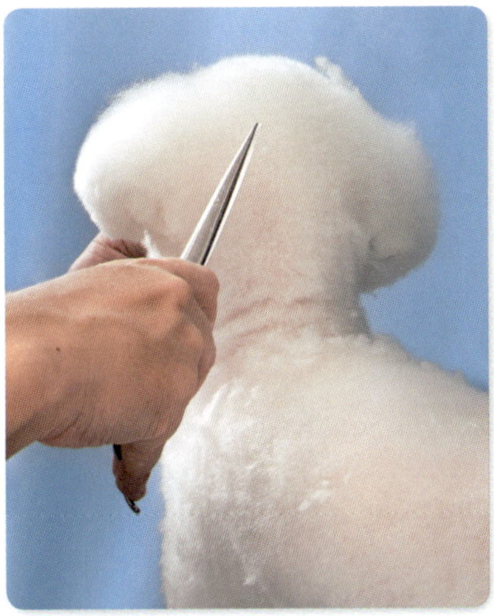

13 ⑫で設定した左右の耳付きを自然につなげるように、頭頂部と後頭部の境目のあたりをカットします。

短くカットした前後の
毛に支えられ、頭頂部は
しっかり立ち上がります

14 ⑥と⑬を、頭頂部でつなげます。前後からはあまり丸みを付けず、頭頂部にはやや長めに毛を残します。

下顎～顔へ続く部分を

両サイドの毛がふんわりと

15 前望し、のどの中心から左右へ、下顎をV字形に切り上げます。下顎の先にだけ、保定時につまむ用の毛を残しておきます。

頬の位置を高くすると、
時間が経って毛が落ちて
きてもかわいさキープ

16 頭頂部と⑮をつなげます。前望し、目の下あたりで頬が最も張り出すように整えます。

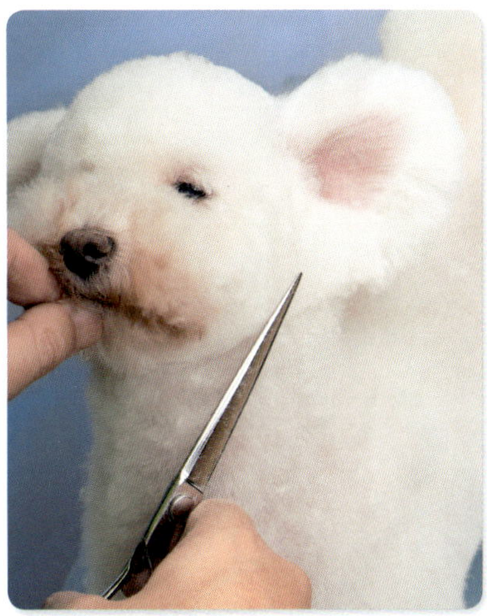

17 ⑮～耳の後ろ側の付け根をつなげるようにカットし、頬のアウトラインを整えます。

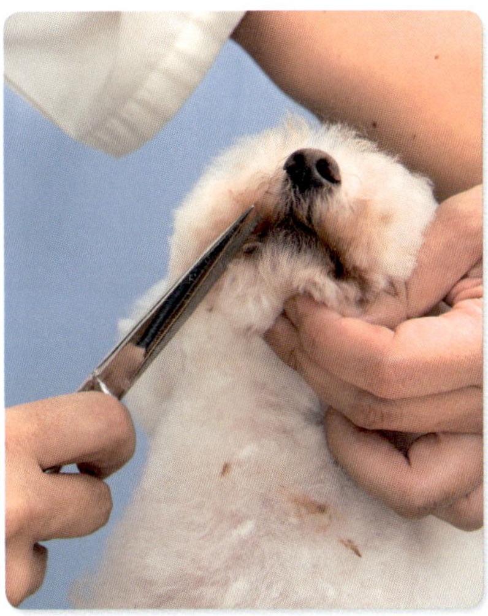

18 マズルの毛を下へ向けてコーミングし、リップ・ラインをカットします。

19 マズルの毛のアウトラインを整え、⑮へつなげます。

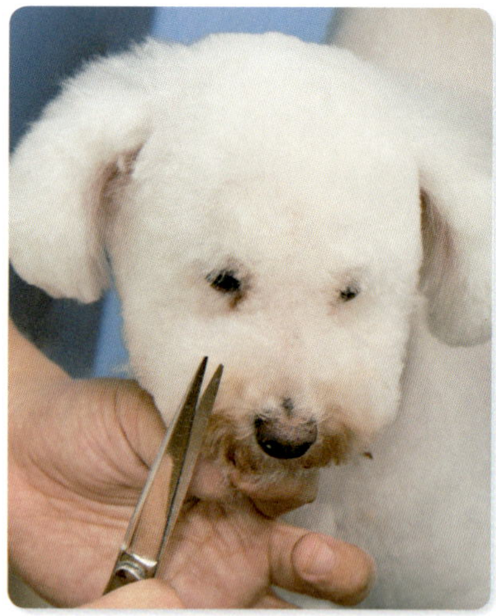

20 マズルのボリュームは、上望して頭の大きさとのバランスを見ながら調整します。毛が鼻より前に出ないよう注意。

この部分をタイトにすると、マズルが太く大きく見えます

21 ①でカットしたラインで目の下とマズルの毛を分け、目の下～口角の輪郭がマズルより内側に入るようにカットします。

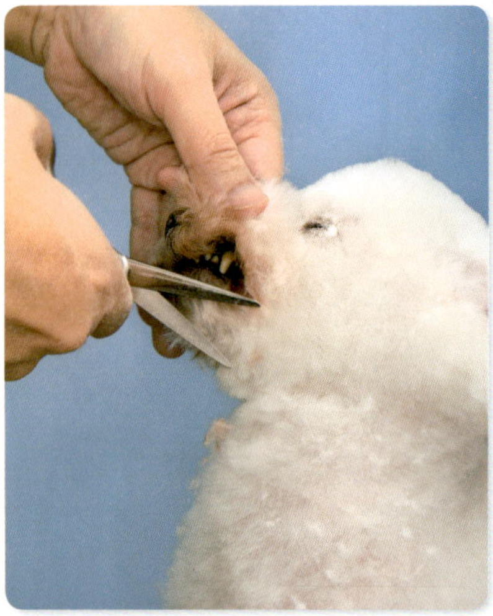

22 上唇をめくり、下顎からV字形に切り上げたラインを口角まできちんとつなげます。

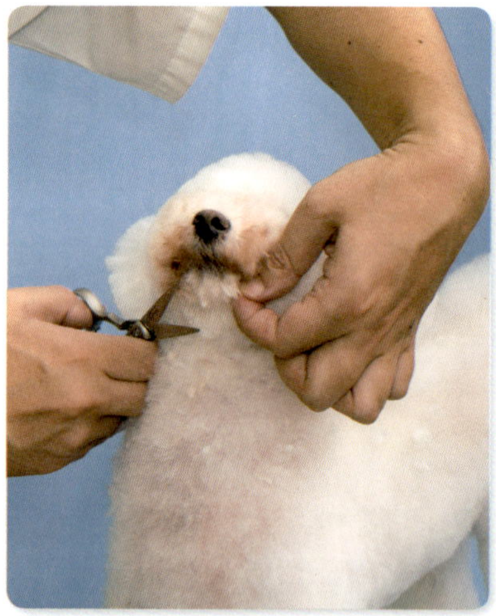

23 下顎の先に残しておいた毛を、⑮のラインに合わせてカット。前望し、頭の丸の中心が額のあたりになるように下顎の厚みを調節します。

24 鼻の下の毛をコームでかき出し、スキバサミで鼻鏡の下だけリップ・ラインをカット。⑱までを仕上げバサミでつなげます。

25 0.5ミリ刃のクリッパーで、㉔の下だけ下顎の先端を逆剃りします。

26 スキバサミで下顎の毛をていねいにカットします。下顎の毛は時間が経つと落ちてきやすいので、こまめにコームを入れながらカット。

シー・ズー

shih tzu

check !

輪郭は「楕円」と「真円」の2タイプ。犬の体型から、どちらのタイプを目指すか決めておきましょう。

前肢が真っ直ぐで、胸が縦に長く見える

↓

胸の幅が狭いと、スカルの幅も狭いことが多い

←

顔の幅を補い、真円に近付けるように仕上げる

肘や指先が外向している

↓

肋骨が横に広く、頭頂部も平らなことが多い

←

輪郭を横長の楕円形に仕上げる

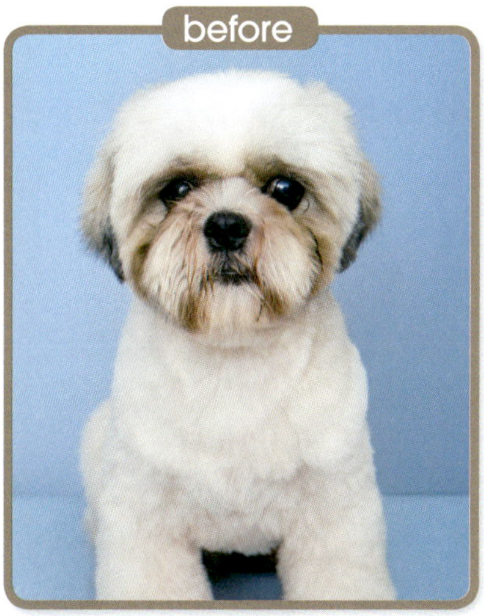

モデル犬は胸と頭がやや横に広いため、輪郭は横長の楕円形にしていきます。

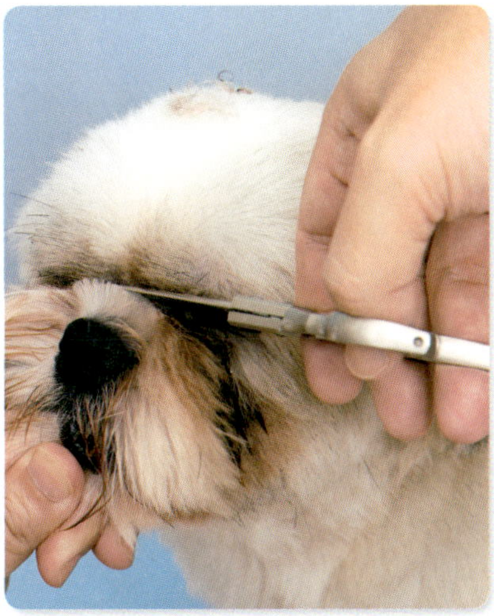

1 ストップをカットします。静刃を斜め上からストップに押し当て、出てきた毛をカットします。

2 毛流に沿って、目の周りをコーミングします。

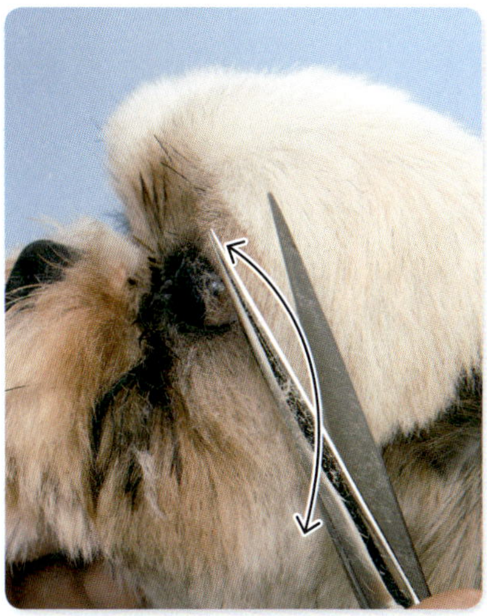

3 目尻を延長した角度でハサミを当て、目の上にかぶさる毛をカットします。

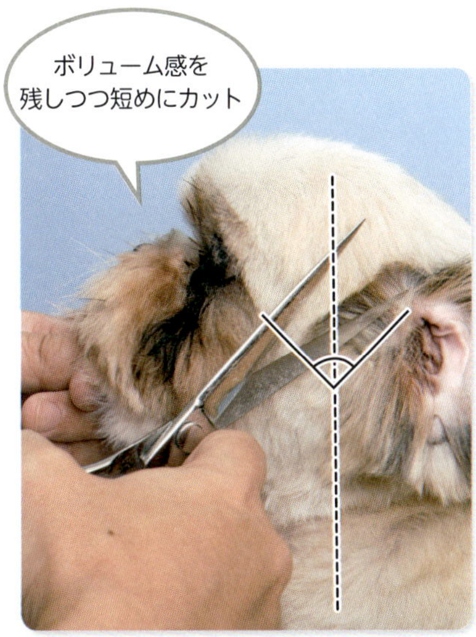

ボリューム感を
残しつつ短めにカット

4 耳を裏返し、頭頂部を通る垂線に対して③を反転させた角度で、耳の前をカットします。

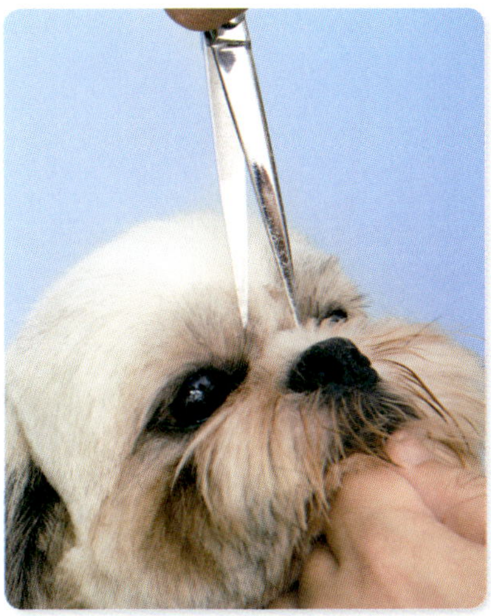

5 両目のあいだをカットします。真上からハサミを当て、テーブルに対して垂直にカットします。

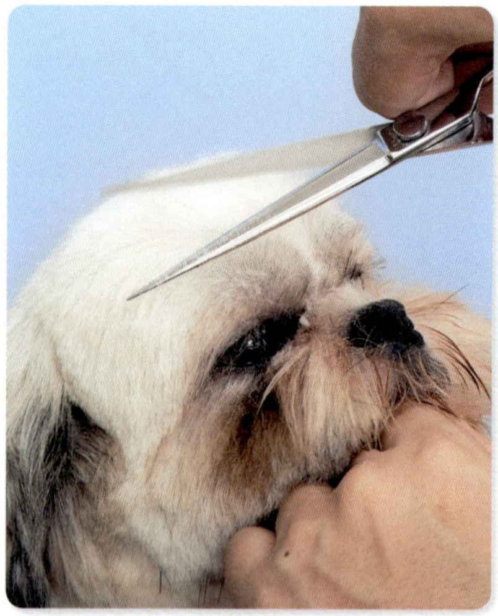

6 目の上～頭頂部を、自然な丸みを付けてつなげます。

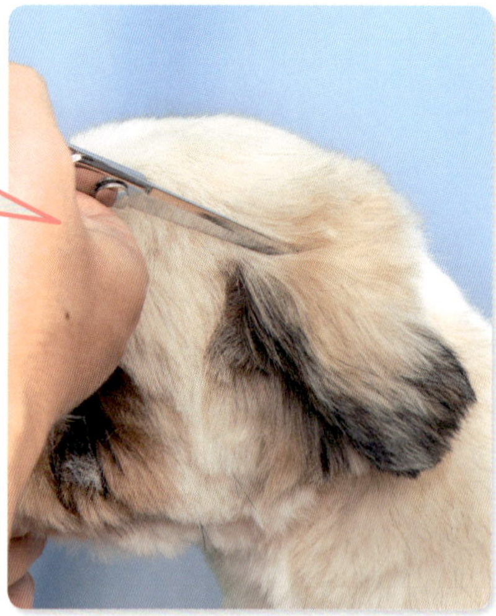

7 耳と頭の毛を分けてコーミングし、耳の付け根に沿ってハサミを入れ、さらにスキバサミでぼかします。

POINT

ハサミは背骨に対して平行に当てます。後ろへ向けて頭の幅が狭くならないように注意

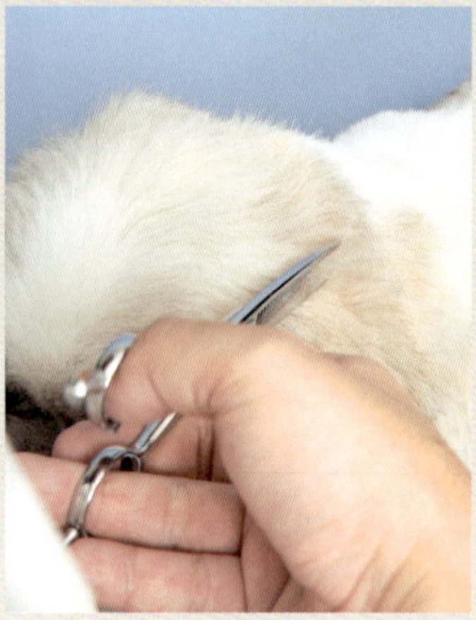

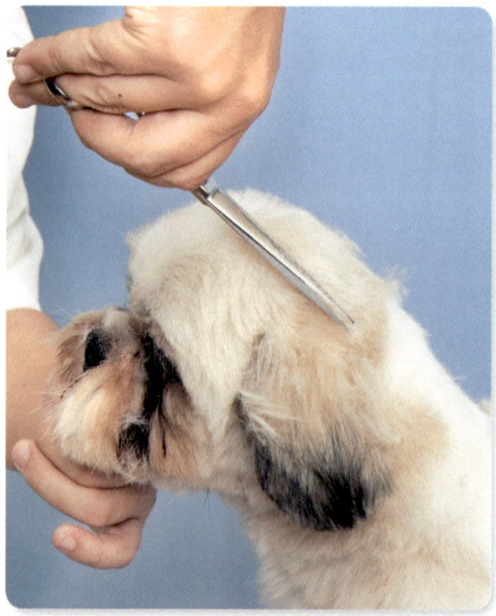

8 後頭部～頭頂部の毛を前へ向けてコーミングし、ハサミで頭の形に沿ってカットします。

スキバサミは毛流に沿って当て、刃の根元近くを使ってカット

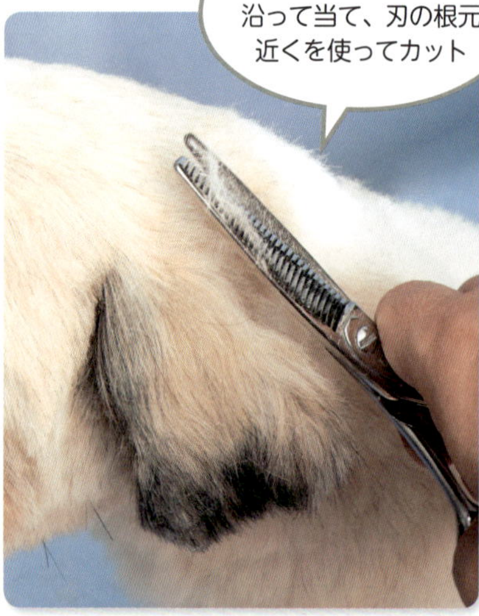

9 ⑧でカットした部分をスキバサミでなじませます。

10 さらに仕上げバサミでアウトラインを整え、前望したときに頭頂部～耳が自然につながるようにします。

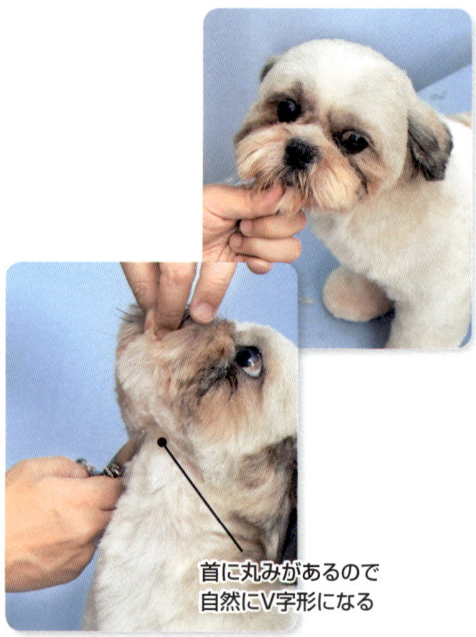

11 輪郭をカットしていきます。犬の首を上げ、のどから両側へ、それぞれハサミを真っ直ぐに当ててカットします。

12 0.5ミリの刃を付けたクリッパーで、耳孔の前の毛を刈ります。

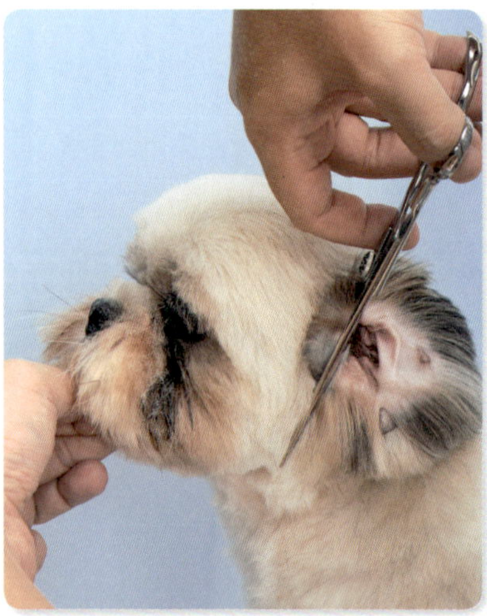

13 ⑫でクリッピングした部分の下から、耳の前で真っ直ぐにカットします。

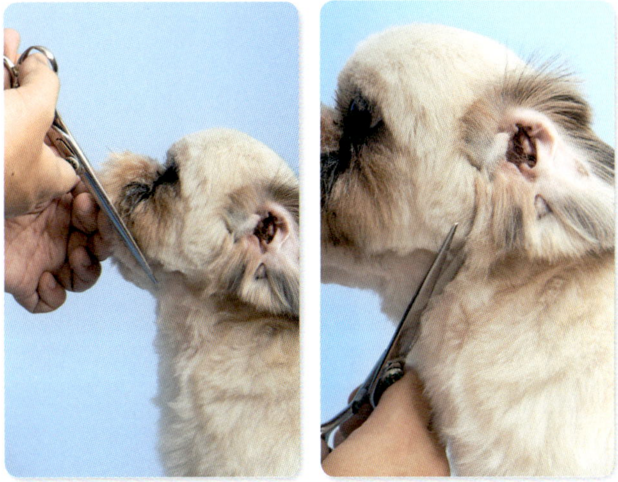

14 ⑬と下顎骨の角を取るようにカットし、続けて下顎骨の下側をカットします。

V字形に切り上げることで頬の毛を支えて落ちにくく。頬の位置を高く設定すると、笑顔風に見えます

15 前望し、輪郭をカットしていきます。下顎の中心から左右へ、V字形に切り上げます。下顎の先だけ、保定用に毛を残しておきます。

前望の輪郭を作る手順は、頭頂部→下顎（のど）→顔の両サイド
顔の両サイドに毛を多めに残すと、パーツが中心に集まって見えます

16 目の横〜頬の毛を起こすようにコーミングし、前望して、テーブルに対して垂直にカットします。この段階では毛を多めに残します。

17 目の周りの、汚れが気になる毛をカットします。

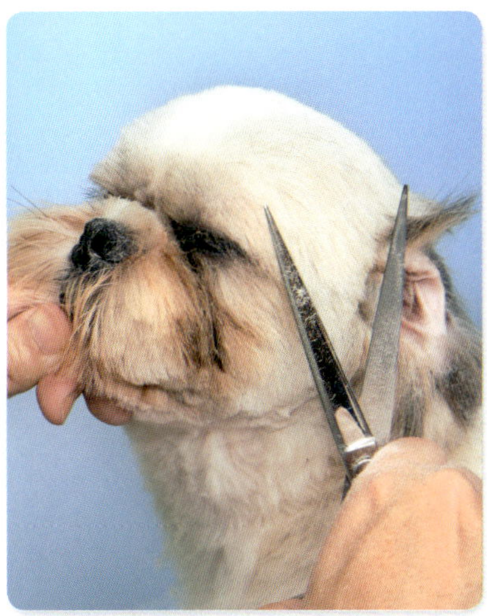

18 ③〜④でカットしたV字形のラインを、ほど良いボリュームを残しながらなじませます。

19 シー・ズーの耳は後ろ側の付け根が低く、前にかぶさっています。耳の前に毛を残しすぎると、耳を動かしたときに余分な毛が盛り上がってしまうので注意。

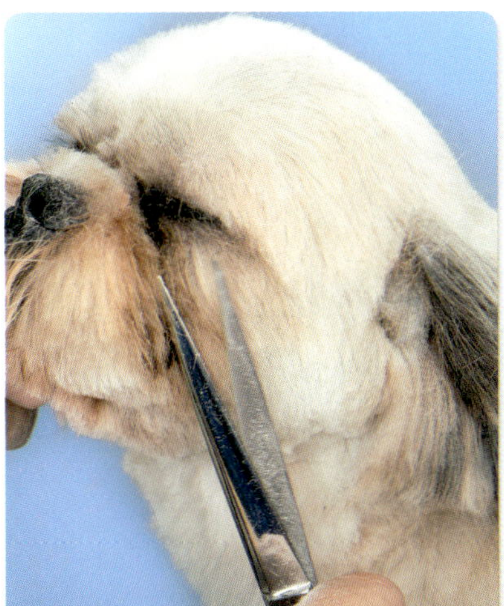

20 目の下の毛とマズルの毛をしっかり分け、飛び出してくる毛や目の下の毛をすっきりとカットします。

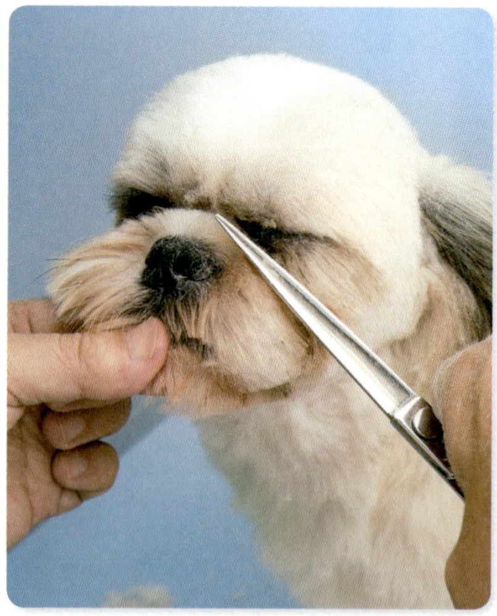

21 前望し、マズルの毛を角の丸い三角形に整えます。

22 上望し、マズルの丸みを整えます。

舌を出さないよう、
マズルの上下を押さえて！

23 鼻の下の毛をかき出すようにコーミングし、スキバサミで鼻鏡の下だけリップ・ラインをカットします。

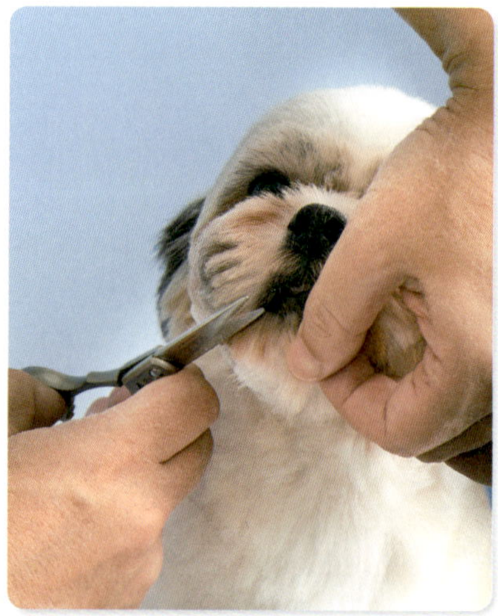

24 仕上げバサミでリップ・ラインをカットします。

下顎の毛は落ちてきやすいので、
こまめにコーミングしながら
ていねいにカット

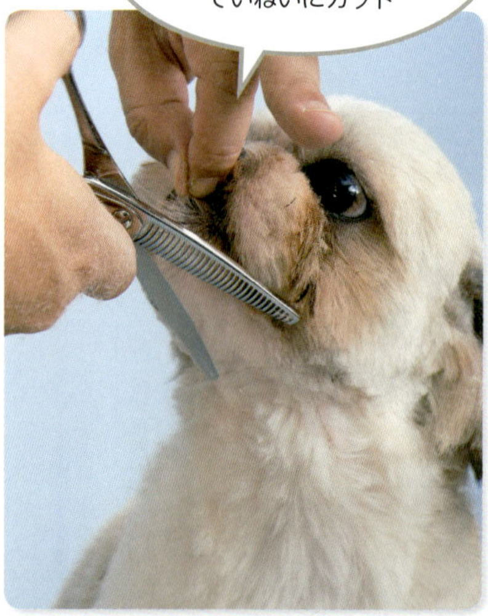

25 ⑮のラインに合わせて、スキバサミで下顎をカットし直します。

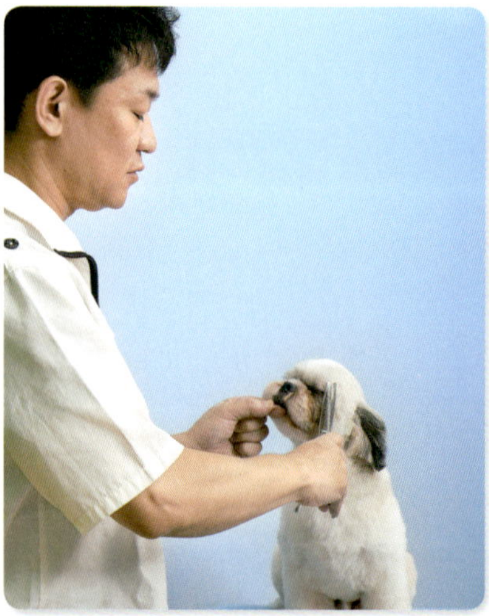

26 輪郭を仕上げます。斜め前から見て、仕上がりのアウトラインより少し内側まで刃先を入れるつもりでカットすると、ほど良い丸みが出ます。

耳は短めにしたほうが、
子犬っぽくかわいい
イメージに仕上がります

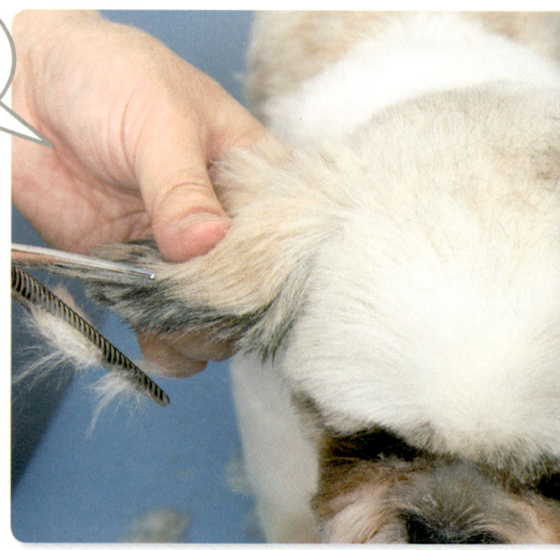

27 耳をカットします。モデル犬は「ナチュラルな短さ」というオーダーを受けているので、適度な長さに整えます。

finish

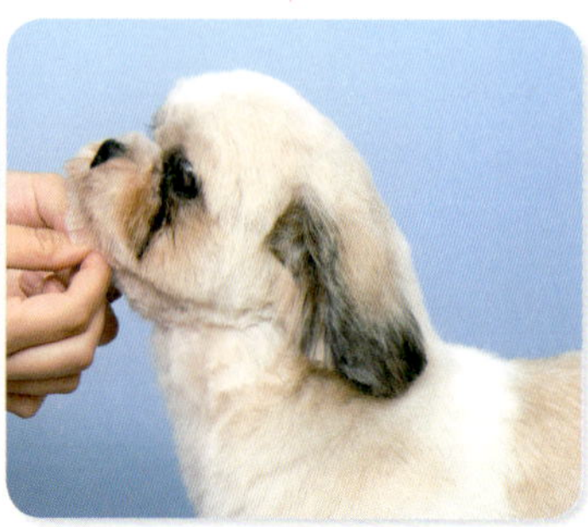

もっとかわいく！
肢の作り方

肢の作り方

ふんわりと丸い顔には、握りの形を隠して爪先立ちをしているような肢がぴったり。シー・ズーで解説します。

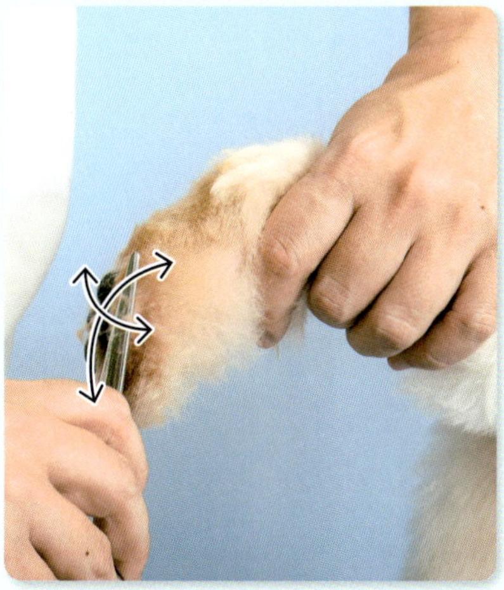

1 足裏をクリッピングし、パッドの丸みに合わせて足周りをカットします。

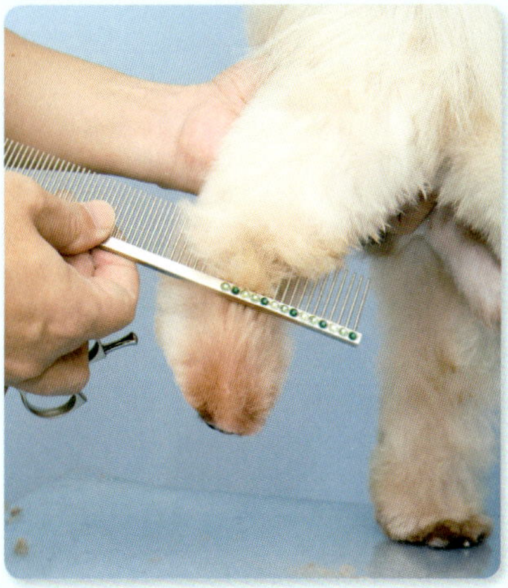

2 握りの上の毛をしっかり起こすようにコーミングします。

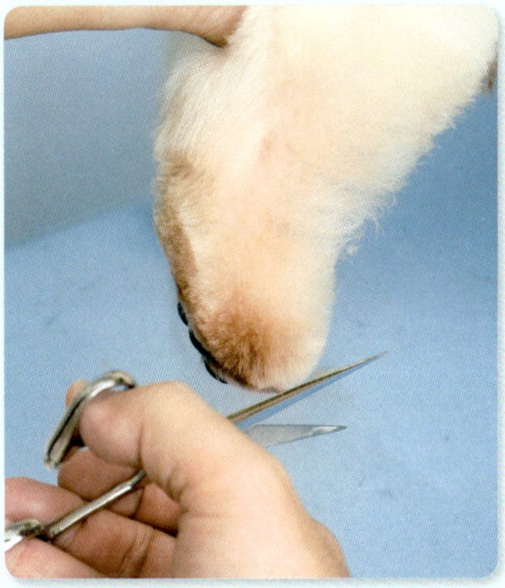

3 足の前側を、爪を隠すぎりぎりの長さで、テーブルに対して垂直にカットします。

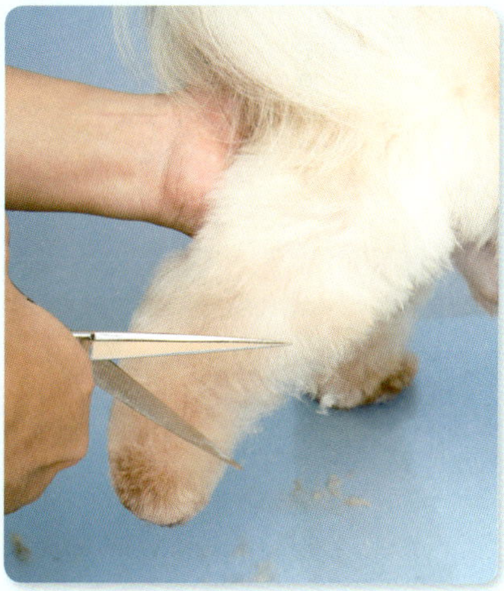

4 ③から上へ斜めに切り上げ、肢とつなげます。握りの上にできるだけ厚く毛を残すようにします。

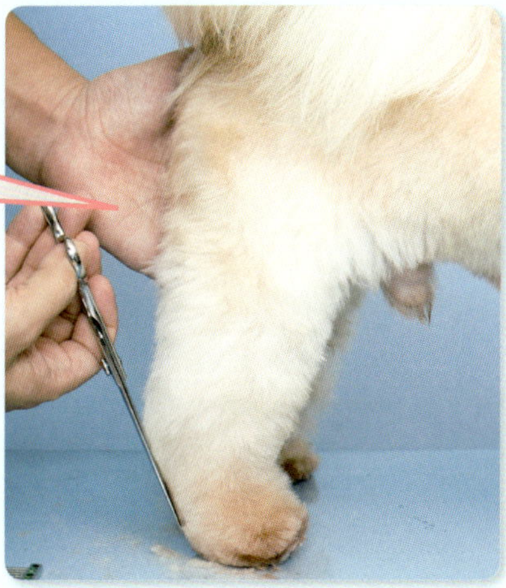

5 足の後ろ側〜飛節をつなげるようにカットします。

POINT

足周り・後ろ側を切り上げる角度も要注意！ 前肢と後肢で角度をそろえると、かわいくバランス良く仕上がります

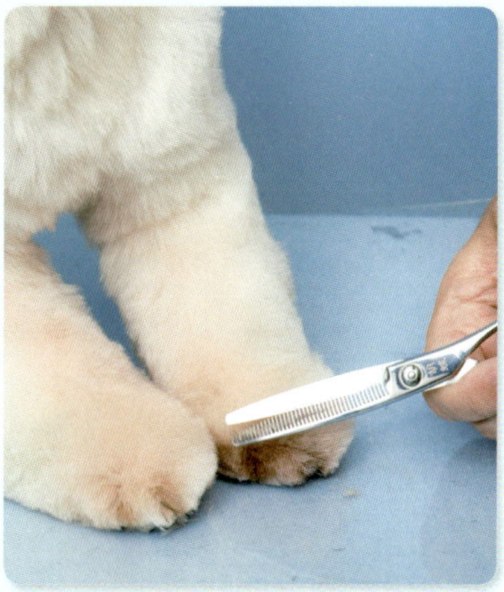

6 足先はスキバサミでさらにカットし、ふんわりとボリュームを出します。

フィニッシュ前の確認

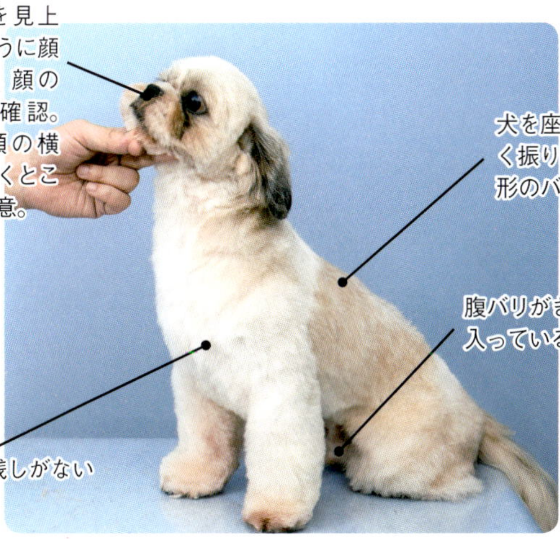

飼い主さんを見上げるときのように顔を上げさせ、顔のバランスを確認。目の周り、頬の横など、よく動くところはとくに注意。
犬を座らせて前肢を軽く振り、前肢の太さ・形のバランスを確認。
腹バリがきれいに入っていることを確認。
前胸に切り残しがないことを確認。

長所を生かしてカバー

体型補正のテクニック

犬の体つきには個体差があります。
同じスタイルでも、それぞれの犬の長所を生かして短所をカバーすることを意識しながら作れば、さらに愛され度が高まります。

①肢の太さを調節する

外側・内側と前後の面をカット。角を取る際、仕上げたい肢の太さに合わせてハサミの角度を調節します。

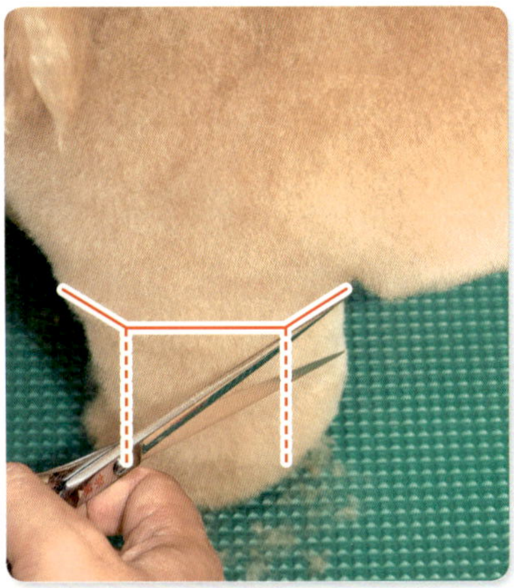

太めの後肢を細く

膝を頂点として、テーブルに対して垂直な線と大腿骨と同じ角度の線を想定。そのあいだの三角形の部分を短めにカットします。

角を取るときの角度

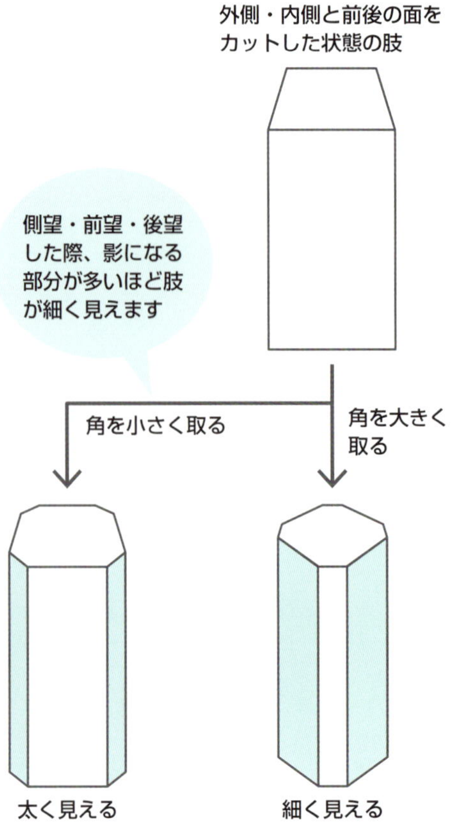

②短い肢を長く見せる

お尻の頂点を高く

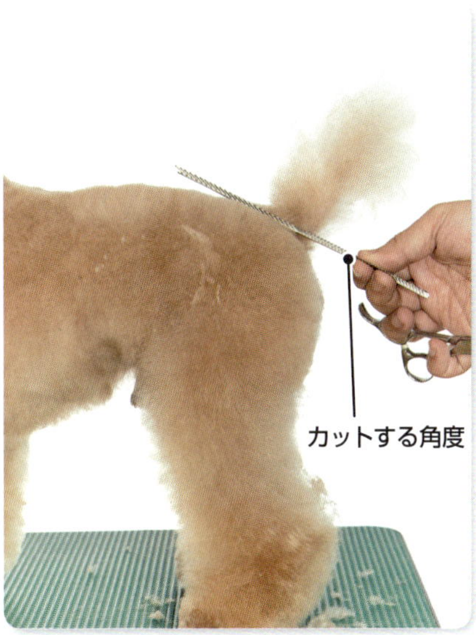

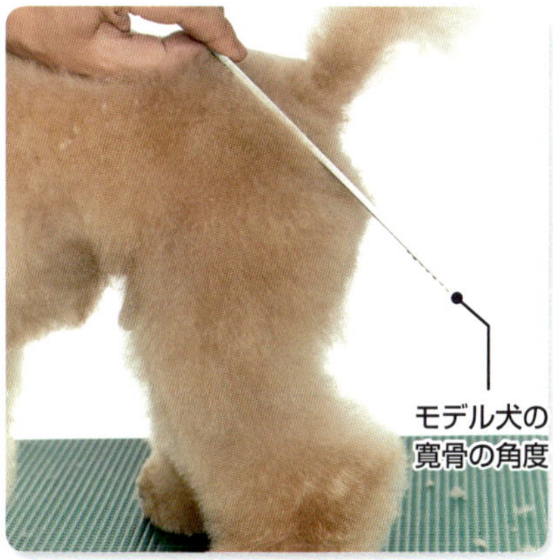

1 テイル・サイドは、寛骨をやや寝かせ気味に見せる角度でカットします。

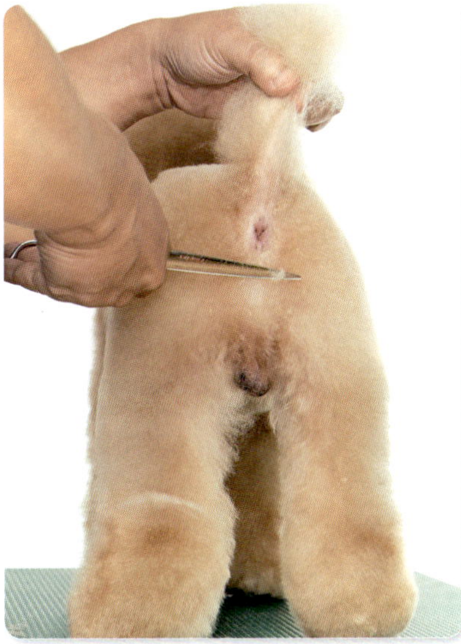

2 お尻をカットする際、上部（肛門の半分より上）には毛を多めに残します。

後肢の付け根を高く＆肢のあいだを広く

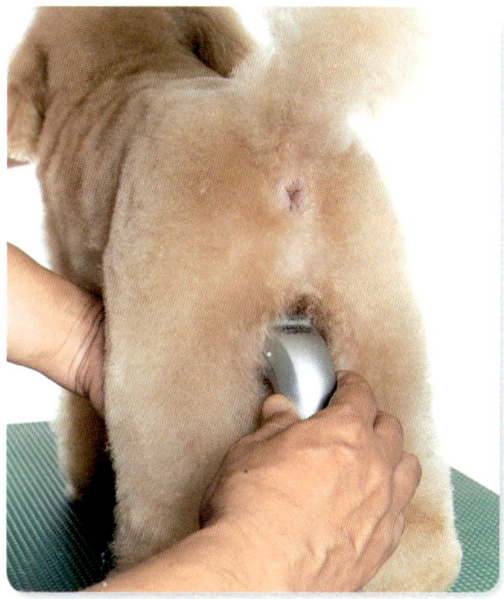

1 睾丸の裏側や陰部周りはすっきりクリッピングします。

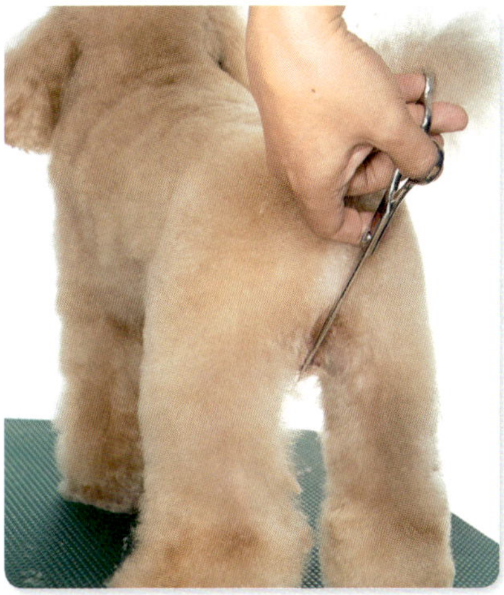

2 後肢の付け根は、鼠径部をできるだけ短くカットします。

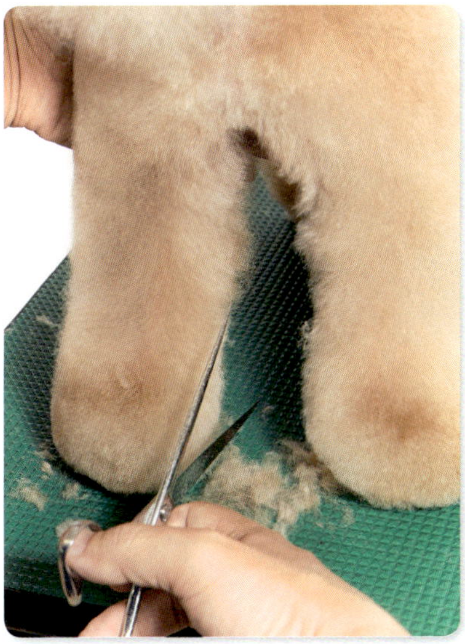

3 後肢の内側は、外側よりやや短めにカットします。

前肢の付け根を高く

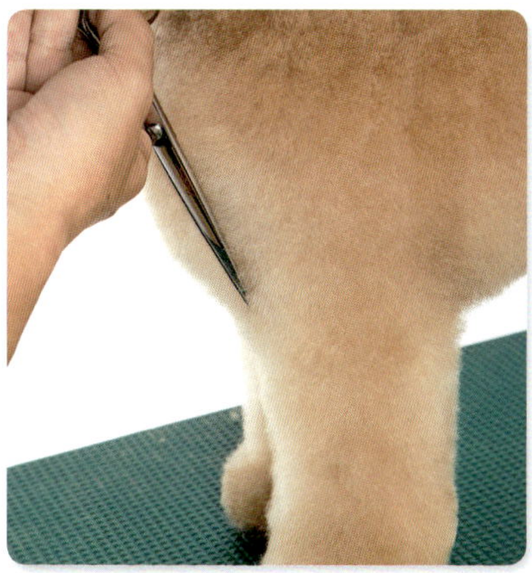

1 前望して、前肢の内側の付け根を軽くえぐるようにカット。肢と胸を分けます。

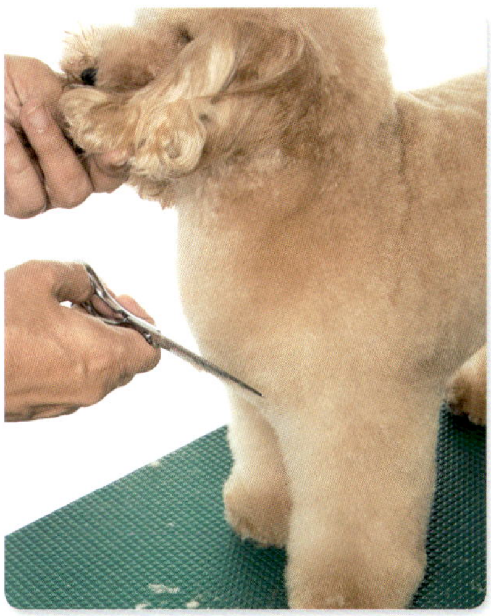

2 前望し、縦長の楕円形をイメージして前胸～下胸をカットします。

3 前望し、胸の下部～①でカットした内側の付け根を結び、そのラインを肢の外側まで延長するようにカットします。

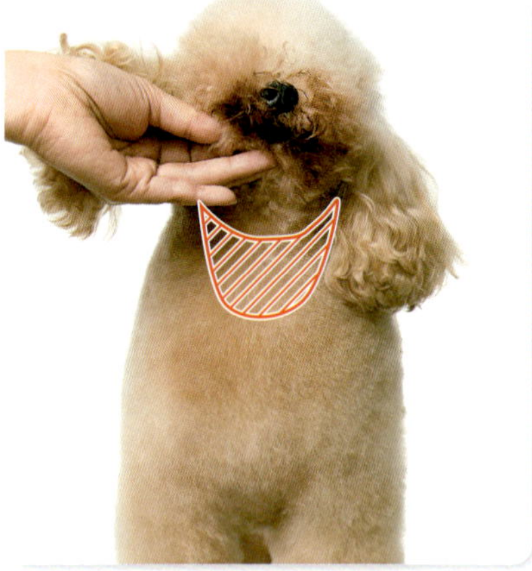

2 斜線部が①でカットした部分。

③長めの胴を短く見せる

前胸の膨らみを強調

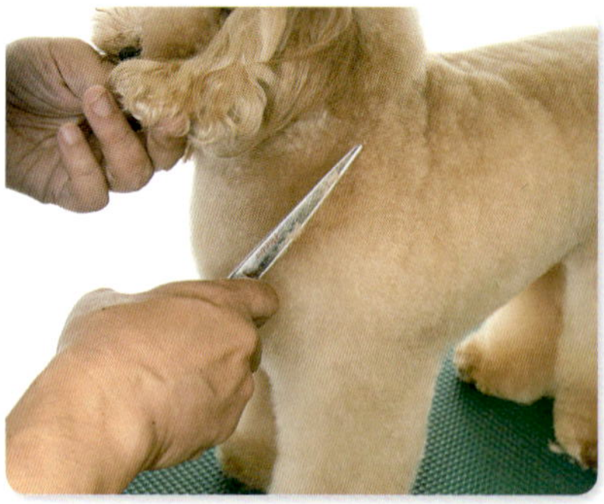

1 前胸の上部を、肩甲骨の角度でカット。ボディの前部を短く詰めたスタイルでも、胸が張り出して見えるようにします。

ウエストの位置をやや前へ

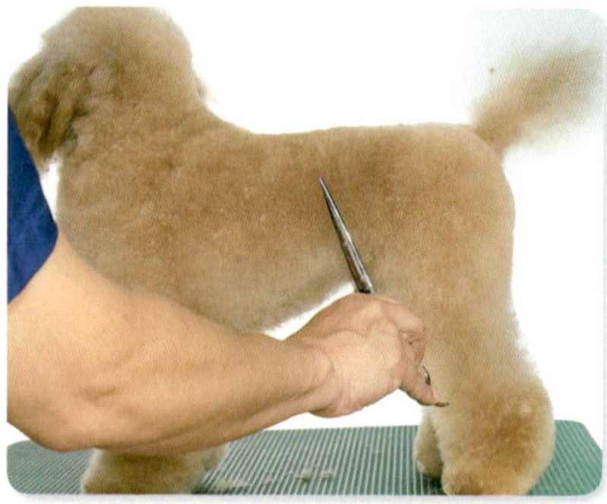

本来の位置よりやや前にウエストを設定し、ボディの前へ向けて細くするように絞ります。

ボディの前後に角を作る

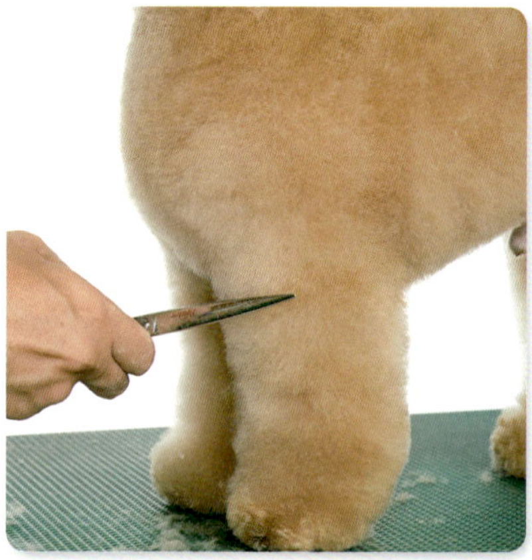

1 側望し、前肢の前側の付け根を軽くえぐるようにカットします。

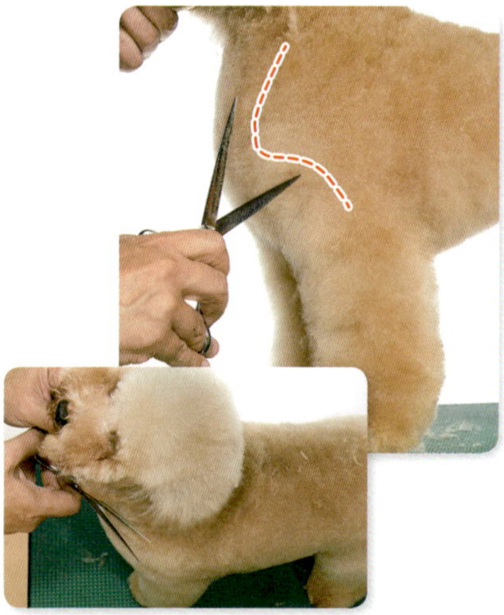

2 ネック～肩～胸のラインに沿って斜めにハサミを当ててカット。ボディ前部～側面をつなげる角を、やや後ろへずらします。

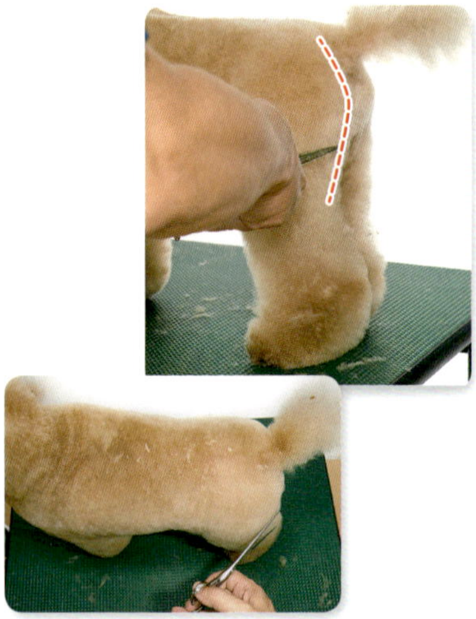

3 お尻～大腿部のラインに沿って斜めにハサミを当ててカット。ボディ後部～側面をつなげる角を、やや前へずらします。

④太めのボディを細く見せる

背線を狭く

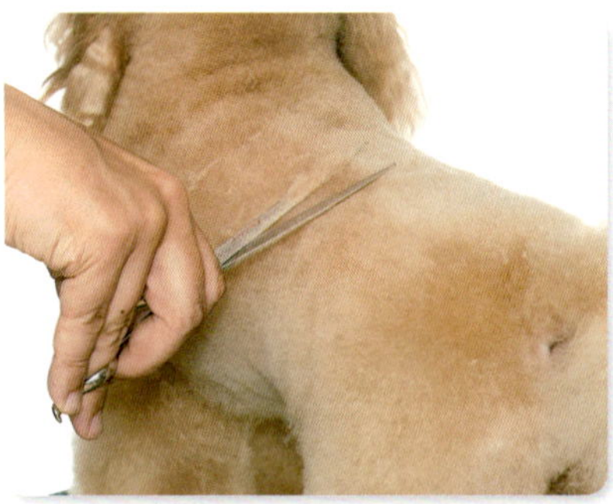

背線～ボディ側面のつながりは角を多めに取るようにカットし、背線の平らな面を広く残さないようにします。

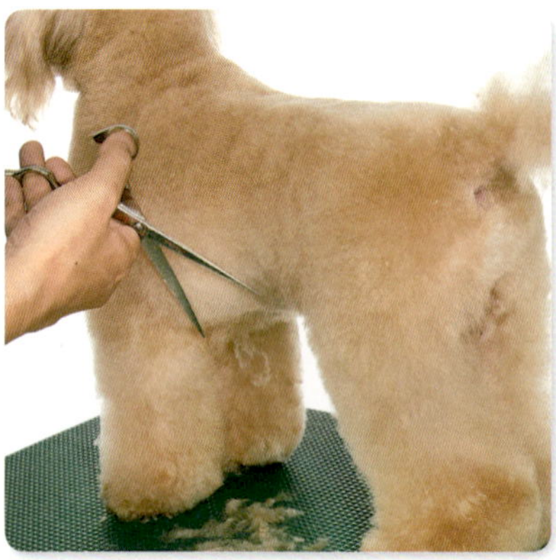

2 角度を付けて切り上げ、ボディの側面へつなげます。

アンダーラインを詰める

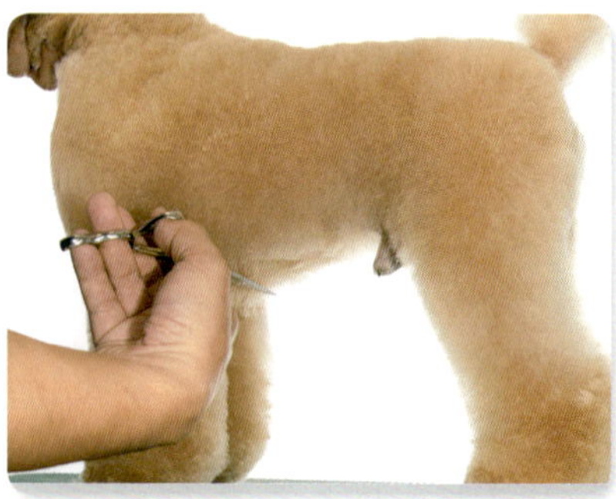

1 アンダーラインはぎりぎりまで短く詰めます。

⑤長いマズルを短く見せる

マズル全体を大きく見せる

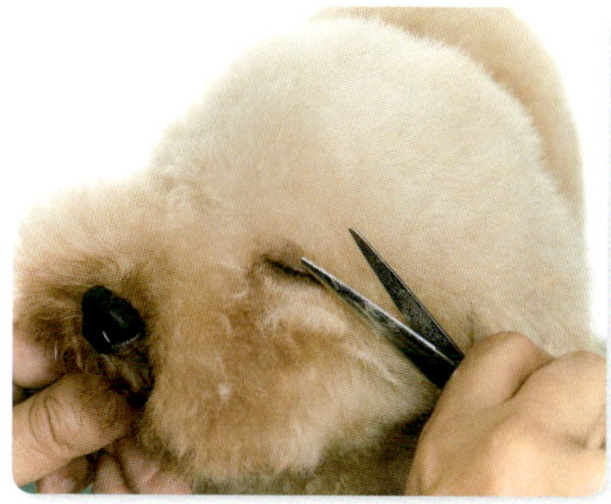

1 ストップは強調せず、マズルから目のあいだへなだらかにつなげます。

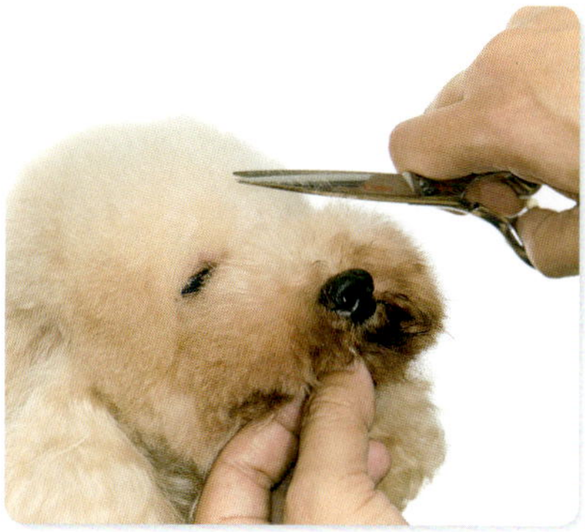

2 頭部は小さく作ります。前望したとき、マズルの両端が頭より外側にあるようにします。

3 マスタッシュの後ろ側はマズルに対してほぼ垂直にカット。頬も細めに作り、マスタッシュのふんわり感を強調します。

finish

側望したとき前後に「影」ができるようにする。胸と胴にメリハリを付けて胴を短く

お尻の頂点を高く

角を小さく取って肢を太く

肢の付け根を高く、後肢のあいだを広めにして肢を長く

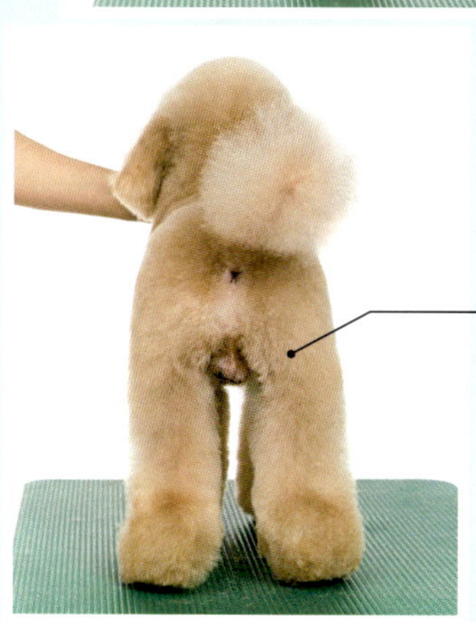

アンダーラインをすっきり整え、ボディの幅を狭くしてスリムな印象に

頭部の毛をなじませて耳付きを高く

ふんわりマスタッシュでマズルの長さをカバー

⑥耳付きを高く見せる

頭部の毛の一部を耳にする

1 耳の上にある頭部の毛を、耳になじませるようにカット。離れた位置から確認しながら作業すると、左右のバランスが取りやすくなります。

2 耳の付け根に見せたい部分より上を「頭」と考え、トップラインを整えます。

masami's column 2

すべてのカットは ショー・トリミングに通ず

ペット・カットは、人と犬が快適に暮らすためのスタイルとも言えます。多くの飼い主さんが重視するのが、「暮らしやすさ」と「かわいらしさ」です。この2点をクリアするため、絶対に外せない基本は2つ。目をはっきり見せることと、口元をすっきりさせることです。意外に単純ですが、効果は絶大です。「生活するためのスタイル」であるペット・カットの場合、ショー・トリミングのようにアウトラインの仕上げにとことんこだわるより、犬の性格や暮らしぶりまで考えたスタイリングを目指すべきです。甘えん坊でおなかを出す子なら、おなかのクリッピングはていねいに。散歩のときにカラーを着けるなら首周りはすっきりと、足周りが汚れないようしっかりと切り上げる。さらに、毛が伸びてきてもかわいらしさや美しさを保つことができるのが理想です。サロンでの仕上がりがどんなにステキでも、数日で印象が変わったのでは飼い主さんの満足度も下がってしまいます。

長持ちするスタイル作りを目指すなら、ショー・トリミングを学ぶのがおすすめ。ショーでは必ず歩様審査が行われるため、動いても崩れにくいように作る必要があるからです。そのために学ぶのが、毛の「落ち方」と「支え方」。この知識と技術を身に着ければ、ペット・カットの仕上がりも大きく変わってひと皮むけるはずです。

スタンダードの勉強は、役に立つんです！

Part3

愛されスタイル・コレクション

トイ・プードル／シー・ズー

ミニチュア・シュナウザー

アメリカン・コッカー・スパニエル

ヨークシャー・テリア／ポメラニアン

マルチーズ／ペキニーズ

Part1・2で解説した考え方やテクニックを使ってカットした、さまざまな犬種のスタイルをご紹介。全工程を詳細にわたって解説します！

トイ・プードルの
ふんわりテディ

ボディをシザーでカットしてやわらかさを出し、
体型を考慮したゆるやかな丸みが特徴のテディベア・カット。
マスタッシュとクラウンをつなぐ目の下を細めに絞ることで、
表情にメリハリが付きます。

前回のトリミングから約1カ月。

1 ミニ・クリッパーで肛門周りを処理します。汚れやすい部分の毛を逆V字形に取ります。

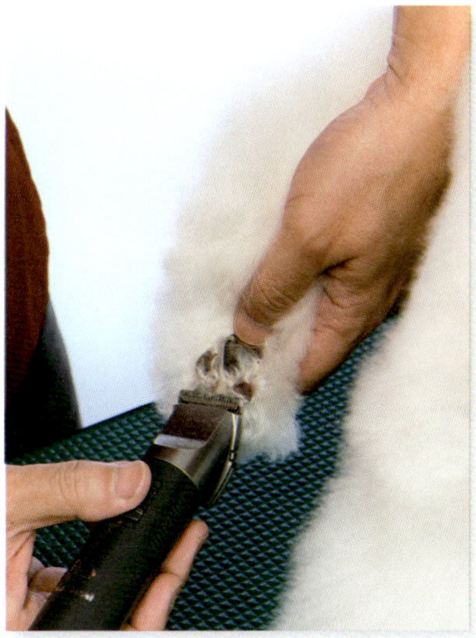

2 足裏を処理します。パッドのあいだの毛をきれいに取り、ヒールパッドの後ろ側も刈っておきます。

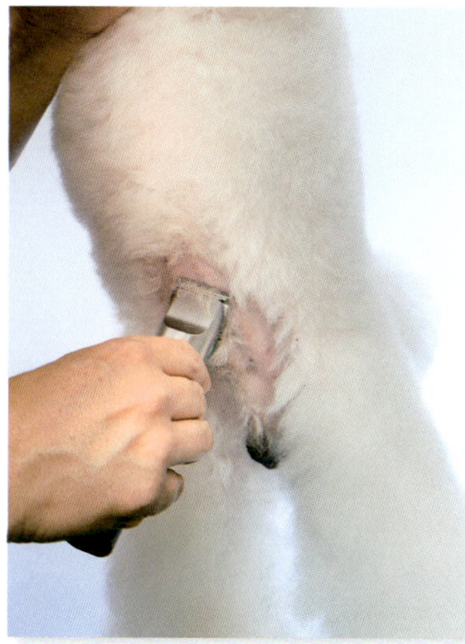

3 腹部を刈ります。モデル犬はオスなので、へそよりやや上の高さから逆V字形に逆剃りします。

4 四肢の足周りをカットします。肢を持ち上げて毛を下ろすようにコーミングし、パッドより長い毛をカットします。

5 ④の作業の際、パッドの膨らみを延長するつもりで、足周りを軽く切り上げるようにします。

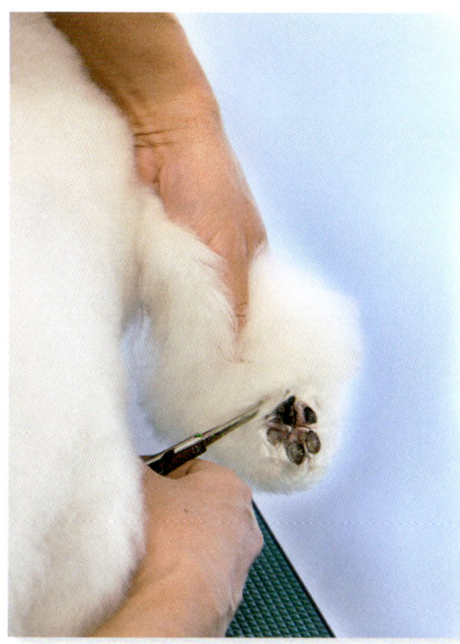

6 ヒールパッドの後ろ側だけは、パッドに合わせて真っ直ぐにカットします。

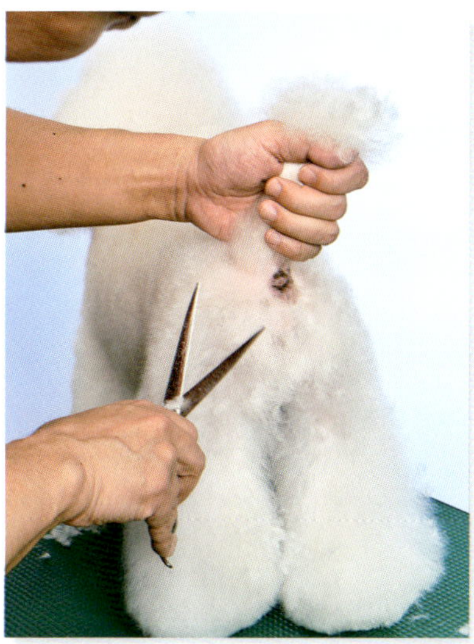

7 お尻をカットします。体の形に合わせて、真っ直ぐに落とします。

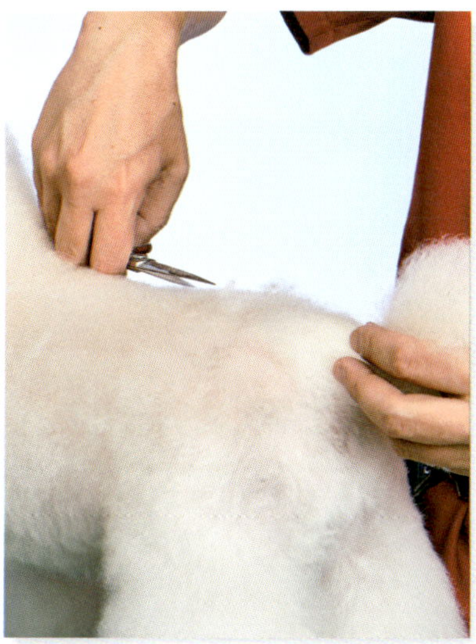

8 背線をカットします。キ甲より後ろから、平らな面を作っていきます。

9 テイルの付け根には、テイルの左右の付け根～背骨の中心を結ぶV字形に毛を残します。

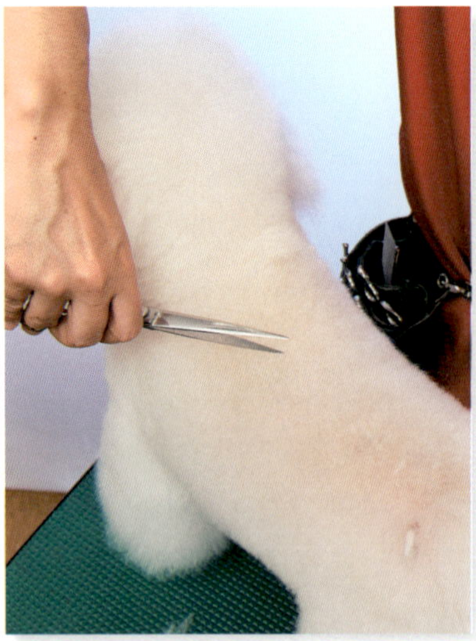

10 背線の前に残した毛を、キ甲よりやや後ろでV字形につながるようにカットします。

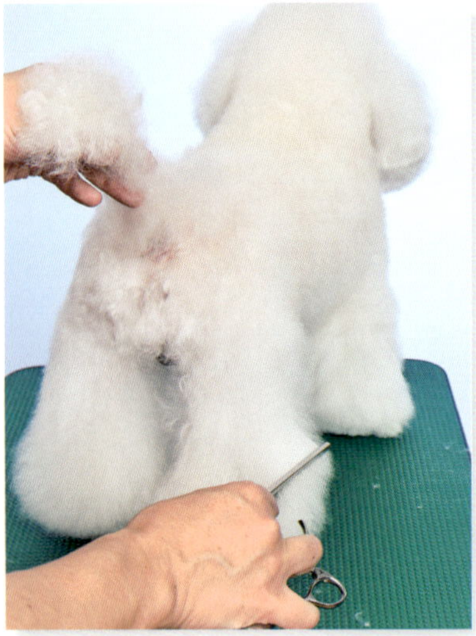

11 後肢の毛を、毛流に沿って斜め下へ自然に落とすようにコーミングします。

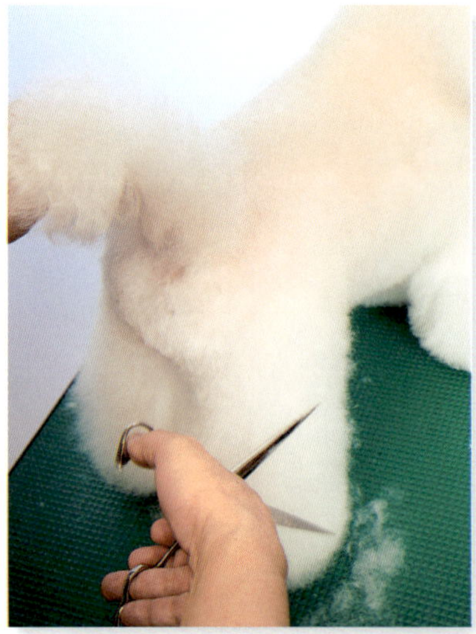

12 後肢の外側をカットします。後望して足先へ向けて軽く広がる面を作るようにカットし、足周りへつなげます。

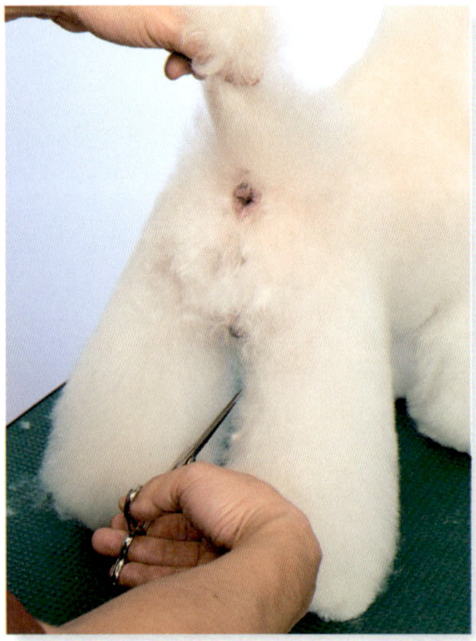

13 後肢の内側をカットします。外側よりやや多めに毛を取りながら平らな面を作り、足周りへつなげます。

14 側望し、後肢の後ろ側の毛を後ろへ流すようにコーミングします。

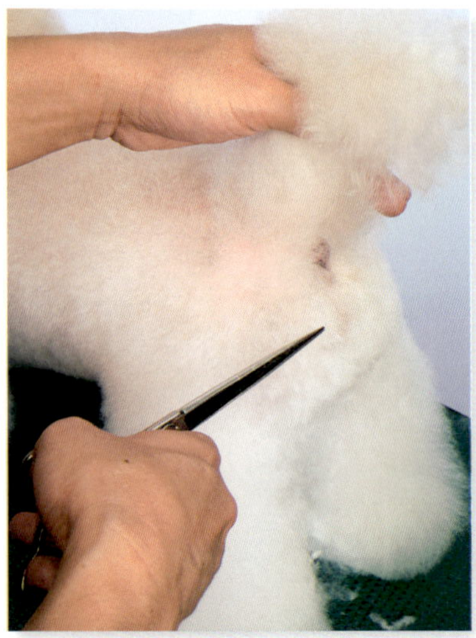

15 ⑦～お尻の下側のくぼみをつなげるようにカットします。

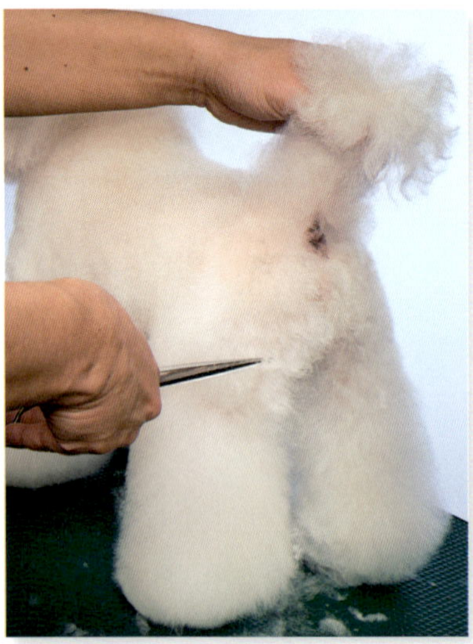

16 お尻の下～膝の裏側を、やや細めに整えるつもりでカットします。

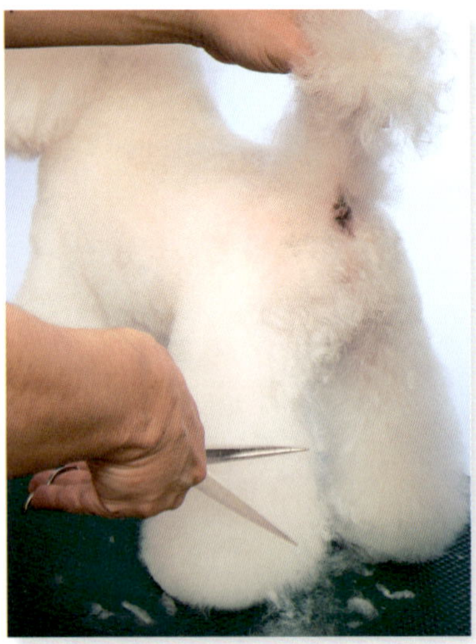

17 膝の裏～飛節を結び、足先へ向けて自然に広がるラインを作ります。

18 飛節～足先を整え、足周りへつなげます。

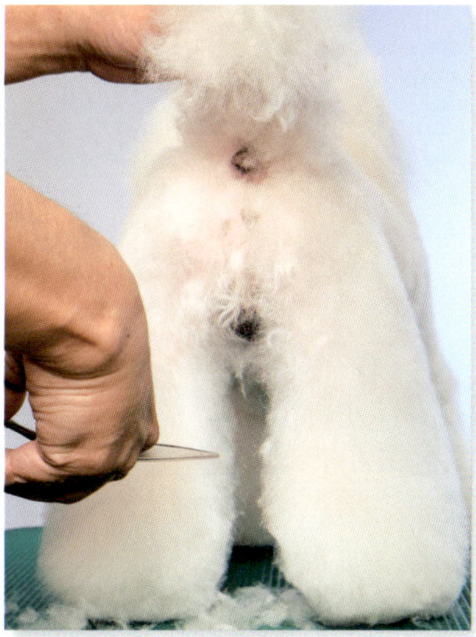

19 後望して後肢の後ろ側、外側、内側を整え直し、切り口の角を取ります。

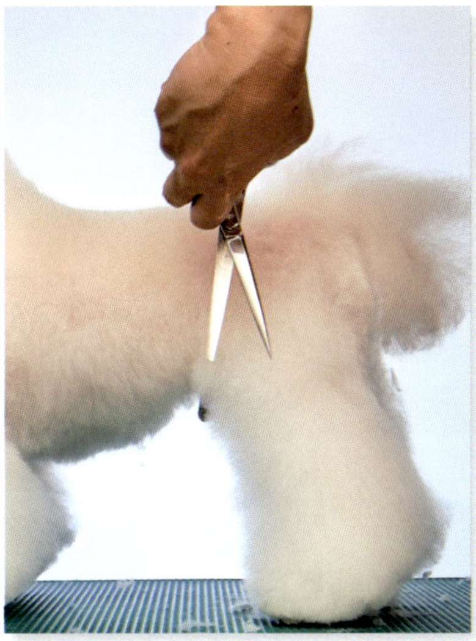

20 後肢の外側の毛を起こすようにコーミングし、大腿部から膝の高さあたりまでやや細めに整えます。

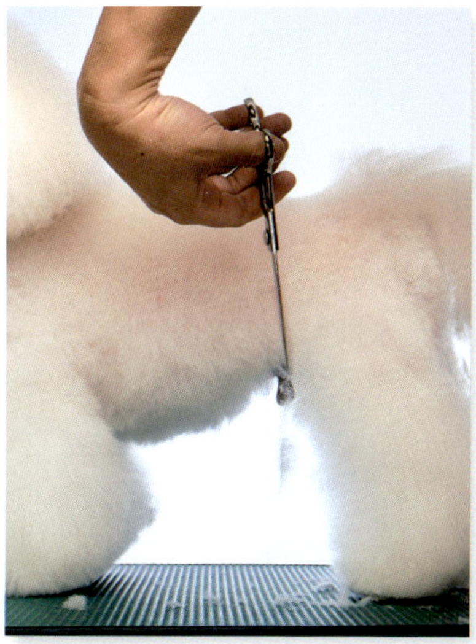

21 後肢の前側をカットします。肢の内側に巻き込んでいる毛をかき出すようにコーミングし、付け根～膝をテーブルに対して垂直にカットします。

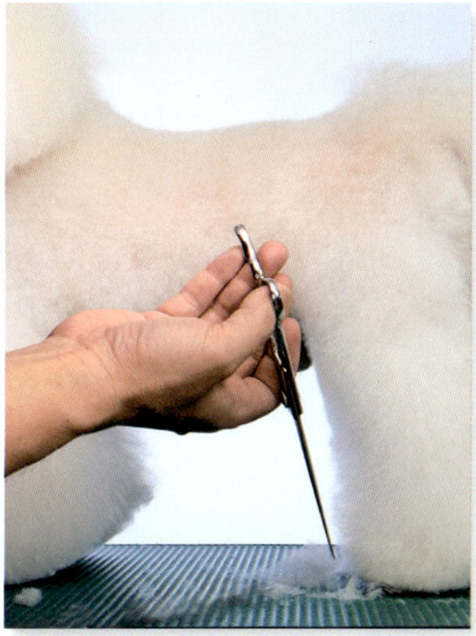

22 膝でハサミの角度を変えて膝～足先を結び、足周りへつなげます。

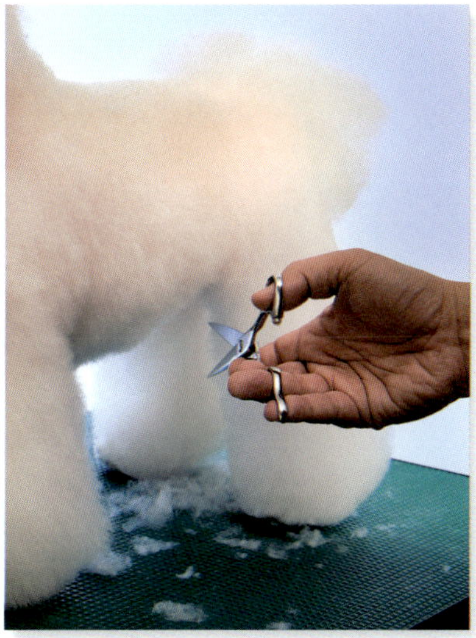

23 後肢の前側からハサミを入れ、⑬で取りきれなかった内側の毛をカットします。

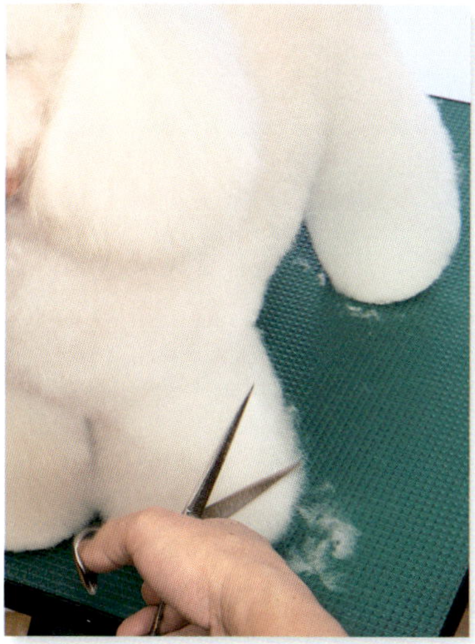

24 前肢の外側をカットします。前望して足先へ向けて軽く広がる面を作るようにカットし、足周りへつなげます。

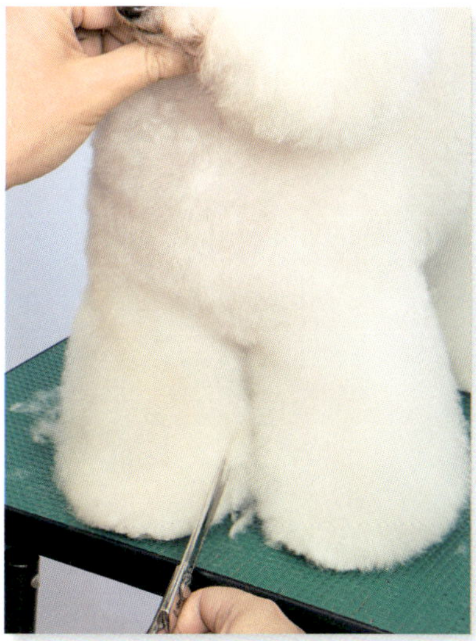

25 前肢の内側をカットします。外側よりやや多めに毛を取りながら平らな面を作り、足周りへつなげます。

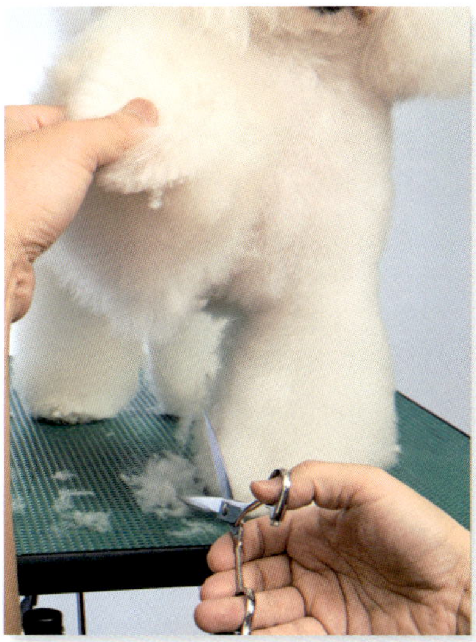

26 前肢を片方ずつ持ち上げ、内側のラインを整えます。

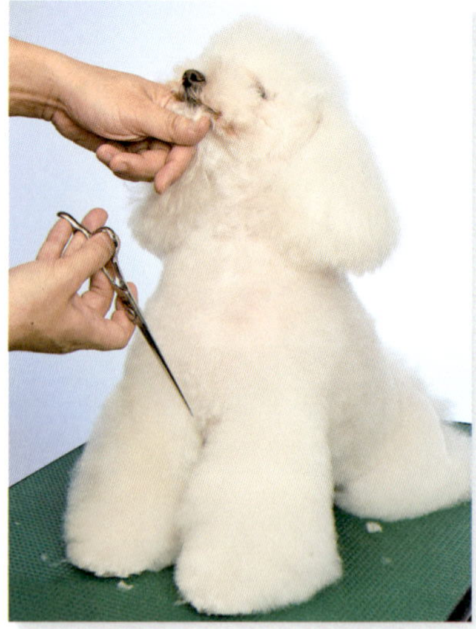

27 犬を座らせ、前肢の付け根から斜めにハサミを当てて、胸と前肢を分けるラインを入れるようにカットします。

28 前肢を片方ずつ持ち上げ、前胸～下胸のラインをきちんとつなげます。

29 毛玉を防ぐため、脇の毛は短くカットしておきます。

30 ボディのアンダーラインを粗刈りします。肘の後ろから、体の形に沿って皮膚ぎりぎりの長さでカットします。

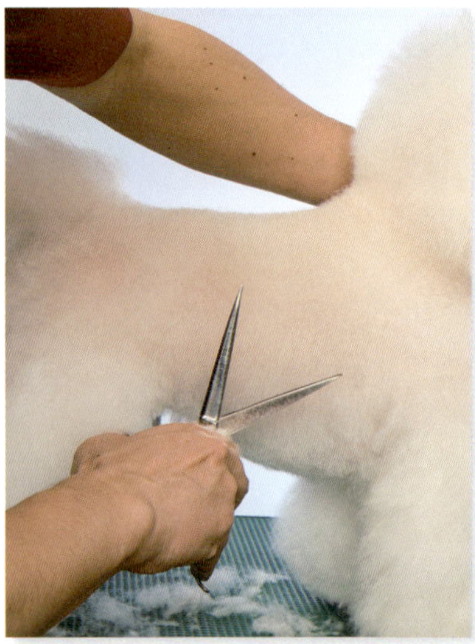

31 サイドボディの毛を起こすようにコーミングし、アンダーライン～サイドボディをおおまかに整えます。

32 前肢の前側をカットします。側望して付け根～足先を真っ直ぐに結び、足周りへつなげます。

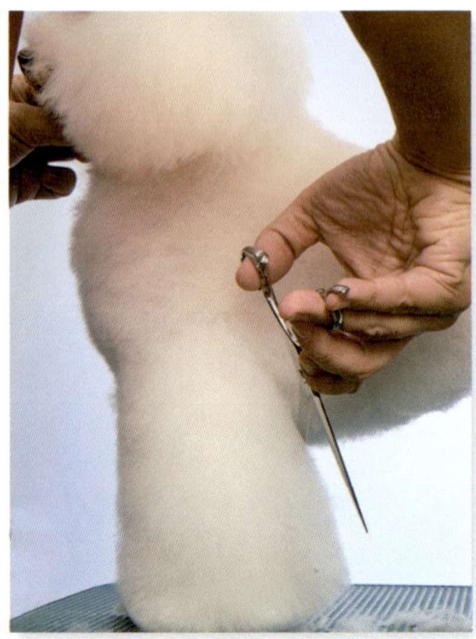

33 前肢の後ろ側をカットします。脇～足先へ向けて軽く広がる面を作るようにカットし、足周りへつなげます。

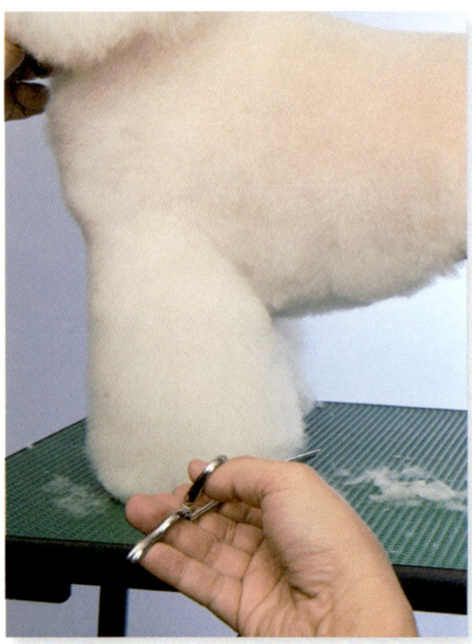

34 前肢の足周りの後ろ側を、⑱と角度をそろえて切り上げます。

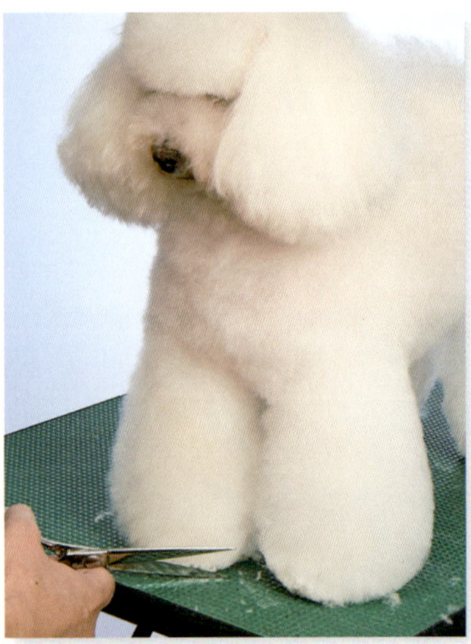

35 前望して前肢の前側、外側、内側を整え直し、切り口の角を取ります。

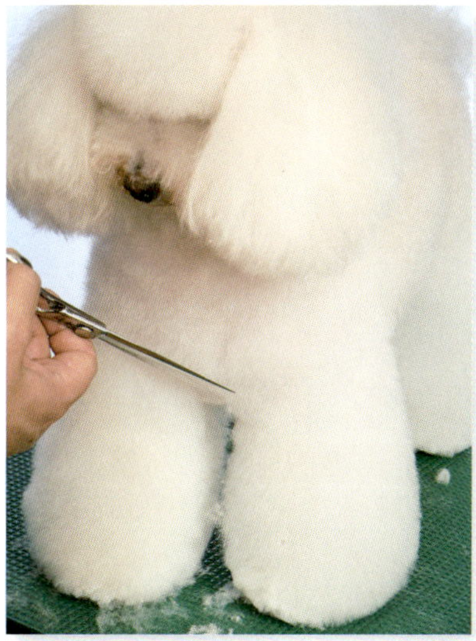

36 前側と内側の角を取るときは、㉗で入れたラインの角度に合わせてハサミを当てるようにします。

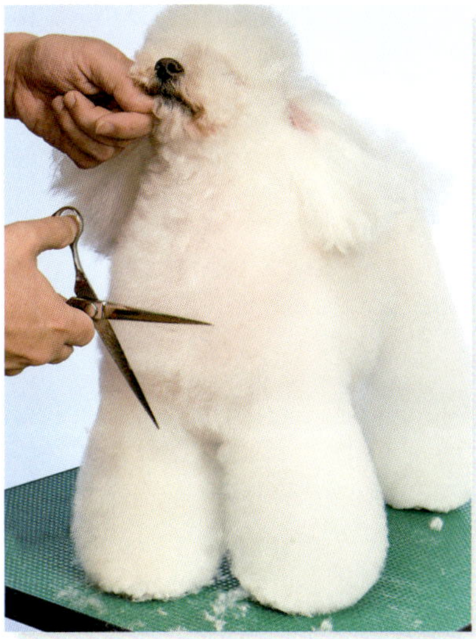

37 前胸をカットします。側望し、胸の形を生かして自然な丸みを付けます。

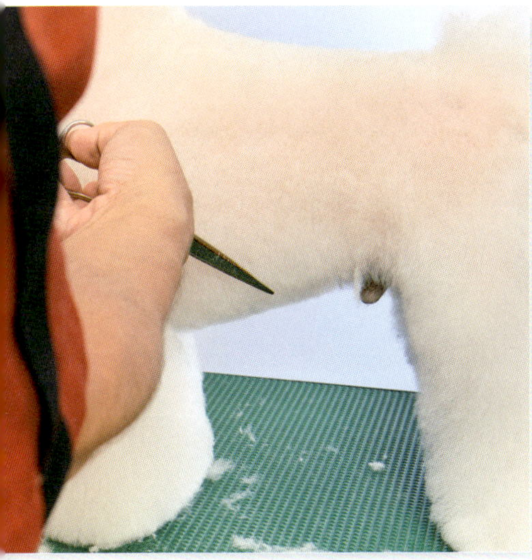

38 アンダーラインを整えます。毛を起こすようにコーミングし、皮膚ぎりぎりの長さでカットし直します。

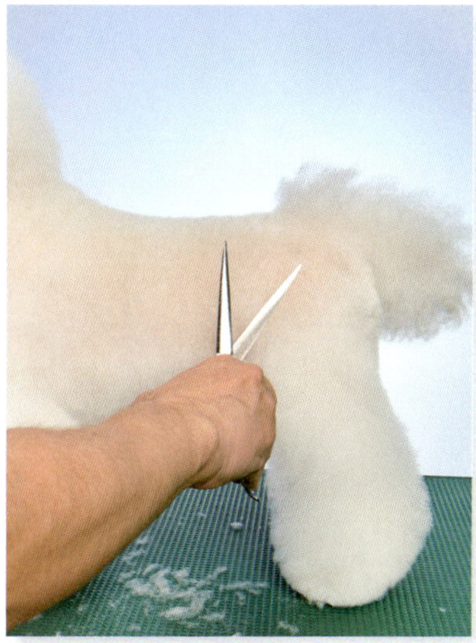

39 サイドボディを整えます。㊳から自然につなげ、体の形を生かしてカットします。

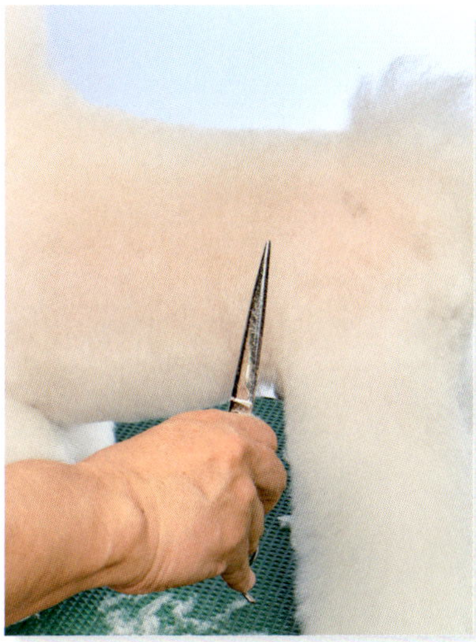

40 タック・アップは、幅を広げすぎないようにハサミを真っ直ぐ縦に当て、軽く絞ります。

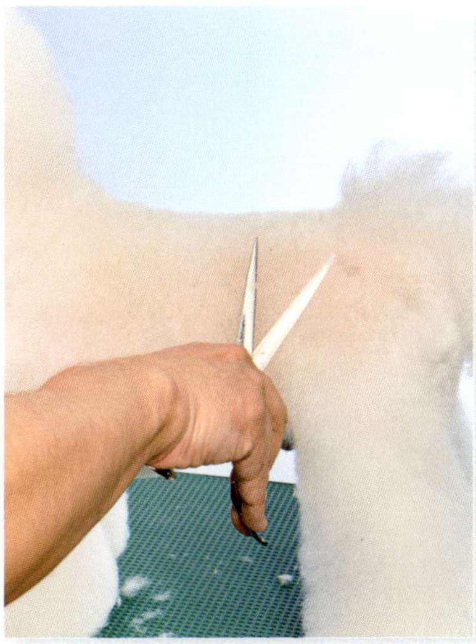

41 サイドボディをさらに整え、背線～肩、大腿部へ自然につなげます。

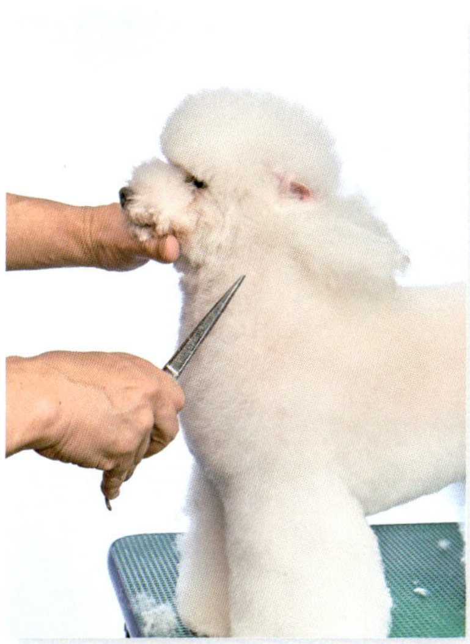

42 耳を上げ、サイドネックをカットします。胸の丸み～肩へ自然につなげます。

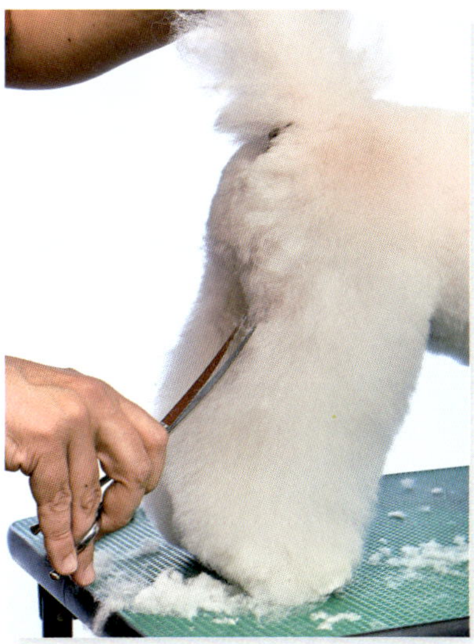

43 全体のバランスを見ながら、ボディや肢を整え直します。後肢の後ろ側などはカーブシザーを使うと便利です。

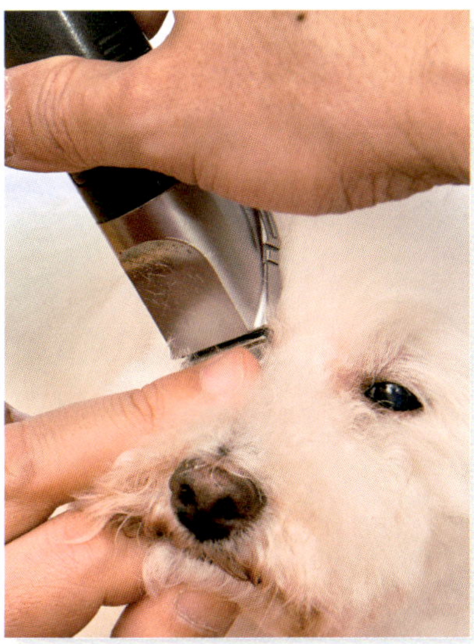

44 顔をカットします。ミニ・クリッパーで目頭の汚れやすい部分の毛を刈ります。

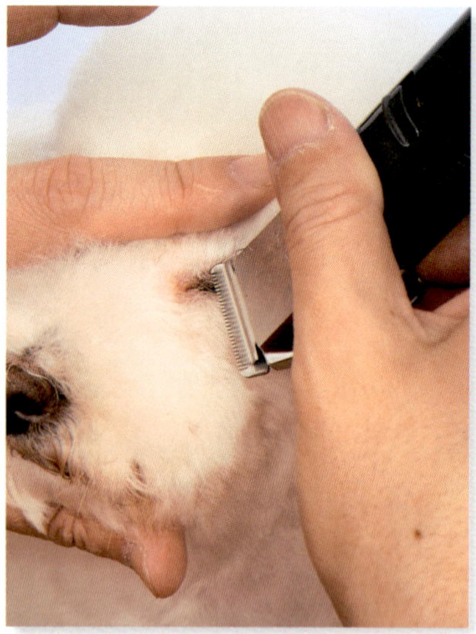

45 上下のまぶたの縁を軽くクリッピングします。目の周りをすっきりさせると、目を大きく見せることができます。

46 目の上をカットします。斜め前に倒した角度でストップにハサミを当て、目の上の毛をカットします。

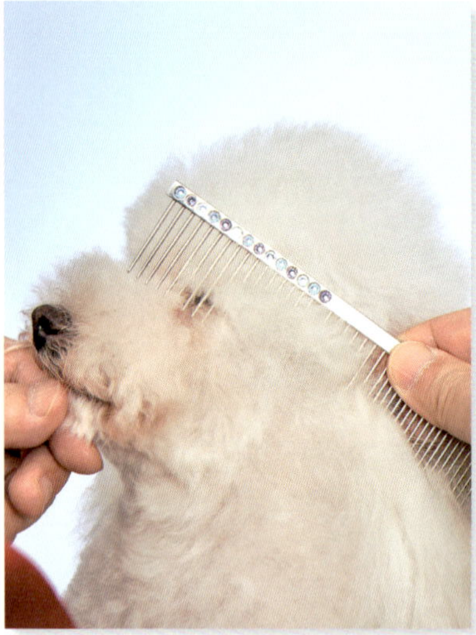

47 頭をコーミングし、十分に毛を起こします。

48 前望し、鋏要（刃の根元の丸いネジ）を頬に当てて、目尻から上へ向けて広げるようにカットします。

49 前望し、仕上がりのトップの半分の高さを確認します。

50 ㊽でカットした部分を、㊾で決めた高さより上はテーブルに対して垂直にカットします。

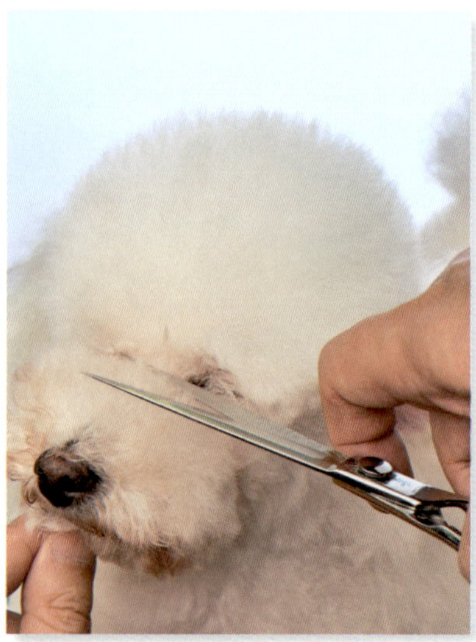

51 マズルの上側をカットします。マズルに対して垂直にハサミを当て、真っ直ぐにカットします。

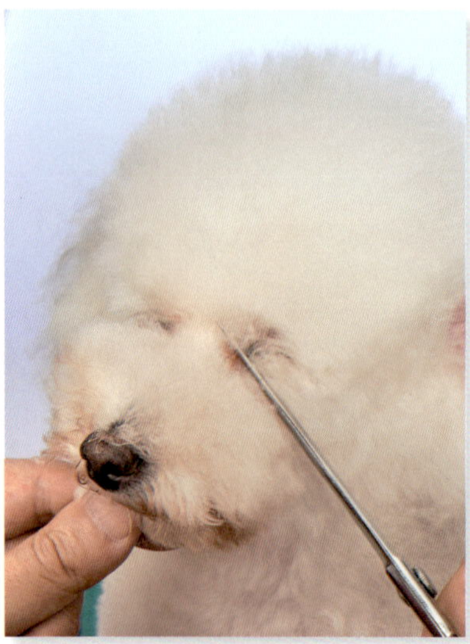

52 マズルの付け根から斜めにハサミを当て、目の下とマズルを分けるようにカットします。

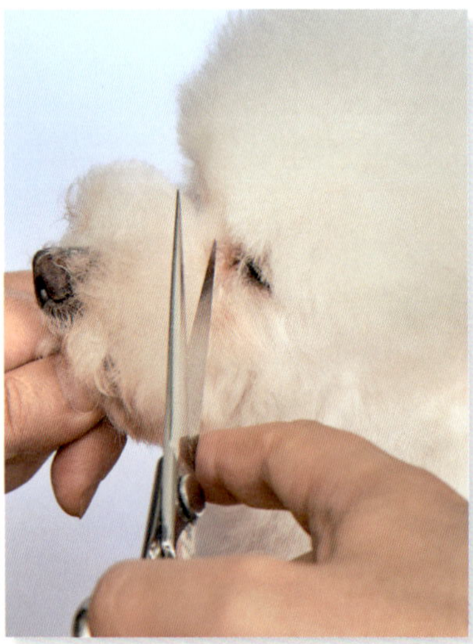

53 ㊿でカットする際は、ハサミを軽く前へ倒すようにして当てます。

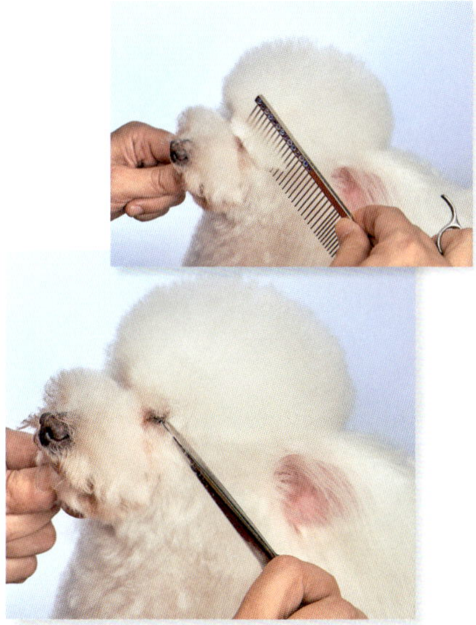

54 目の上をカットします。毛をかき出すようにコーミングし、目にかぶさる毛をカットします。

55 ミニ・クリッパーで鼻鏡の上を軽く逆剃りします。

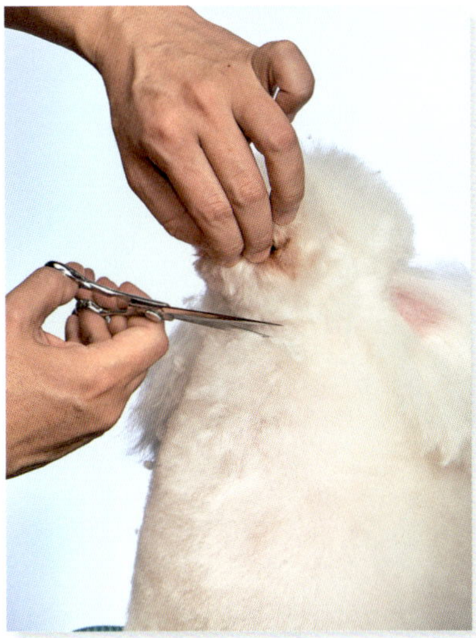

56 のどに横向きにハサミを当て、真っ直ぐにカットします。

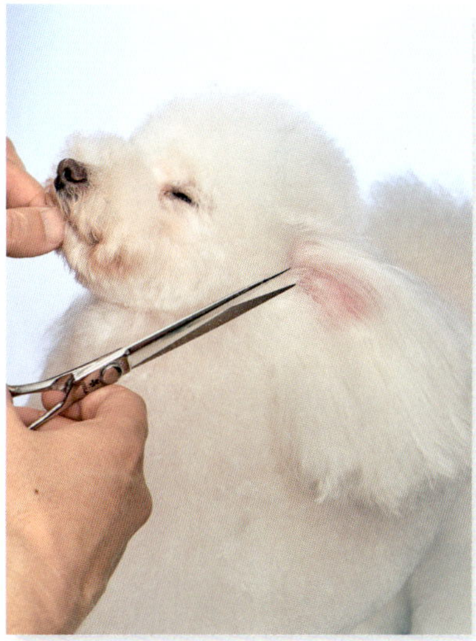

57 ㊻〜耳の下側の付け根を結ぶようにカットします。

58 ミニ・クリッパーで耳孔の前の毛を取ります。

59 下顎をカットします。リップ周りの毛をかき出すようにコーミングし、前望して斜め上へ切り上げます。

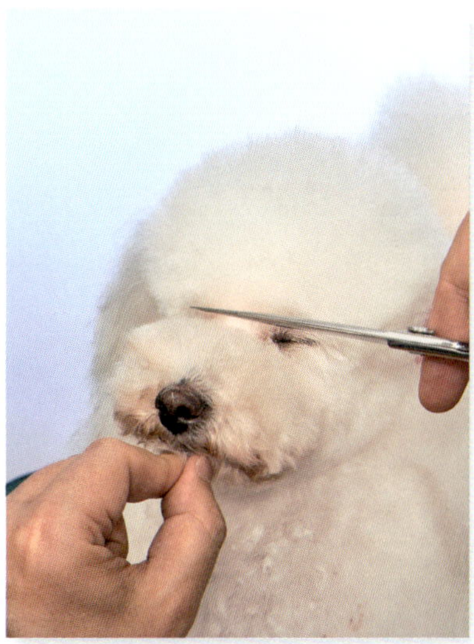

60 マズルの上側を整えます。全体のバランスと表情を見ながら、㊾とつなげて横長の楕円形に整えます。

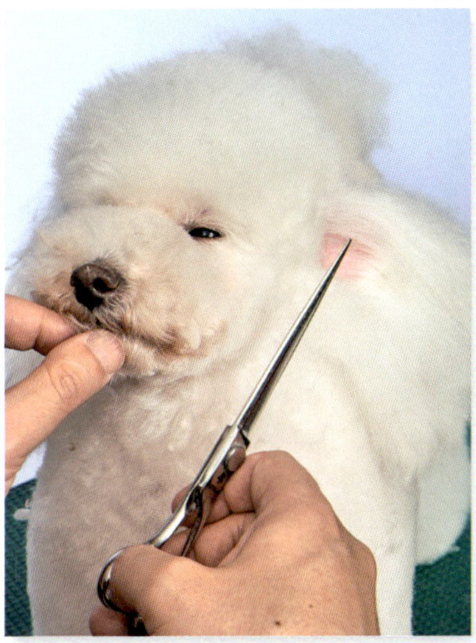

61 マズルの両サイドの頂点は、時間が経つと毛が落ちてくることを想定し、仕上がりのイメージよりやや高めに作ります。

62 口角より後ろは平らに整え、マスタッシュと分けます。

63 ミニ・クリッパーで、鼻鏡の下だけクリッピングします。

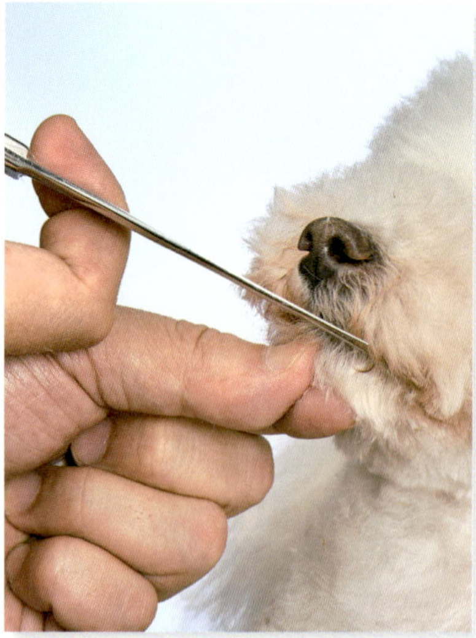

64 口周りをリップ・ラインに沿ってカットします。

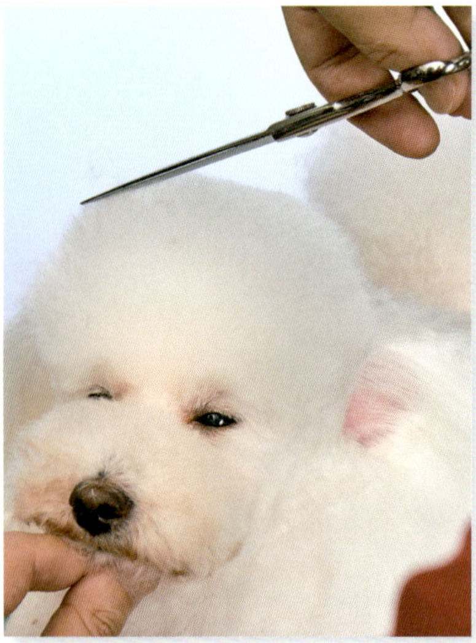

65 頭頂部をカットします。サイドとのバランスを見ながら、丸くほど良い高さに整えます。

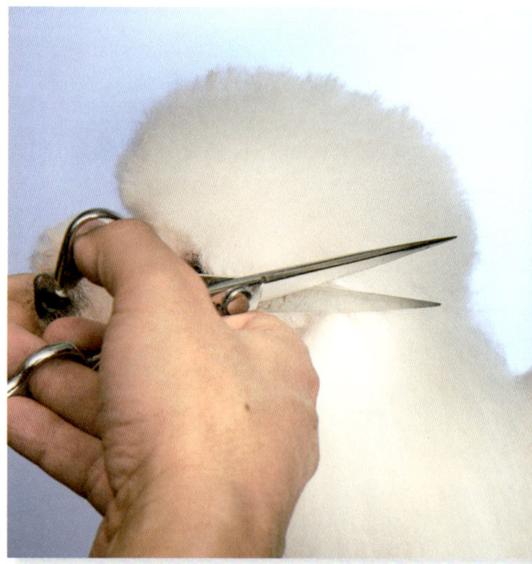

66 耳と頭は分けずに、耳の付け根を頭になじませます。

67 側望し、頭部～ネックをつなげます。後頭部の下は細くせず、なだらかにネックへつなげます。

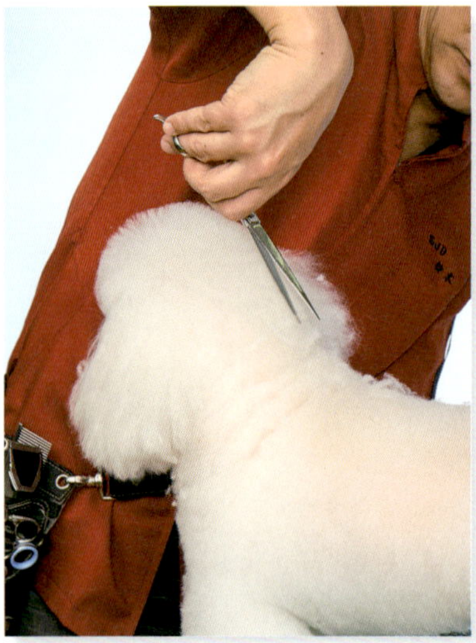

68 ⑩で残した毛を生かし、ネック～ボディをつなげます。モデル犬の場合は、ネックの後ろにやや多めに毛を残し、胴が長めの体型をカバーしています。

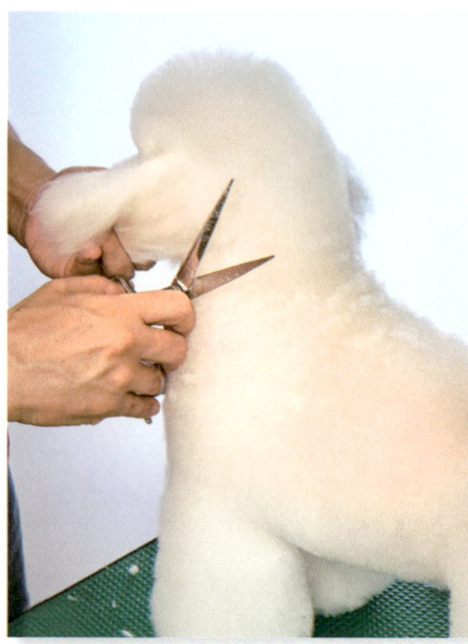

69 耳を前に出して押さえ、胸～サイドネック～(68)をつなげます。

70 耳をカットします。コーミングし、好みの長さに整えます。

71 前望して形を整え、耳を返して裏側からもカットします。

72 前胸を仕上げます。粗目のスキバサミでカットし、ネック～肩へ自然になじませます。マスタッシュや頭部も、粗目のスキバサミで整えます。

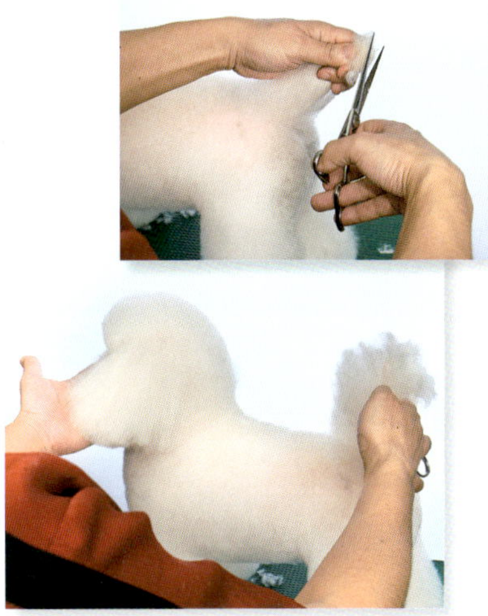

73 テイルをカットします。毛をまとめて持ち、先端を仕上げバサミで真っ直ぐにカットします。テイルを上げたとき、頭部のトップとほぼ同じ高さになるようにします。

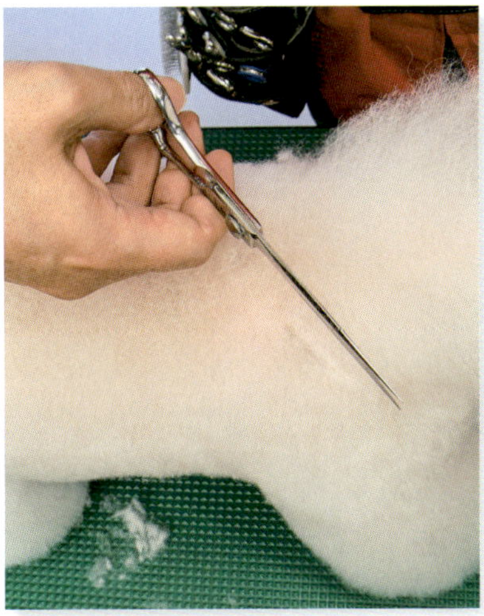

74 テイルの毛を真っ直ぐ後ろへコーミングし、上望して両サイドをカット。背骨に対して45度に広がる角度を目安にします。

75 ⑭の状態で側望し、テイルの表側を、テーブルに対して45度を目安にカットします。

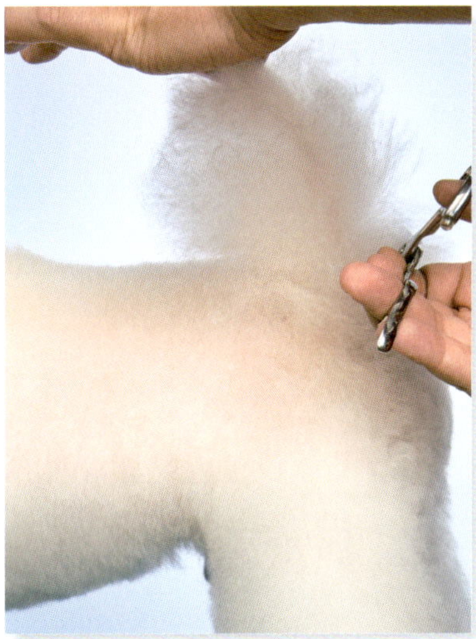

76 テイルを上げ、テイルの形に沿って裏側をカットします。

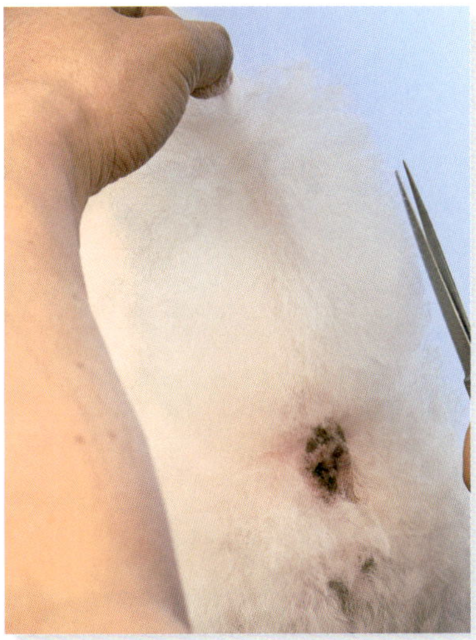

77 ⑯の状態で後望し、テイルの両サイドをテーブルに対して垂直にカット。

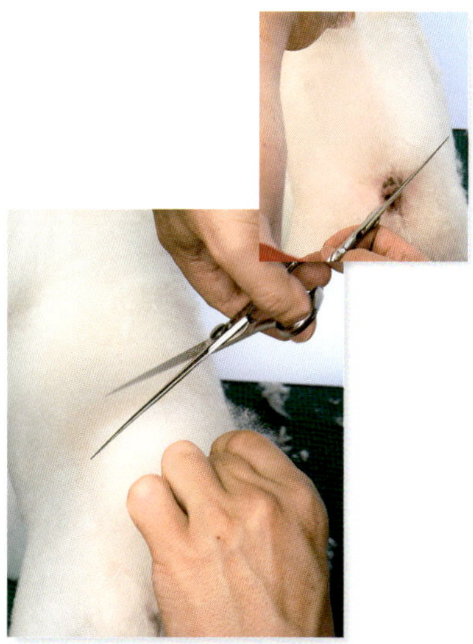

78 テイルの付け根を軽く絞ってボディへ自然につなげ、テイルを上げた状態で上望し、丸く整えます。

finish

トイ・プードルの
ペット・コンチ

コンチネンタル・クリップをアレンジした、プードルらしい美しさを楽しむスタイルです。ボディ後部と四肢はクリッピングし、ロゼットとブレスレットを作ります。メイン・コートにはボリュームを出しますが、クラウンはコンパクトに仕上げています。

前回のトリミングから約1カ月。

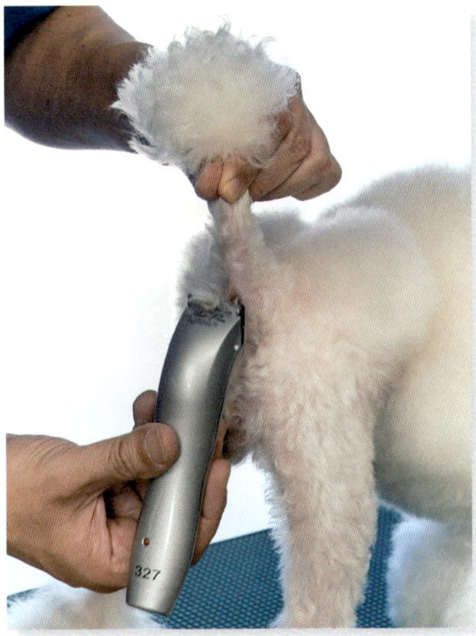

1 ミニ・クリッパーで肛門周りを処理します。汚れやすい部分の毛を取ります。

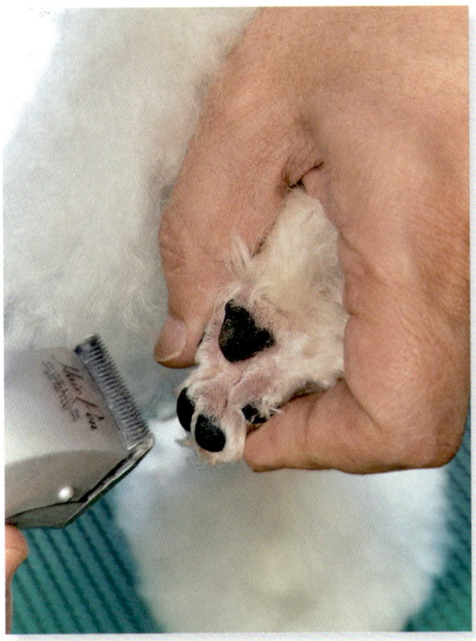

2 足裏を処理します。パッドのあいだの毛をきれいに取り、ヒールパッドの後ろ側も刈っておきます。

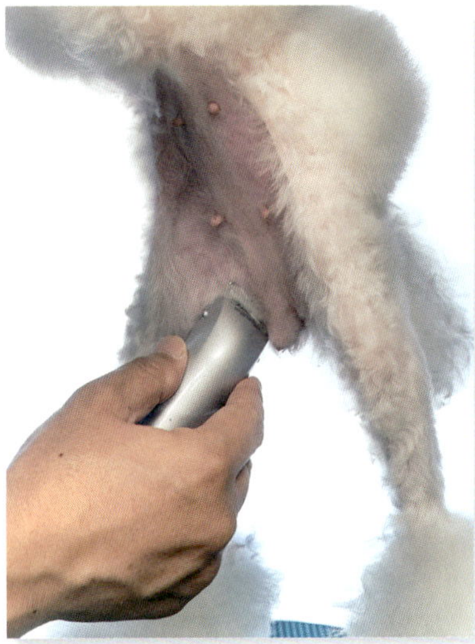

3 腹部を刈ります。モデル犬はオスなので、へそよりやや上の高さまで逆V字形に逆剃りします。

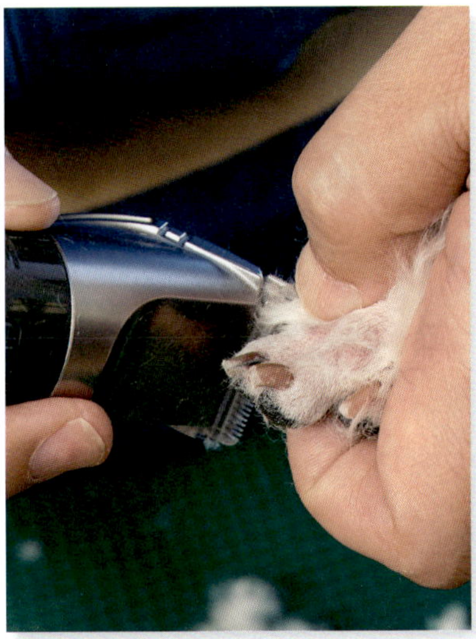

4 四肢の握りの上をクリッピングします。指の付け根の高さまでを目安に逆剃りします。後で修正できるよう、ラインはやや低めにしておきます。

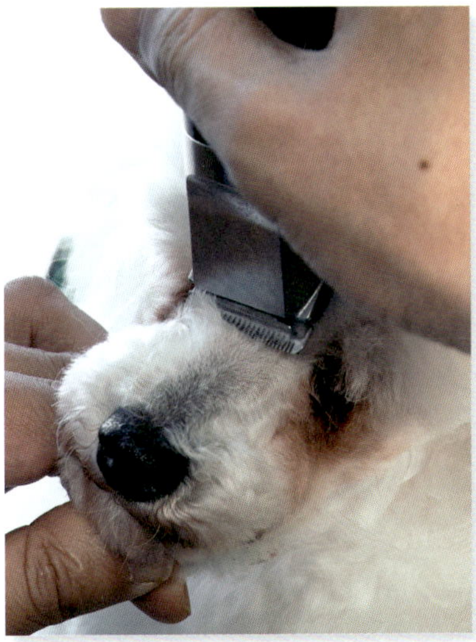

5 顔を刈ります。ストップから前へ向けて、マズルの上部を逆剃りします。

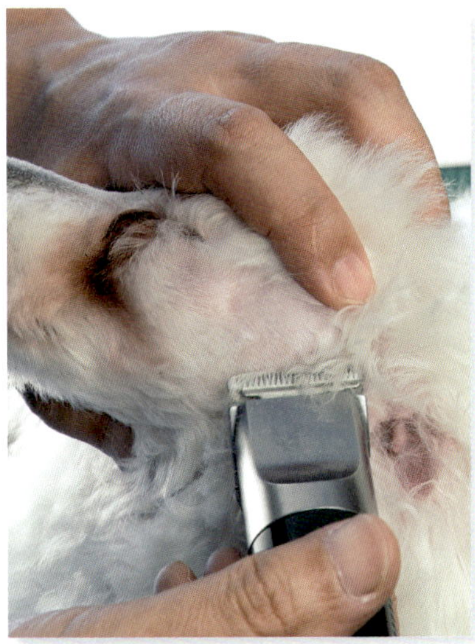

6 イマジナリー・ラインを作ります。耳孔の前の毛を取り、耳の付け根～目尻を真っ直ぐに結ぶラインで逆剃りします。

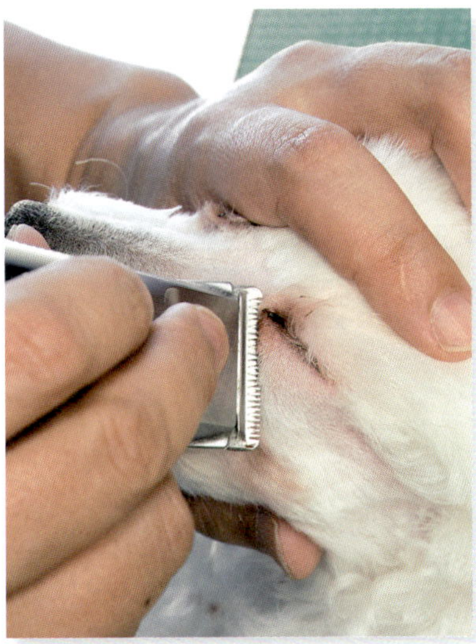

7 目の上の毛を持ち上げて押さえ、まつ毛と目の縁をクリッピングします。

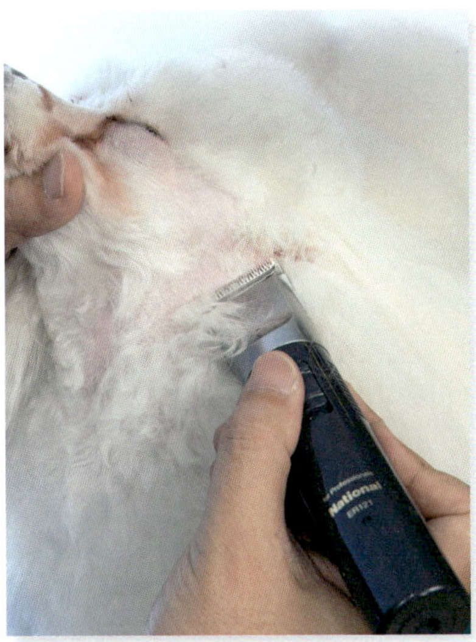

8 ネック・ラインを刈ります。左右の耳の付け根～アダムス・アップルより指の幅2本分下をV字形に結ぶラインを想定し、その内側を逆剃りします。

9 ⑧から続けてマズル～下顎を逆剃りします。リップ・ラインもていねいに刈ります。

10 テイルを刈ります。付け根から指の幅2本分～先端を目安に毛を残し、ポンポンの下から逆剃りします。

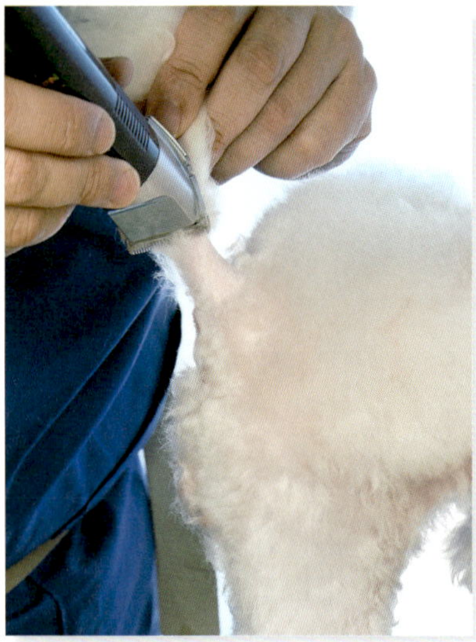

11 ポンポンの下側のラインは、犬が自然な角度でテイルを上げたとき、テーブルに対して平行になるようにします。

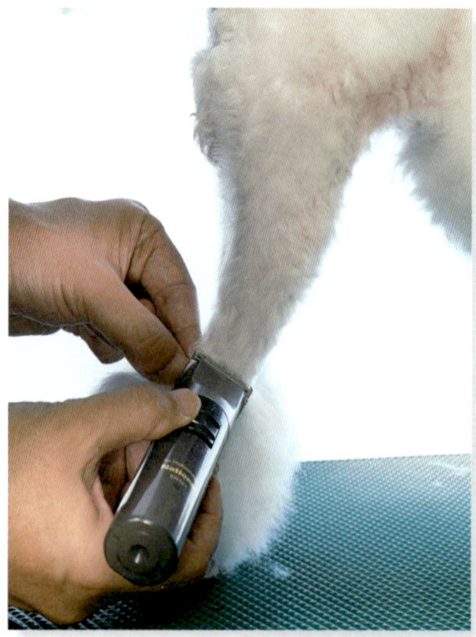

12 リア・ブレスレットの上側のラインを決めます。犬を正しく立たせ、飛節より親指の幅1本分上を、下腿骨に対して垂直に刈ります。

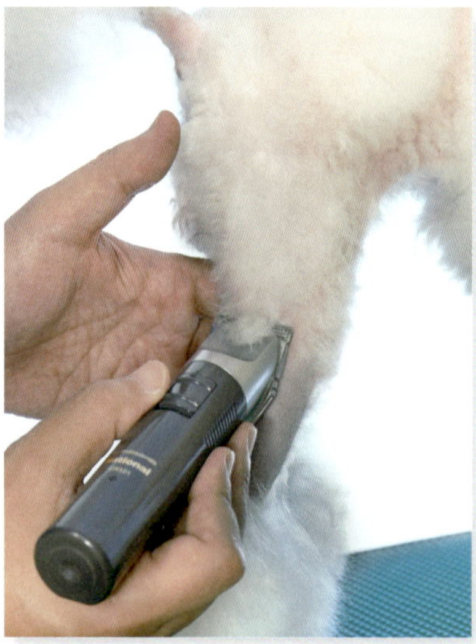

13 ⑫より上を逆剃りします。

14 ロゼットの下側のラインを決めます。ひばら（肋骨より後ろの脇腹）の薄い皮膚がつまめるあたりまでの高さを目安にします。

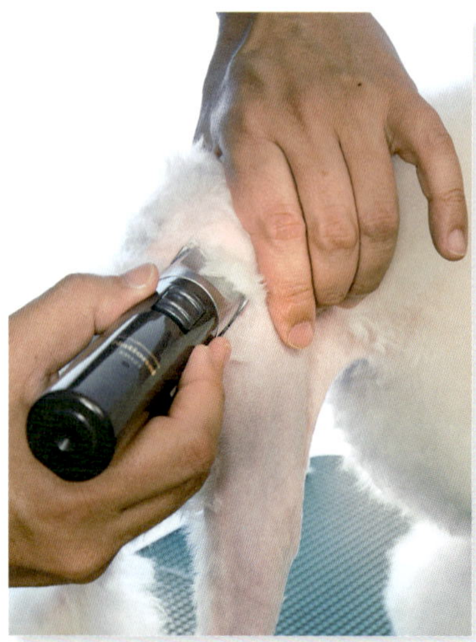

15 ロゼットの後ろ側のラインを決めます。テイル・セット（もしくはその中間）より後ろ側を逆剃りします。

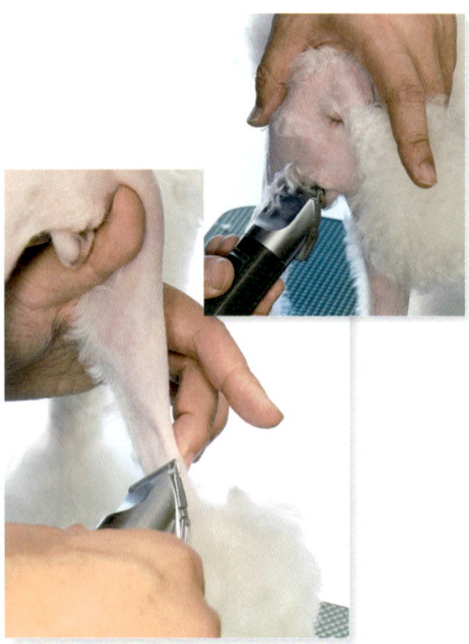

16 お尻～後肢の内側を刈ります。2本の骨のあいだに外側から指を当て、しっかりと皮膚を伸ばして逆剃りします。

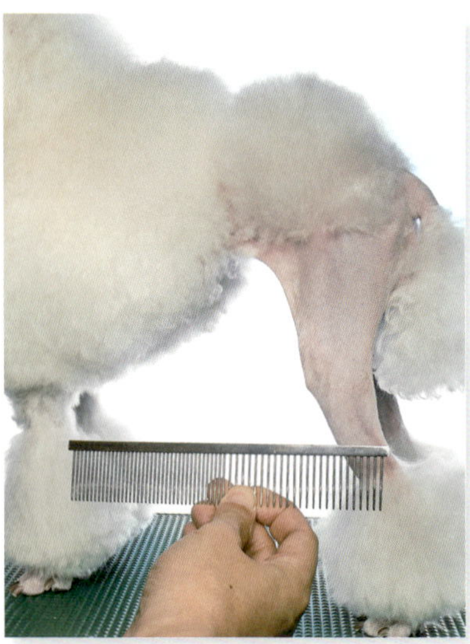

17 フロント・ブレスレットの上側のラインを決めます。側望し、⑫で決めたリア・ブレスレットの後ろ側のポイントと同じ高さを基準にします。

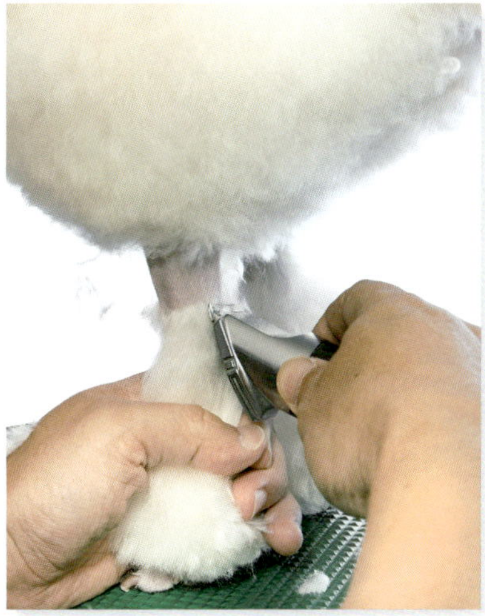

18 ⑰で決めたラインより上を、肘の高さまでぐるりと逆剃りします。

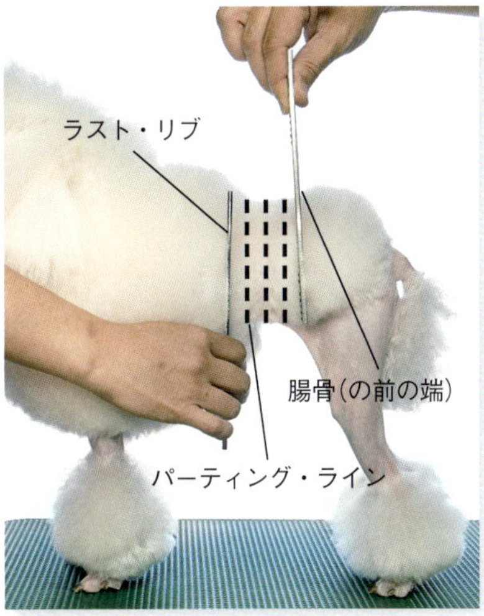

19 メイン・コートとロゼットのパーティング・ラインを入れます。ラスト・リブと腸骨（骨盤のいちばん前）のあいだを4等分し、前から1/4のポイントを目安にします。

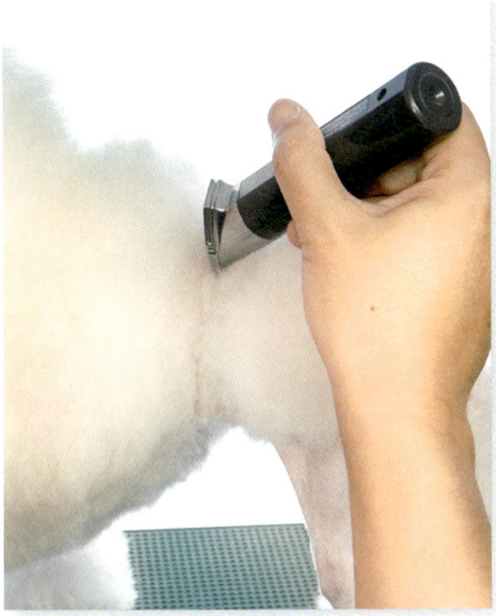

20 ⑲で決めた位置にクリッパーを当て、刃を少しだけ後ろへずらすようにしてラインを入れていきます。

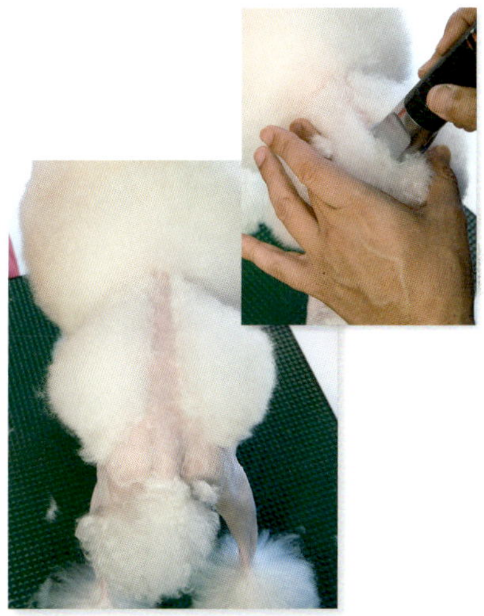

21 ロゼットのあいだにチャンネル（溝）を入れます。犬を正しく立たせて上望し、テイルの幅で真っ直ぐにラインを入れます。

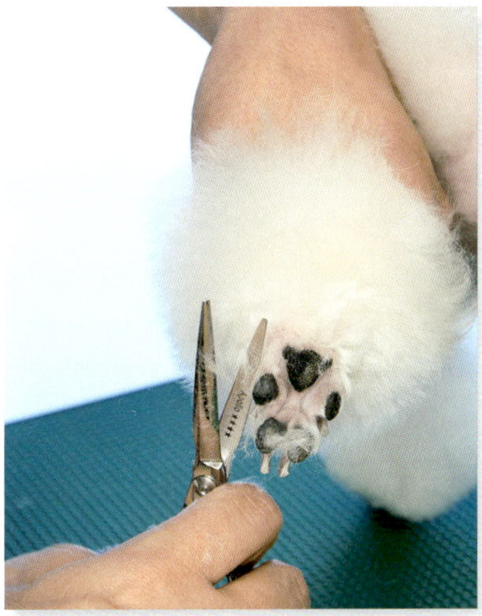

22 後肢の足周りをカットします。肢を1本ずつ持ち上げ、クリッピング・ラインに沿ってハサミを入れます。ブレスレットの仕上がりを想定し、角度を付けて切り上げます。

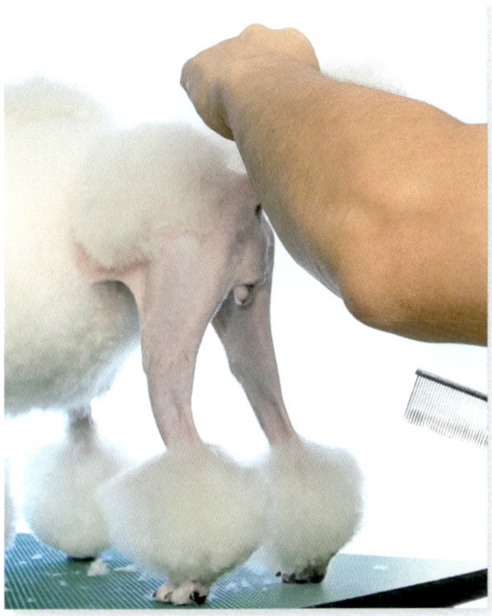

23 犬を立たせて後望し、リア・ブレスレットの内側と外側をコーミングして毛を起こします。このとき、斜め（後ろ側と外・内側のあいだ）にはコームを入れません。

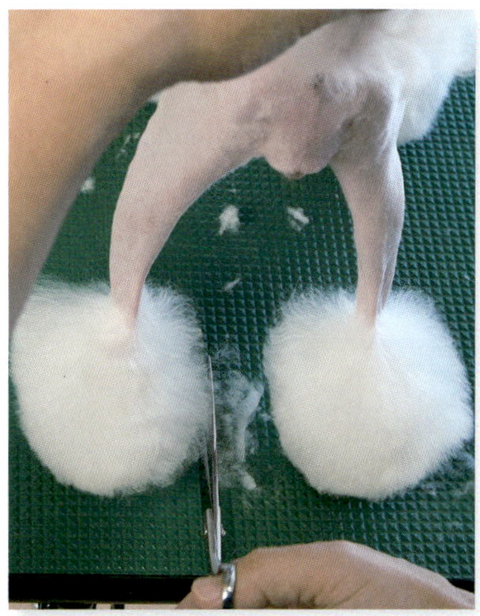

24 内側・外側の面をそれぞれ真っ直ぐにカットします。外側には内側より長めに毛を残します。

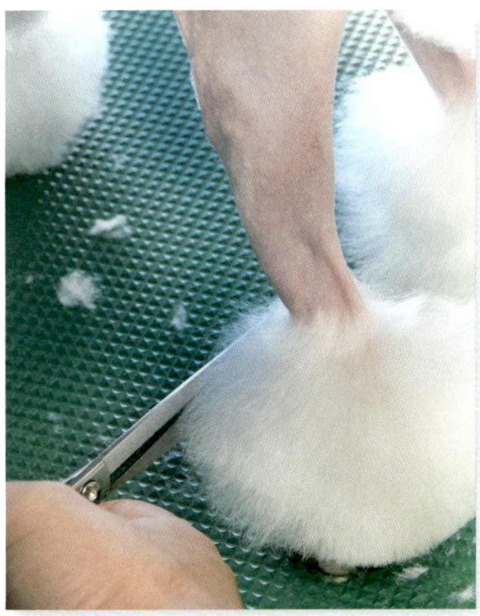

25 側望し、リア・ブレスレットの前後をコーミングして毛を起こします（斜めにはコームを入れない）。ブレスレットの前後をそれぞれ真っ直ぐカットします。

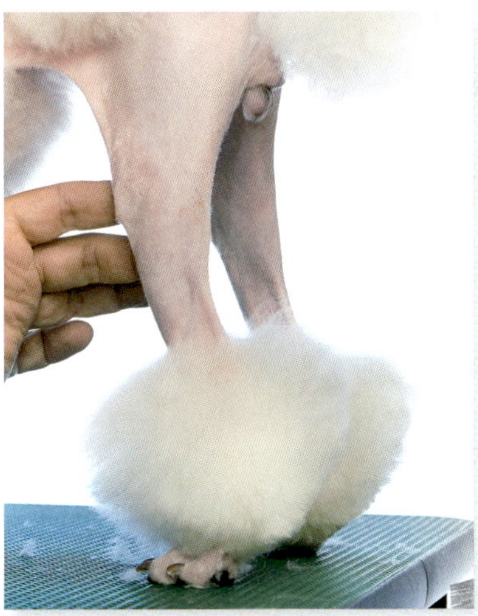

26 ㉕では、後ろ側に前側より長く毛を残します。㉒で下側を切り上げてあるので、前後をカットすることで自然とほぼ半円になります。

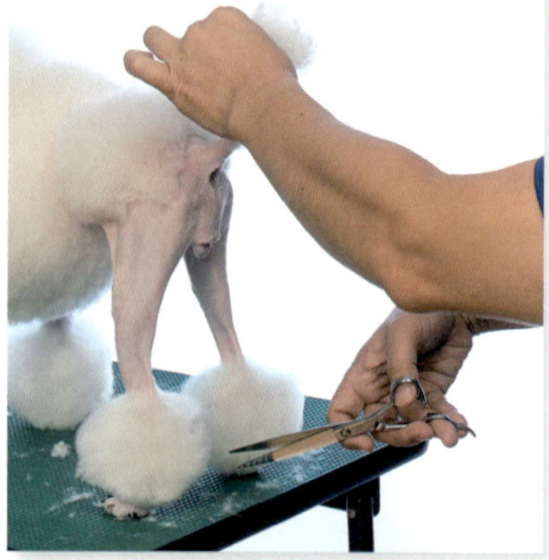

27 上望、後望してリア・ブレスレットの角を取り、全体のバランスを見ながら自然な丸みを付けます。

28 フロント・ブレスレットの内側と外側をコーミングして毛を起こし（斜めにはコームを入れない）、それぞれ真っ直ぐにカット。外側は、内側より長めに毛を残します。

29 フロント・ブレスレットの前側と後ろ側をコーミングして毛を起こし（斜めにはコームを入れない）、それぞれ真っ直ぐにカット。後ろ側は、前側より長めに毛を残します。

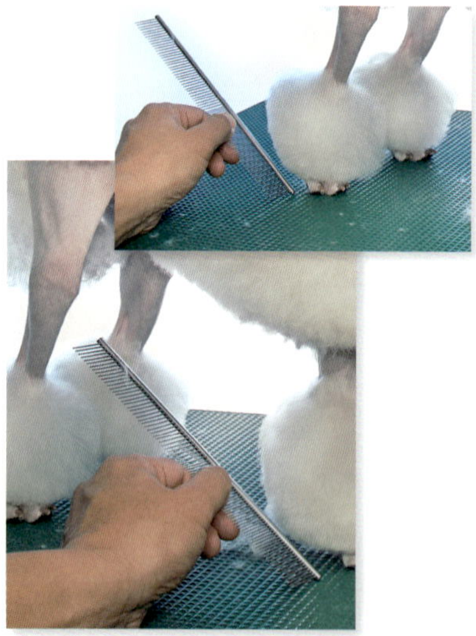

30 フロント・ブレスレットの後ろ側は、リア・ブレスレットの後ろ側と角度をそろえて切り上げます。

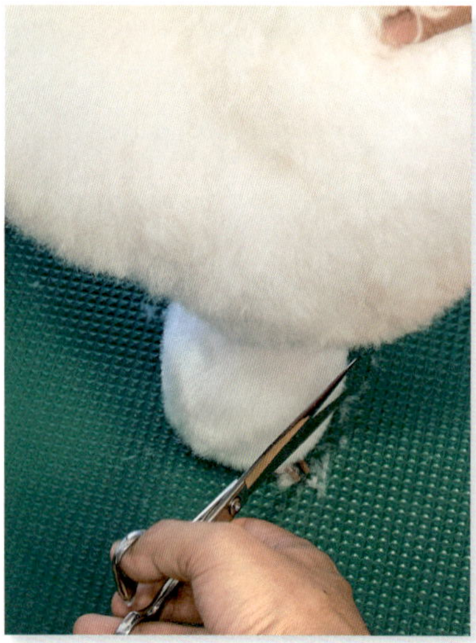

31 上望してフロント・ブレスレットの角を取り、全体のバランスを見ながら自然な丸みを付けます。

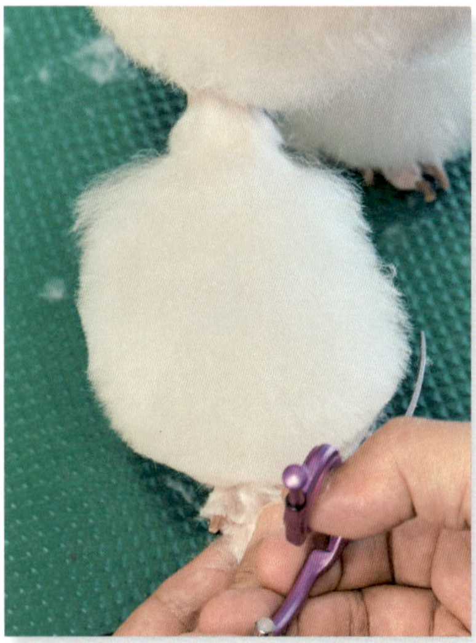

32 前肢の足周りを仕上げます。外側はややゆるやかに、内側は角度を付けて、カーブシザーで切り上げます。

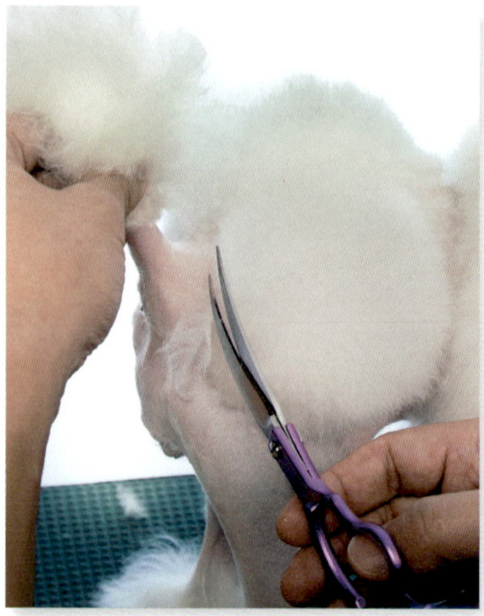

33 ロゼットを整えます。⑲～⑳で入れたパーティング・ライン～テイルの付け根の中間より少し前に中心を設定し、カーブシザーで整えます。

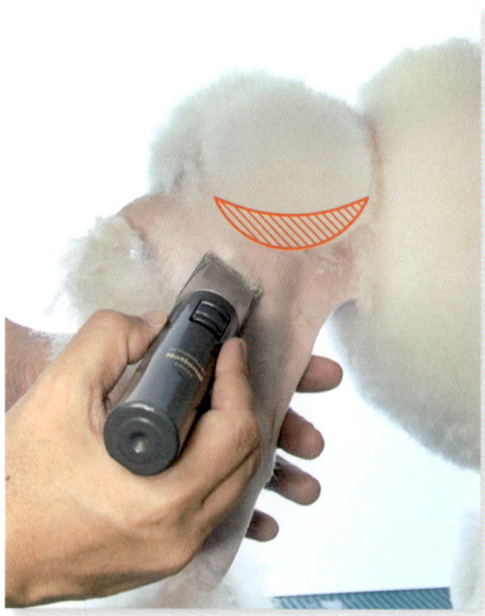

34 ロゼットの周辺に残る余分な毛はクリッピングし、アウトラインを整えます。

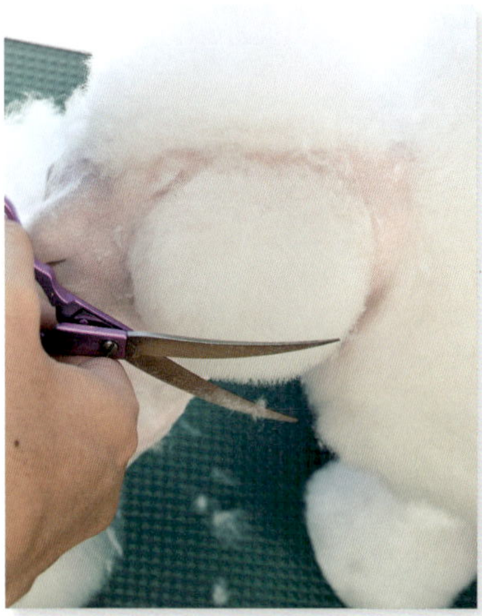

35 ロゼットの中心から放射状にハサミを入れ、中心部に厚みが出るように整えます。下半分（㉞の斜線部）はやや短めに切り上げ、上半分の毛をふんわりと支えるようにします。

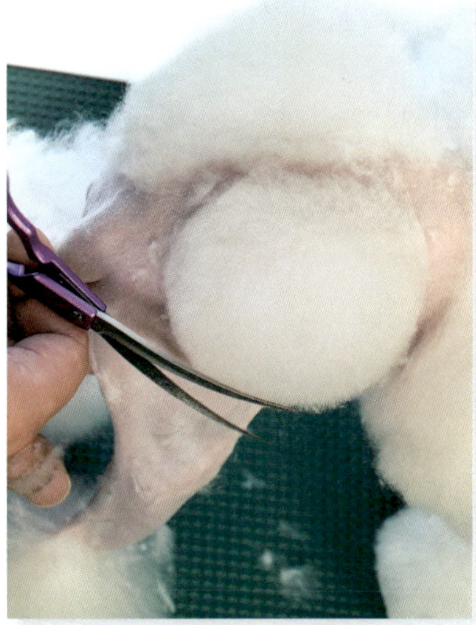

36 上望し、ロゼットを仕上げます。メイン・コートとのバランスを考えながら形と厚みを調節します。

37 メイン・コートを後ろへ向けてコーミングし、⑲～⑳で入れたパーティング・ラインに沿って仕上げバサミでカットします。

38 アンダーラインをカットします。肘の上で真っ直ぐにカットします。

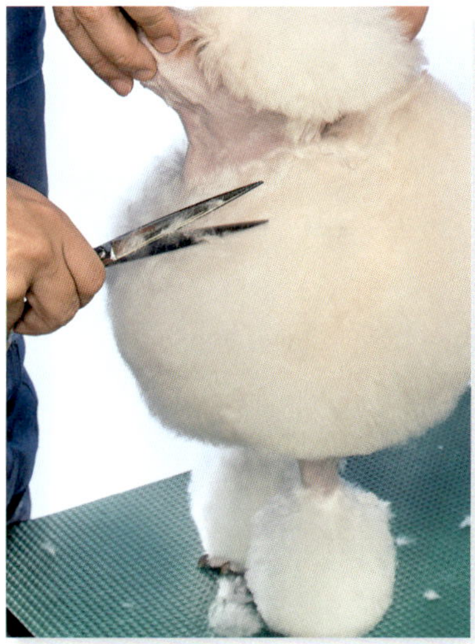

39 ネック・ラインをカットします。⑧のクリッピング・ラインに沿ってハサミを入れ直し、前胸へつなげます。

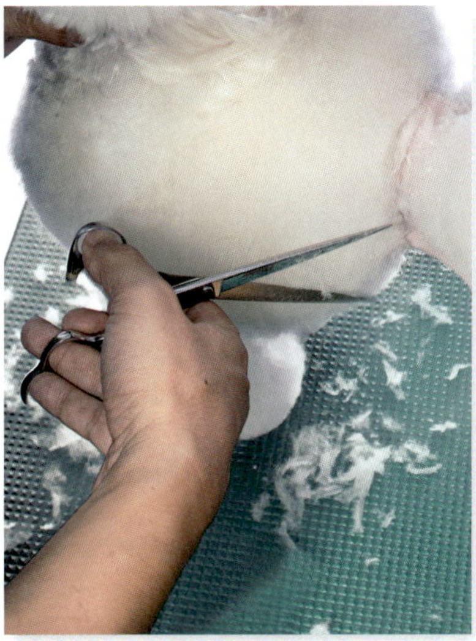

40 メイン・コートのサイドをカットします。㊲の切り口の角を取ります。

41 メイン・コートの前部をカットします。耳の付け根を中心に、放射状に厚みを増すように整えます。

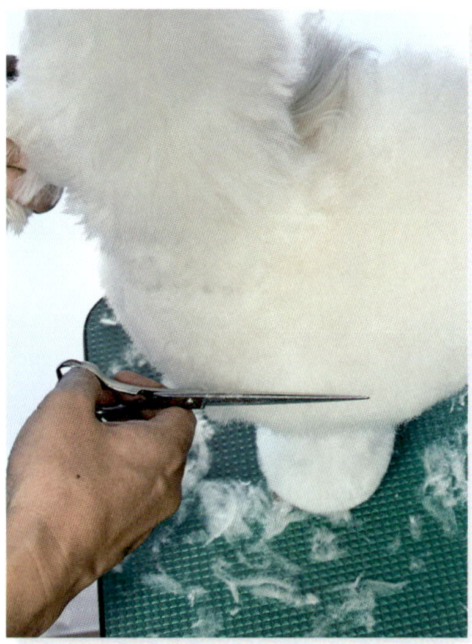

42 ㊵～㊶を、平らな面でつなげるようにカットします。

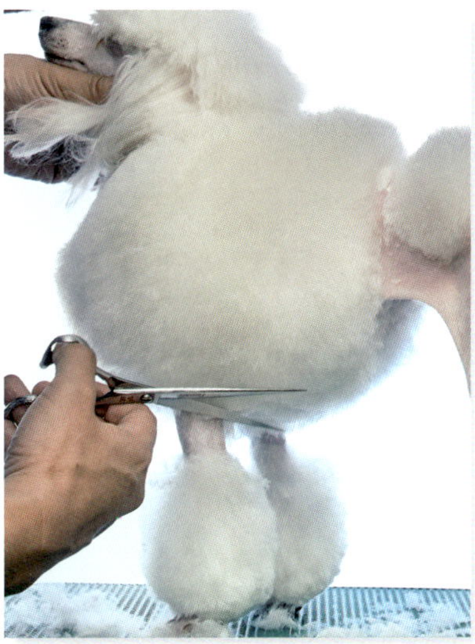

43 ㊳でカットしたアンダーライン～㊷の角を取るように、下からゆるやかに切り上げます。

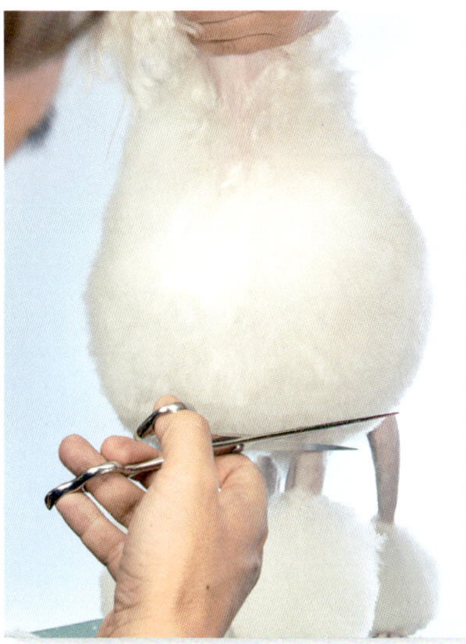

44 前望し、メイン・コートの両サイドで厚みや切り上げる角度のバランスが合っていること、下胸で真っ直ぐにつながっていることなどを確認します。

45 前胸を下から切り上げ、胸の厚みを調節します。

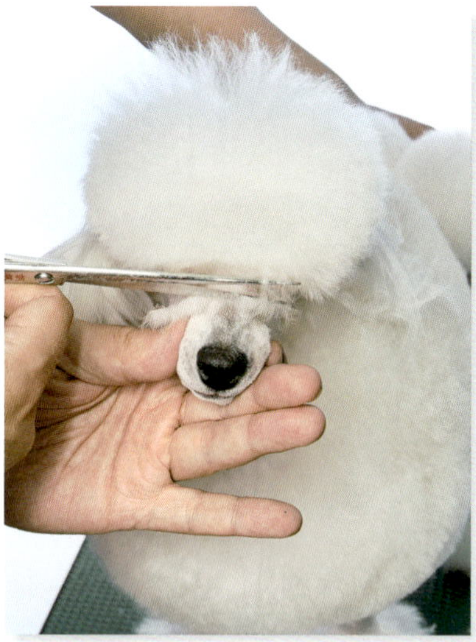

46 クラウンを作ります。マズルに対して45度の角度で、左右の目尻を真っ直ぐに結ぶようにカットします。

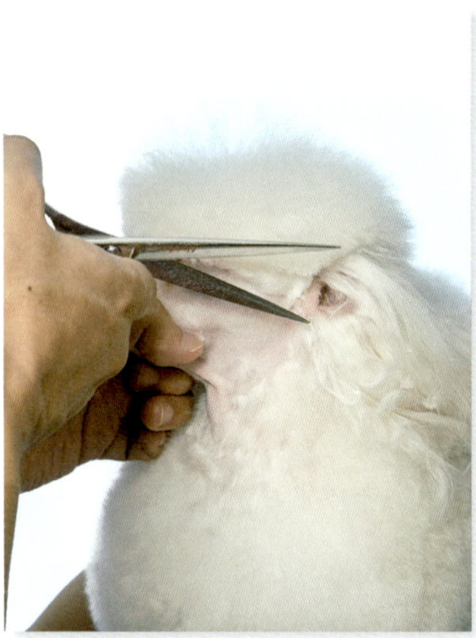

47 ⑥のイマジナリー・ラインにハサミを入れ直し、切り口の角を取るように切り上げます。

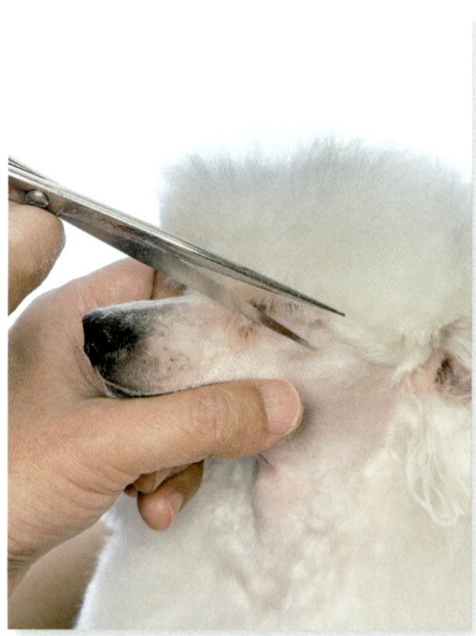

48 ㊻～㊼の面のあいだにできた角を取るようにカットします。

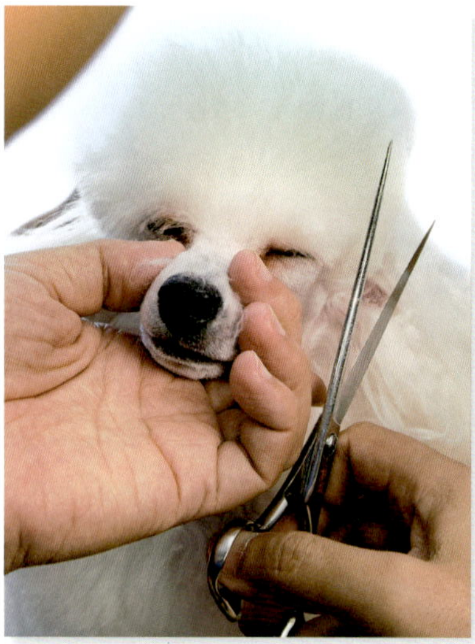

49 クラウンの幅を決めます。前望して、ボディとのバランスを見ながら両サイドを真っ直ぐにカットします。

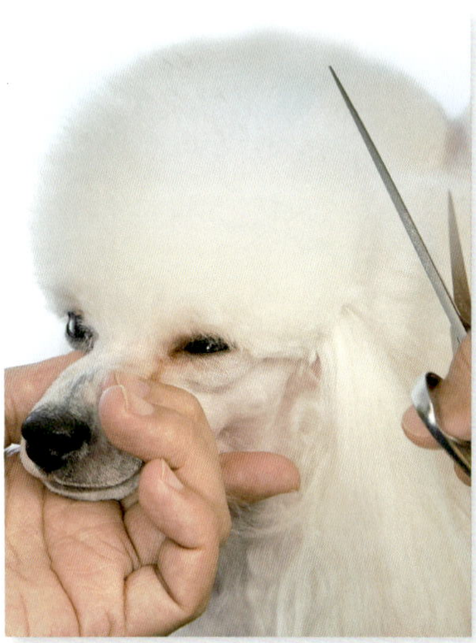

50 ㊼の立ち上がりとほぼ同じ角度で、クラウンの上部を内側へ切り込みます。

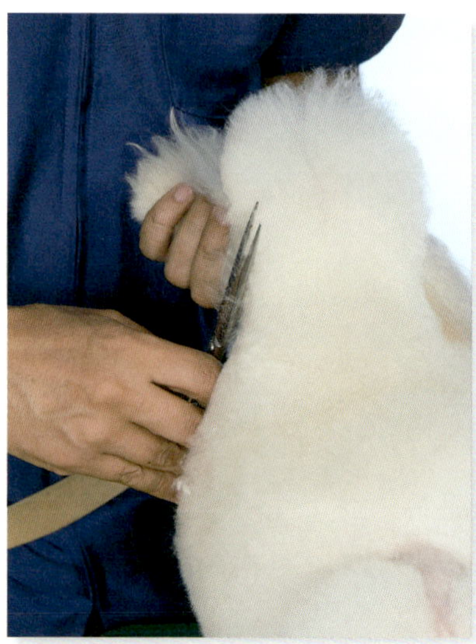

51 耳を前でまとめて持ち（強く引きすぎないように注意）、頭部と同じ幅でサイドネックをカットします。

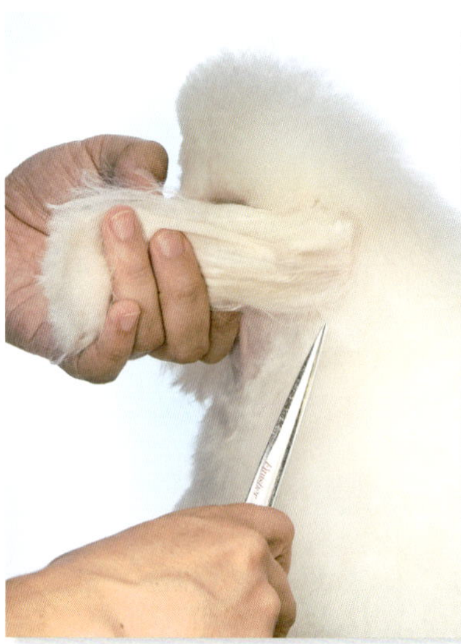

52 ㊿から続けて耳の下の毛をカットし、サイドネック～肩～胸が自然につながるようにします。

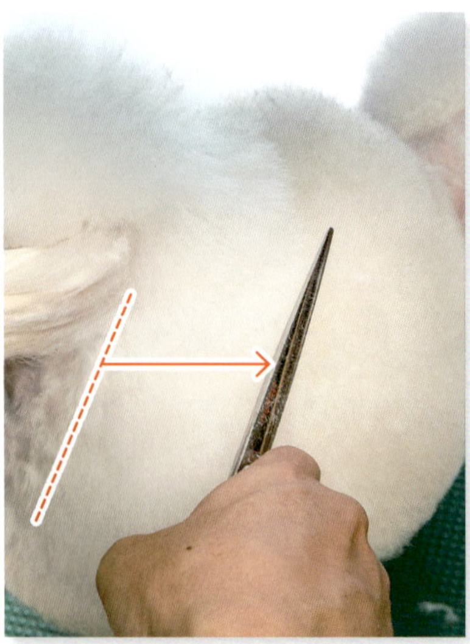

53 ネック・ラインにハサミを当て、角度を変えずにハサミを後ろへずらすようにメイン・コートを整えます。

54 トップラインをカットします。クラウンの頂点は、耳の前側の付け根の位置を目安に。まず、頂点より前をカットします。頭頂部から目の上へ自然につなげます。

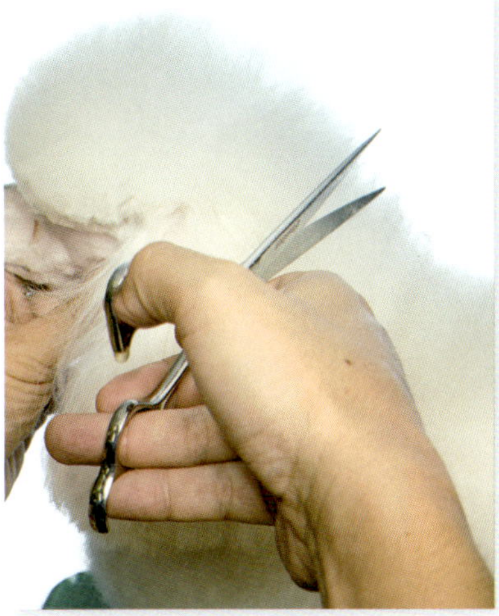

55 ㊹の角度や厚みに合わせて、クラウンの頂点より後ろをカットします。

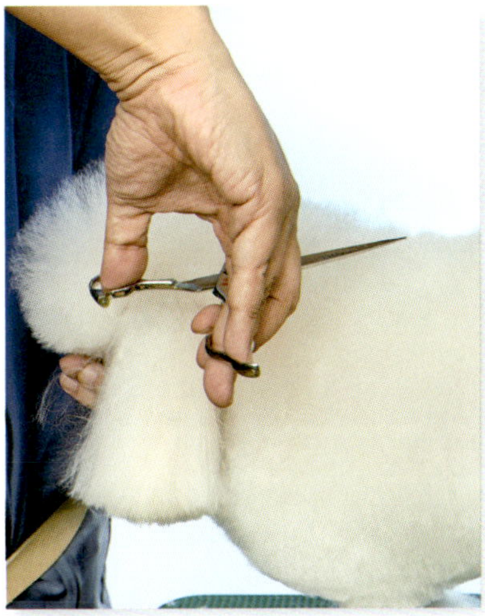

56 首を前へ倒し、㊺から後ろへトップラインをつなげます。

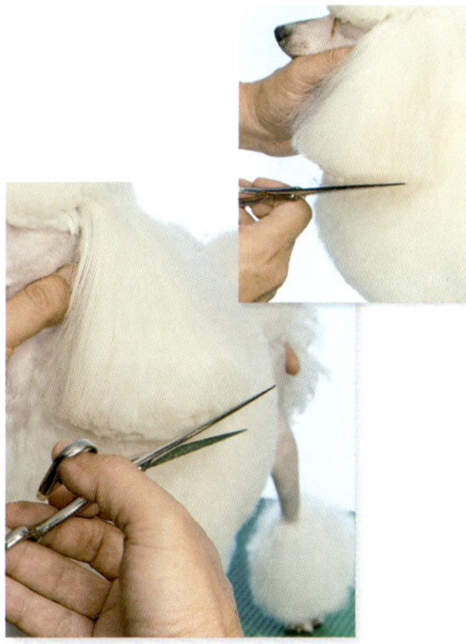

57 耳をカットします。好みの長さで裾を真っ直ぐにカットし、切り口の角を取って厚みを出します。

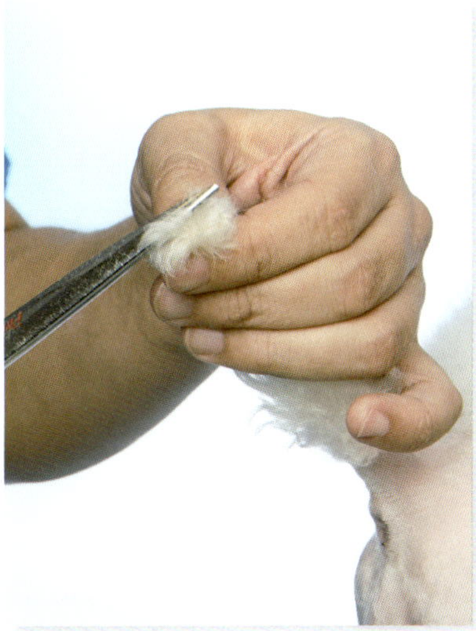

58 テイルをカットします。ポンポンの毛をまとめてねじり、毛先をカット。

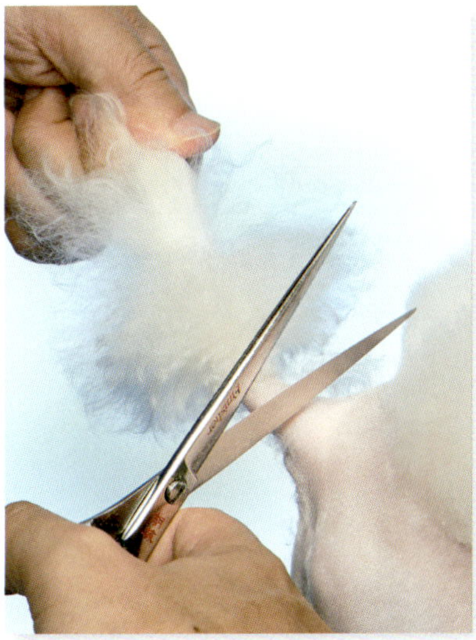

59 毛先を持って下1/3を広げ、下から丸く切り上げます。

60 残りの毛を下ろして、全体を丸く整えます。

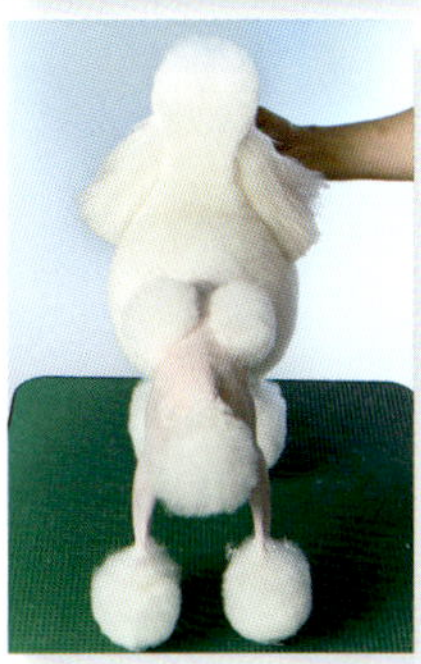

トイ・プードルの DOLLYベア

四肢の付け根の上に半円形に毛を残した、ぬいぐるみのような印象のスタイル。
ナチュラルな質感を出すためにアタッチメント・コームを使っているので、
刃の跡が残らないよう皮膚を軽く伸ばしながら
ていねいにクリッピングしましょう。

前回のトリミングから約2カ月。

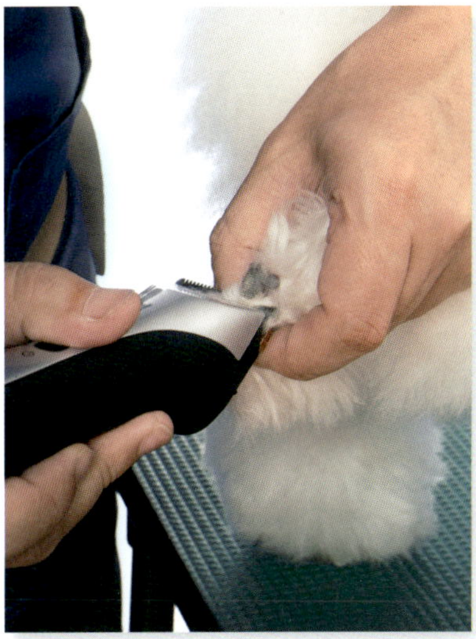

1 1ミリのクリッパーで足裏の毛を処理します。パッドのあいだの毛をきれいに取ります。

2 肛門周りの毛を取り、へそよりやや上までを目安に、腹部を逆剃りします。

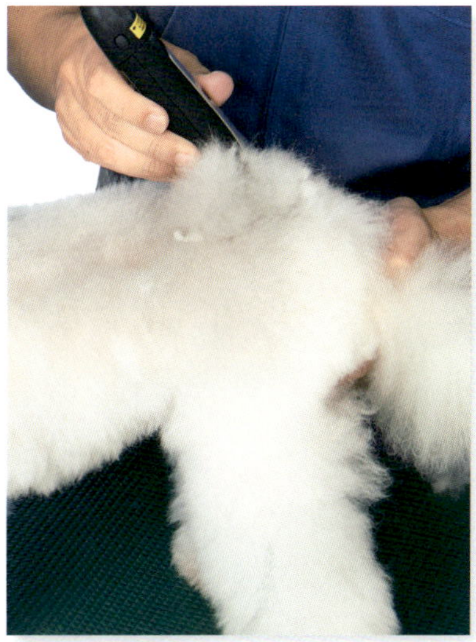

3 0.5ミリ刃に4ミリのアタッチメント・コームを付け、背線を刈ります。オクシパットのやや下～テイルの付け根まで並剃りします。

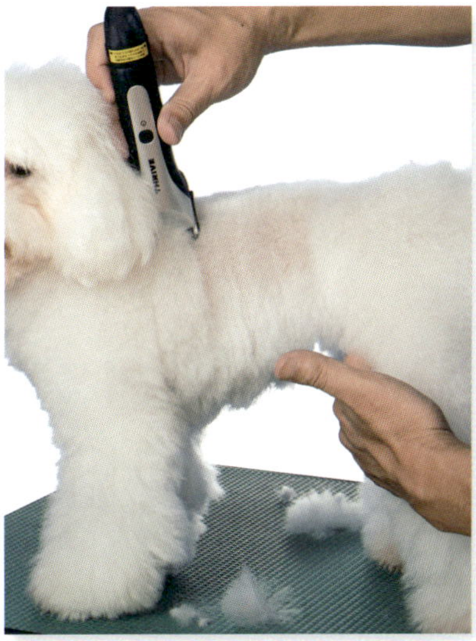

4 ③から続けてサイドボディを刈ります。肘～タック・アップのあいだを並剃りします。

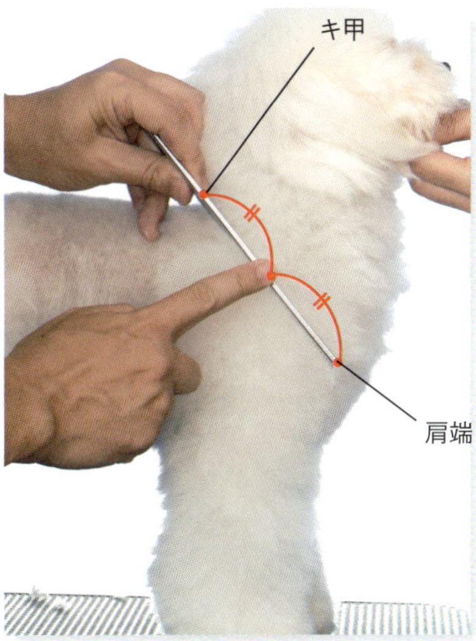

5 サイドネック～肩を刈ります。肩端～キ甲を結ぶ直線の中間点の高さを確認します。

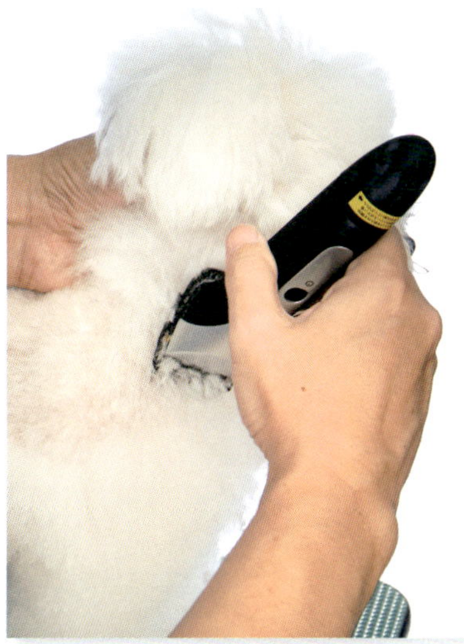

6 肘より前を⑤の高さまで並剃りします。タック・アップより後ろも、同じ高さまで並剃りします。

7 前胸を粗刈りします。のどから胸骨端の上のくぼみまで並剃りします。

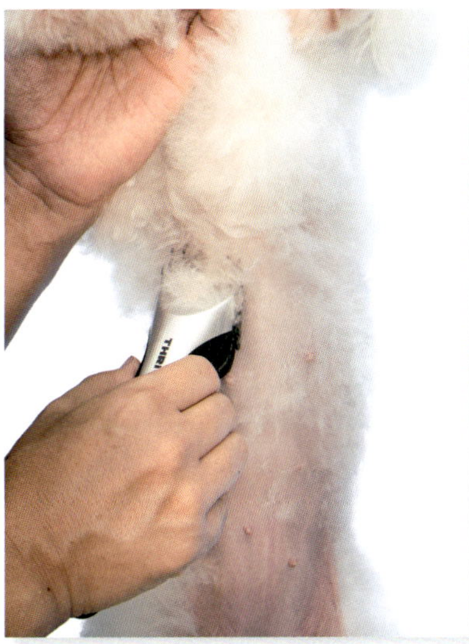

8 腹部を刈ります。犬を後肢で立たせ、②から続けて肘の高さまで逆剃りします。

9 お尻を刈ります。両肢の付け根より内側の部分を逆剃りします。陰部を刈る際は、アタッチメント・コームを外します。

10 胸を刈ります。⑦の刈り終わりからクリッパーの刃１枚分の幅で並剃りして下胸へつなげ、脇〜腹部にもつなげ直します。

11 ⑩〜脇、腹部をきれいにつなげます。

12 ⑪までの作業が終わったところ。

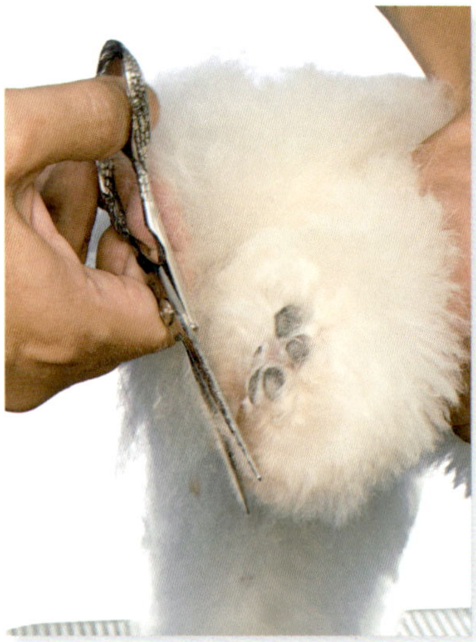

13 四肢の足周りをカットします。肢を１本ずつ持ち上げ、パッドより長い毛をカットします。

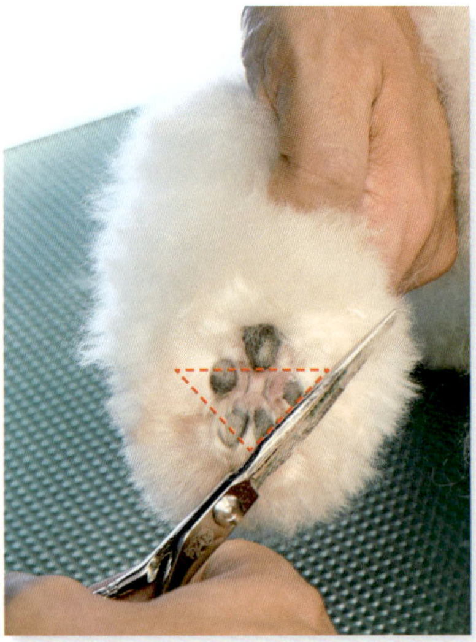

14 爪先側からハサミを当て、ヒール・パッドの前あたりを底辺とする三角形を作るようにカットします。

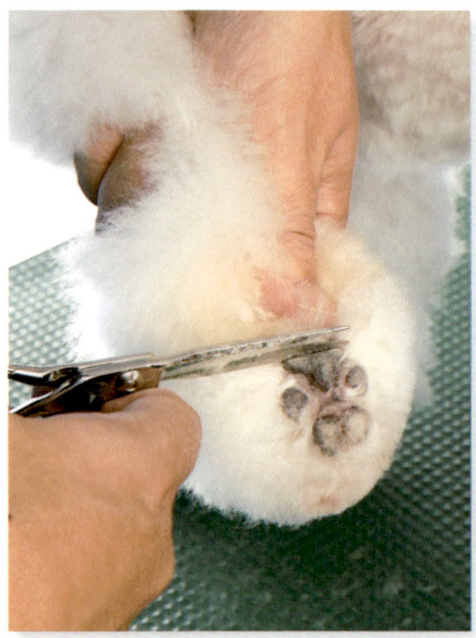

15 ヒール・パッドの後ろ側は、パッドの高さで真っ直ぐにカットします。

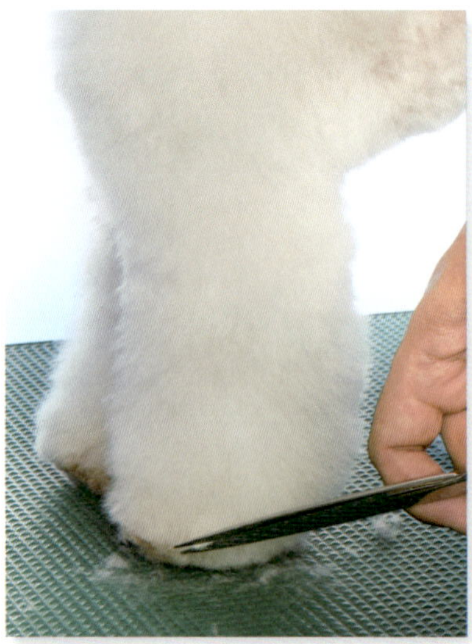

16 肢を下ろし、それぞれ足周りを整えます。爪先は短めにカットし、外側、内側は切り口の角を軽く切り上げます。

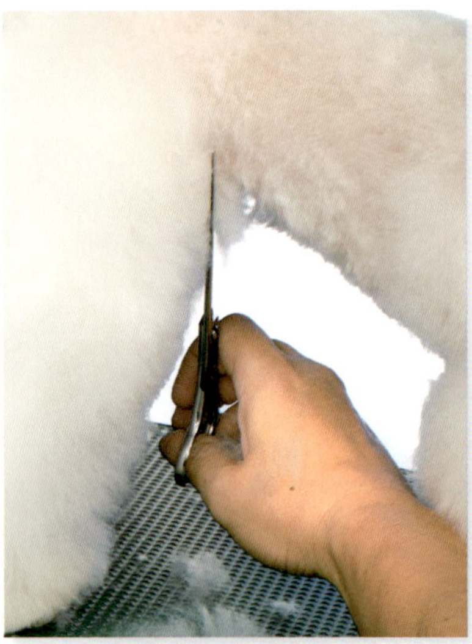

17 後肢前側の上部をカットします。タック・アップから、テーブルに対して垂直にハサミを入れます。

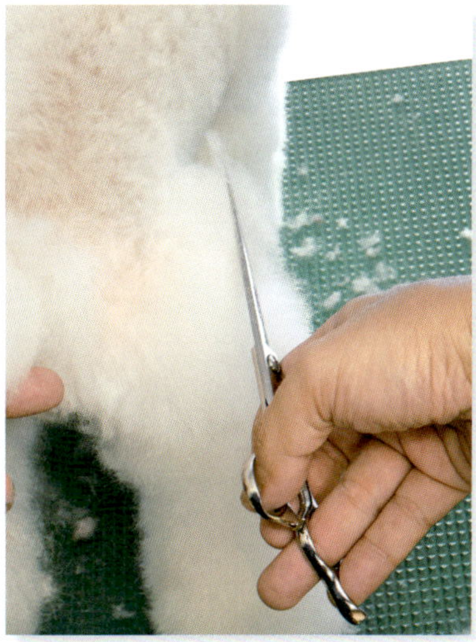

18 後望し、足先へ向けて広がるAラインを作って足周りへつなげます。後肢の幅が肩より外に出ないようにします。

19 後肢の内側をカットします。⑨のクリッピング・ラインから平らな面を作るように整え、足周りへつなげます。

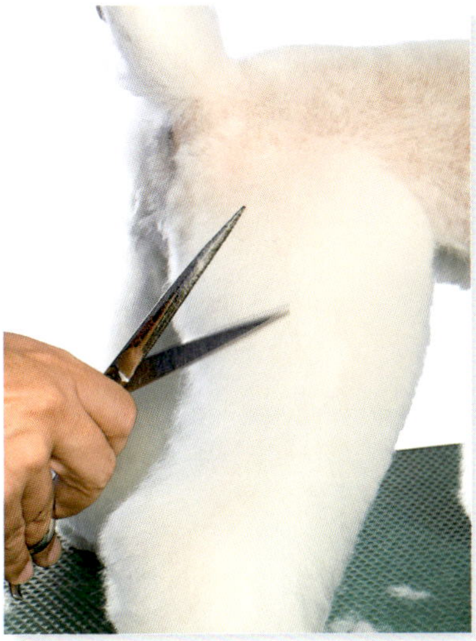

20 肢の太さを確認しながら、後肢の外側をカットします。肢の中央部に最も厚みが出るように、前後から軽く角度を付けて面を整えます。

21 後肢の前側をカットします。⑰の切り終わり～膝～足周りを真っ直ぐにつなげます。

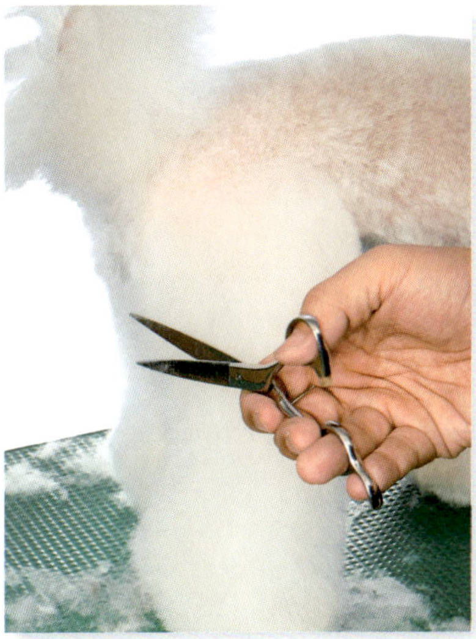

22 後肢の後ろ側をカットします。お尻の頂点からテーブルに対して垂直にカット。切り終わり～飛節を真っ直ぐに結び、さらに足周りへつなげます。

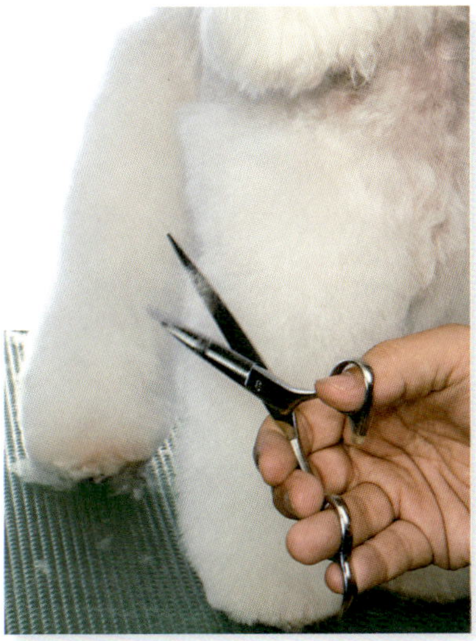

23 前肢をカットします。仕上がりの肢の太さを考えながら、内側・外側を真っ直ぐにカット。外側は⑳と同様に、肢の中央部に厚みを出すように整えます。

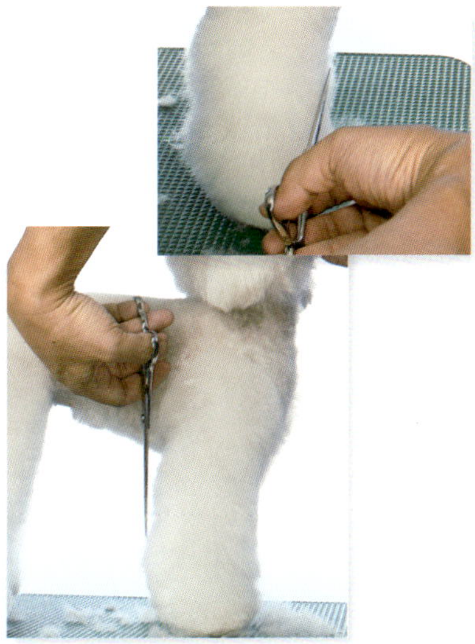

24 前肢の前側は軽くえぐるようにカットし、後ろ側も同じ角度で整えます。

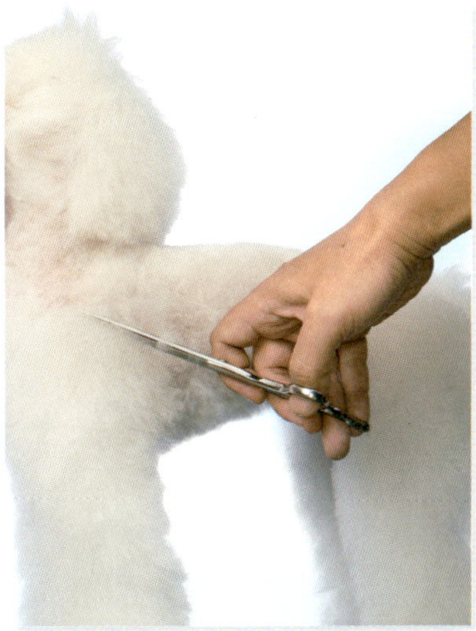

25 四肢の上に残す半円部分を整えます。⑤で決めた高さを頂点とし、肢の太さに合わせてアーチの前後の高さをそろえてカットします。

26 バランス良く仕上げるため、左右のアーチの始まりの位置は正確にそろえるようにします。

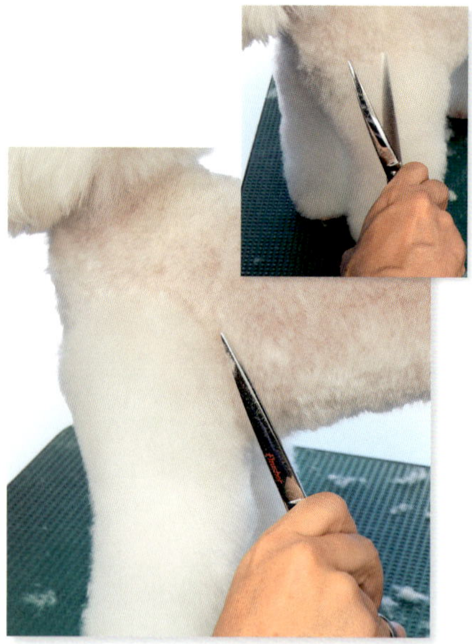

27 ㉕の切り口の角を取ります。さらに毛の根元側をやや深く切り込み、ふんわりと立体感を出します。

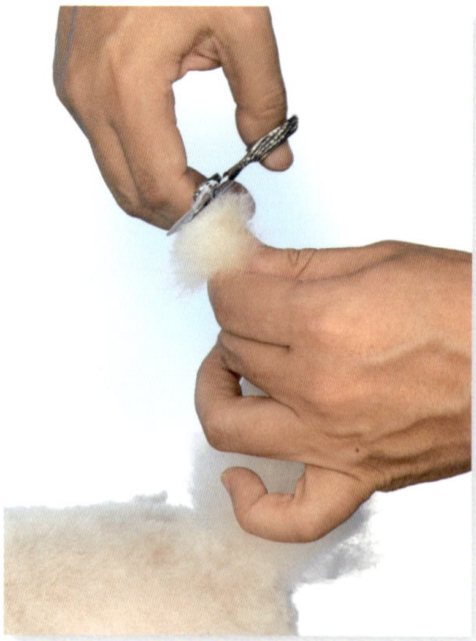

28 テイルをカットします。毛をまとめて持ち、テイルの先端から指の幅1本分上でカットします。

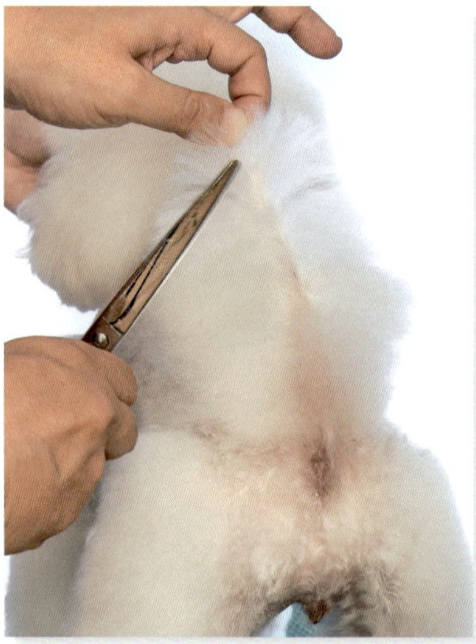

29 テイルの先端の毛をつまみ、下から木の葉形にカットしていきます。形が整ったら、つまんでいた毛をテイルぎりぎりの長さでカットします。

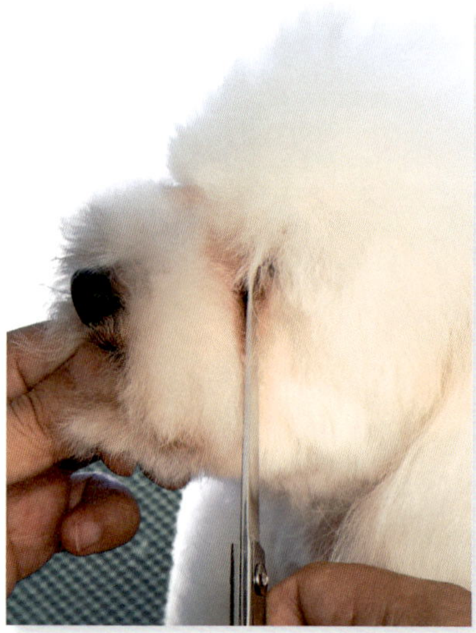

30 顔をカットします。マズルを後ろへ向けてコーミングし、後ろへ倒れてくるマズルの毛を目の下でカットします。

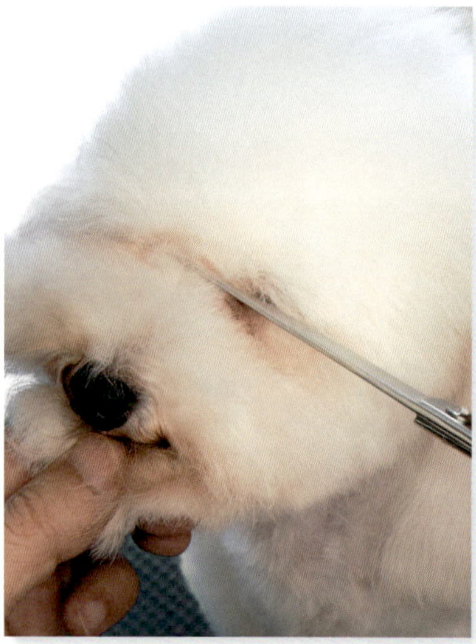

31 マズル上部の毛を、ストップで真っ直ぐにカットします。

32 前望したとき目にかかるマズルの毛をカット。さらに上まぶたの縁の高さまで、目頭のあいだを短くカットします。

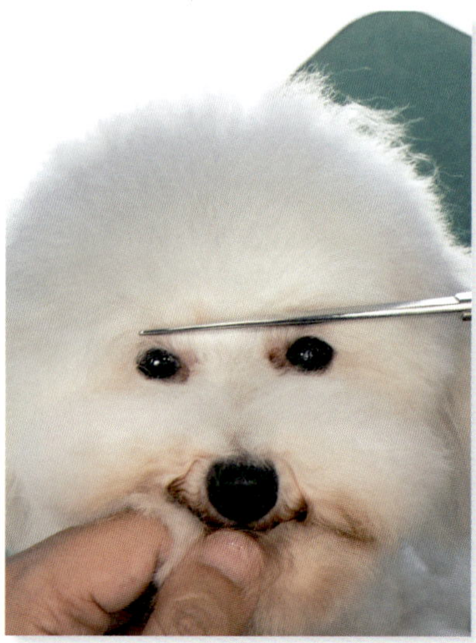

33 目の上をカットします。左右の目尻を結ぶ高さで、真っ直ぐにカットします。

34 ミニ・クリッパーで、上まぶたの縁～目頭をクリッピングします。こうすることで目が大きく見えます。

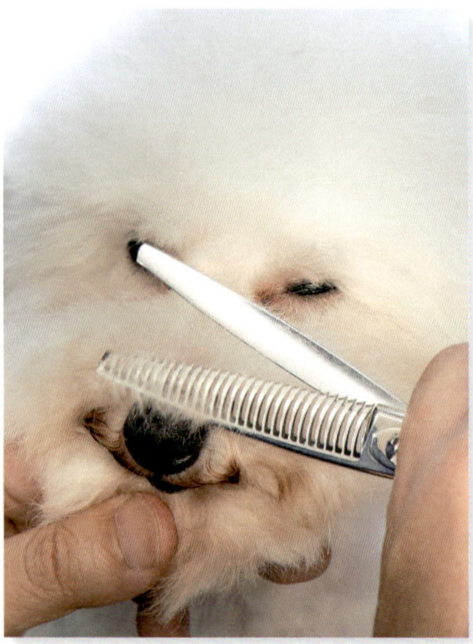

35 マズルを前へ向けてコーミングし、鼻鏡より前に出る毛をスキバサミでカットします。

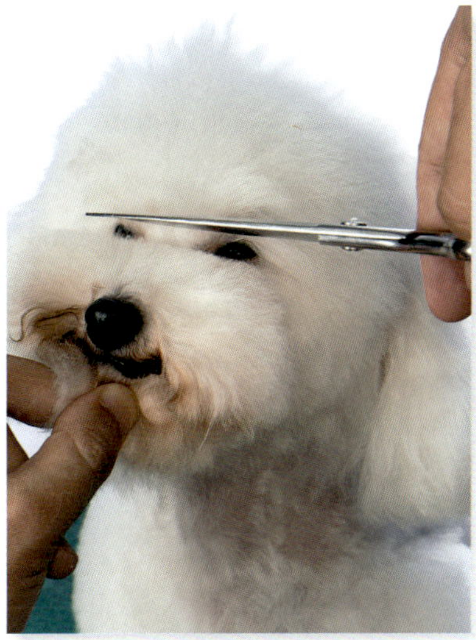

36 前望し、仕上げバサミでマスタッシュの上半分を横長の楕円形に整えます。

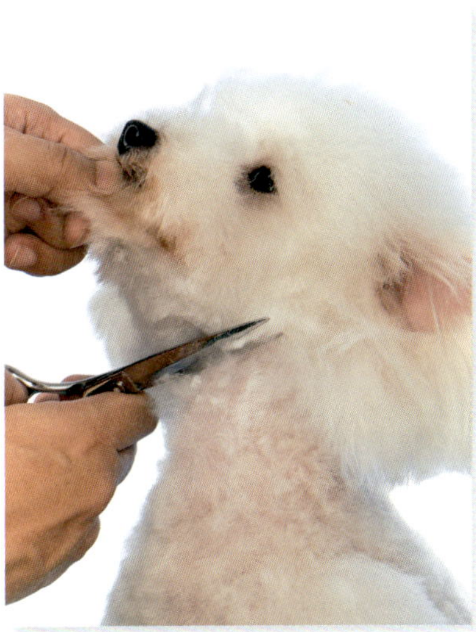

37 下顎は真っ直ぐにカットします。

38 前望し、仕上がりの顔の幅を考えながら耳孔の前の毛をカットします。

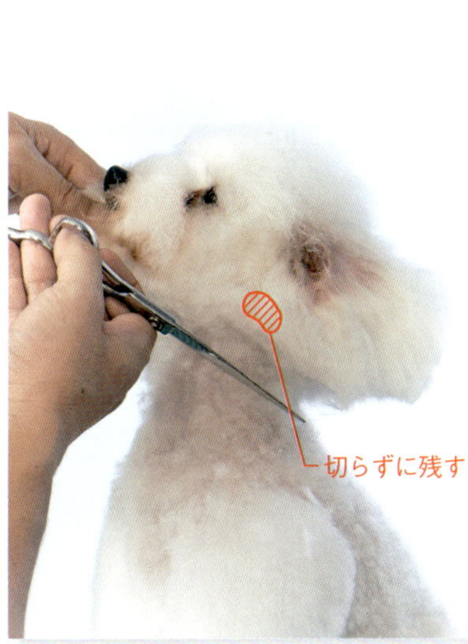

39 耳を裏返し、㊲〜耳の下側をつなげるようにカットします。耳の下の毛は切らずに残し、耳を戻したときに下からふんわりと押し上げられるようにします。

40 口周りの毛をかき出すようにコーミングし、上のリップ・ラインに沿ってカットします。

41 前望し、マスタッシュの下半分を楕円形にカットします。

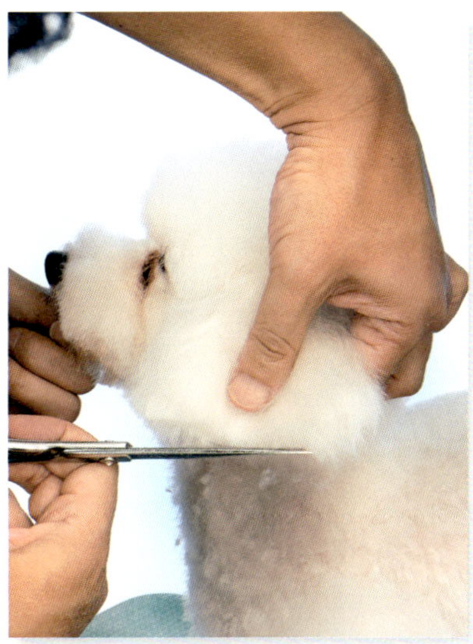

42 耳の下側を、縁ぎりぎりの長さで真っ直ぐにカットします。

43 耳を前へ出し、耳の形に合わせて後ろ側を切り上げます。

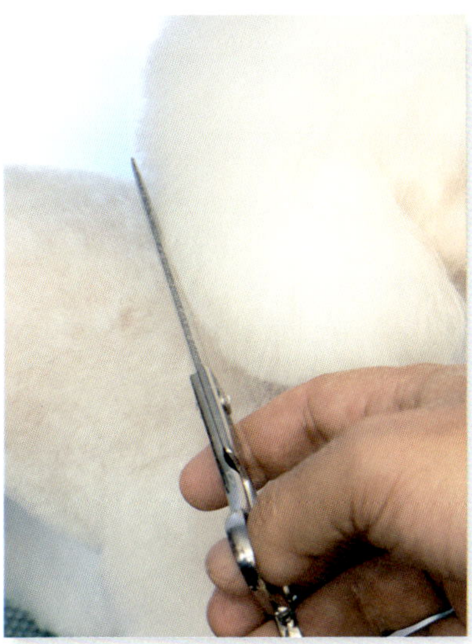

44 耳の下〜後ろ側のラインを延長するように、首の後ろへつなげていきます。

45 コーミングとカットを繰り返して切り口の角を取り、耳に自然な丸みを付けます。

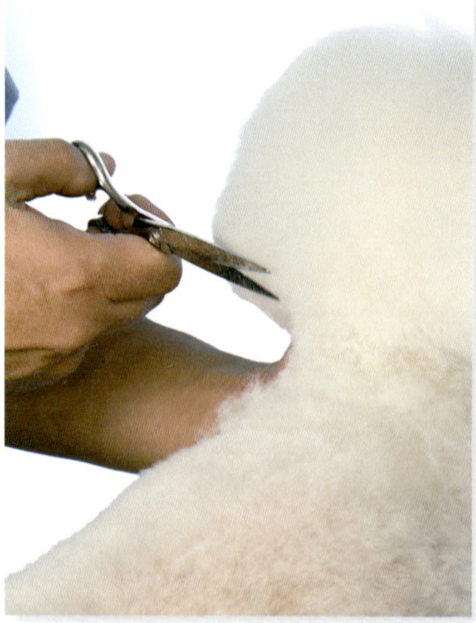

46 後頭部〜首の後ろはボリュームを抑え、短めにカット。頭部の長い毛を下から支え、ふんわり感を保てます。

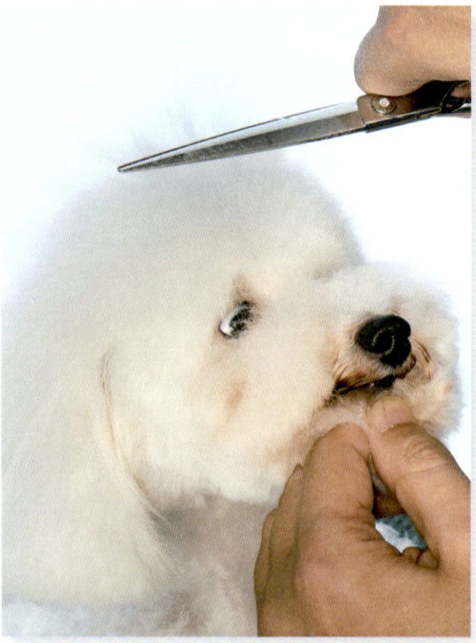

47 頭頂部を、前から後ろへ丸く整えます。

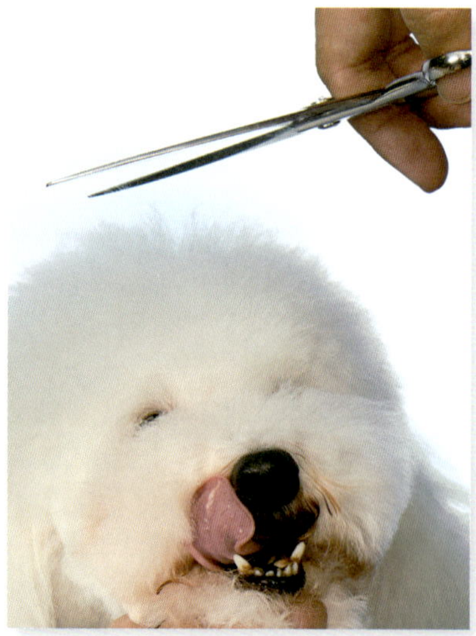

48 前望して耳の毛を起こすようにコーミングし、左右の耳のラインを頭頂部で丸くつなげるようにカットします。

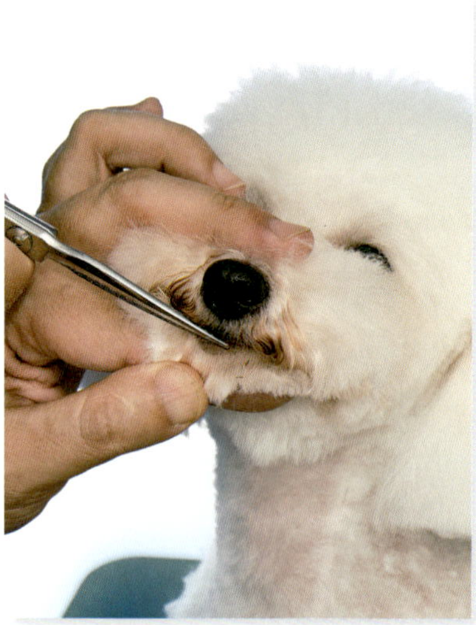

49 口元の毛をかき出し、鼻鏡の幅でリップ・ラインに沿ってカットします。

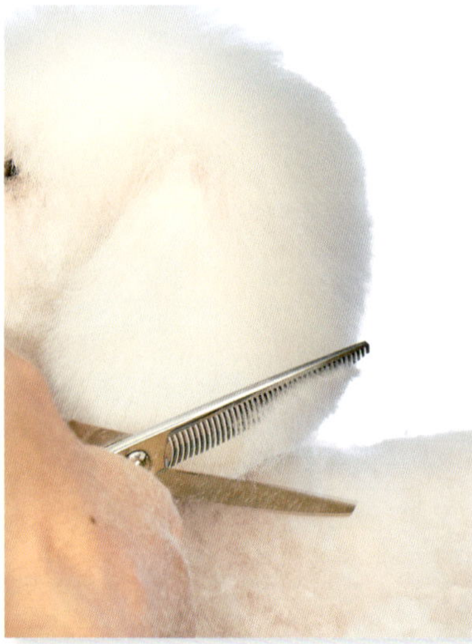

50 耳を仕上げます。スキバサミで切り口の角を取り、ナチュラルに整えます。

51 頭〜顔をスキバサミで整えます。前、横、上と視点を変え、どの角度から見ても丸く見えるように仕上げます。

finish

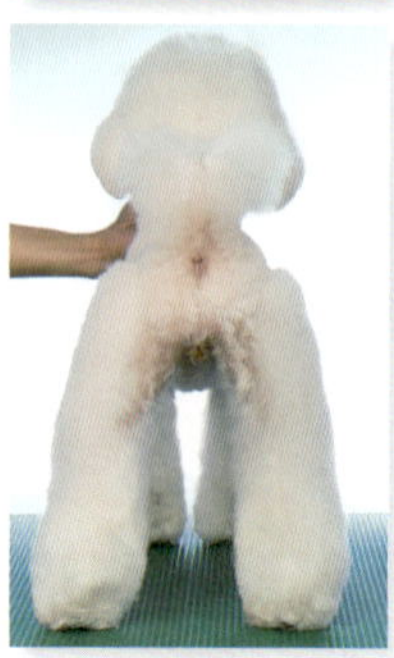

シー・ズーの
ラウンド・フェイスStyle

ボディはすっきりとクリッピングし、
丸い頭や厚みのある大きな足でかわいらしさを強調。
クリッパーのラインが出やすいので、皮膚を張りながらゆっくり刈りましょう。

前回のトリミングから2～3カ月。

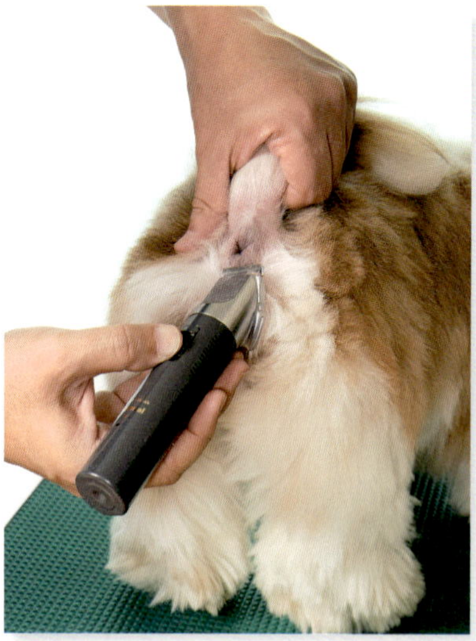

1 ミニ・クリッパーで肛門周りを処理します。汚れやすい部分の毛を取ります。

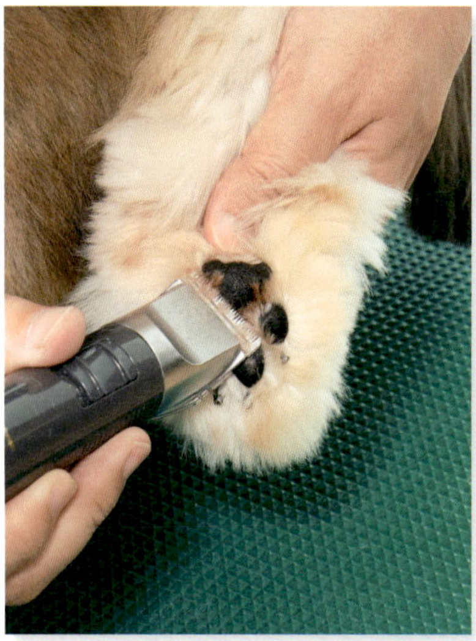

2 足裏を処理します。パッドのあいだの毛をきれいに取ります。

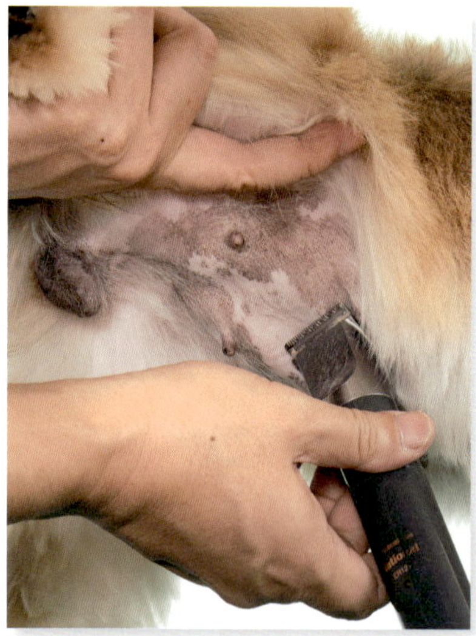

3 腹部を刈ります。モデル犬はメスなので、後ろから2列目の乳頭の高さまでを目安に逆剃りします。陰部もきれいに毛を取ります。

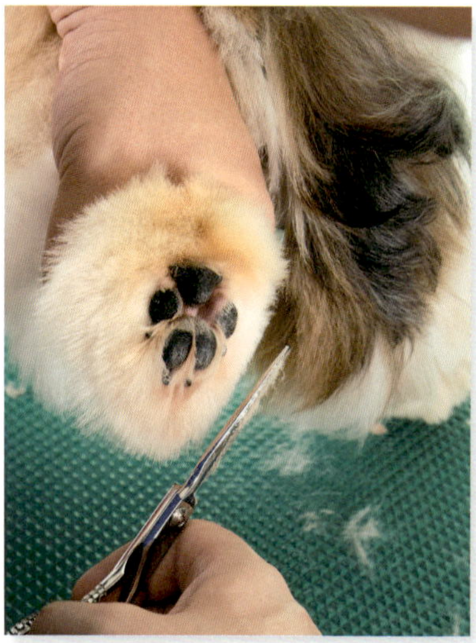

4 四肢の足周りをカットします。肢を1本ずつ持ち上げ、パッドの丸みを延長するように足周りを軽く切り上げます。

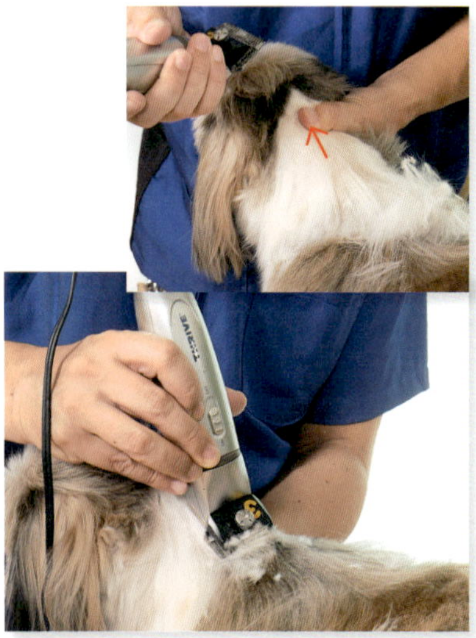

5 背線を刈ります。3ミリ刃のクリッパーで、オクシパットの下～テイルの付け根まで並剃り。左手で皮膚を引っ張り、たるみを伸ばしながら作業します。

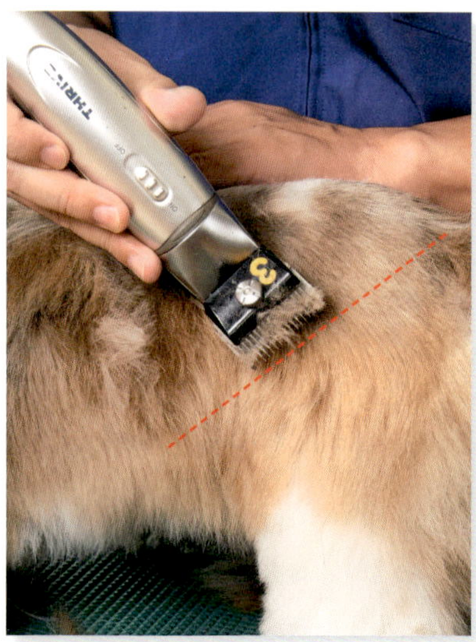

6 背線から続けてサイドボディを刈ります。後躯は、テイル・セット～ひばら（肋骨より後ろの脇腹）を結ぶラインを目安にクリッパーの刃を逃がします。

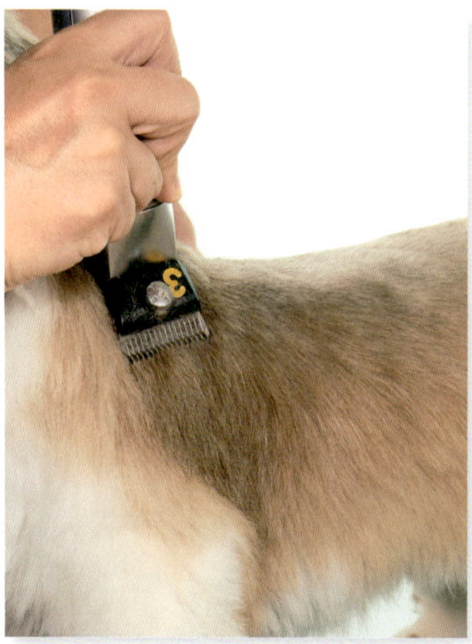

7 前躯は、肩の膨らみに合わせてクリッパーの刃を斜め下へ逃がします。

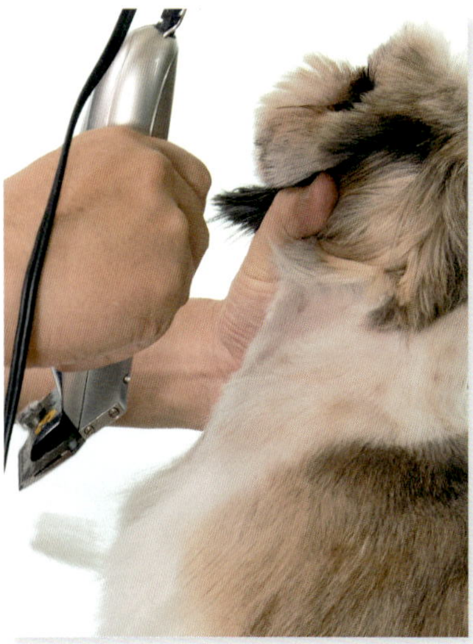

8 サイドネックを刈ります。耳の下から並剃りし、肩のあたりでクリッパーの刃を外へ逃がします。

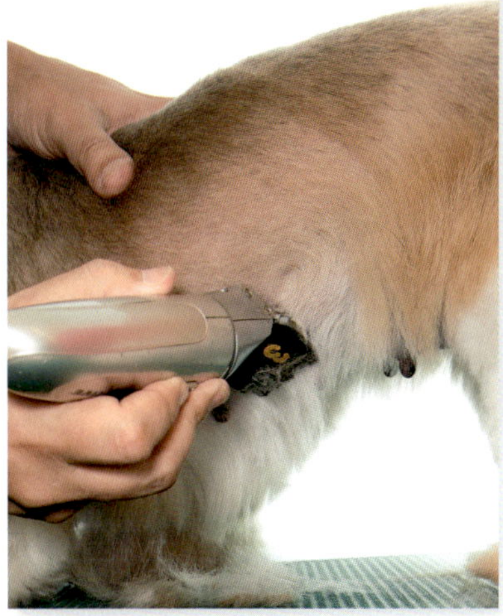

9 中躯のサイドを刈ります。⑥〜⑦につなげるように並剃りします。刈り終わりは刃を逃がさず、ボディの下部まで刃を入れていきます。

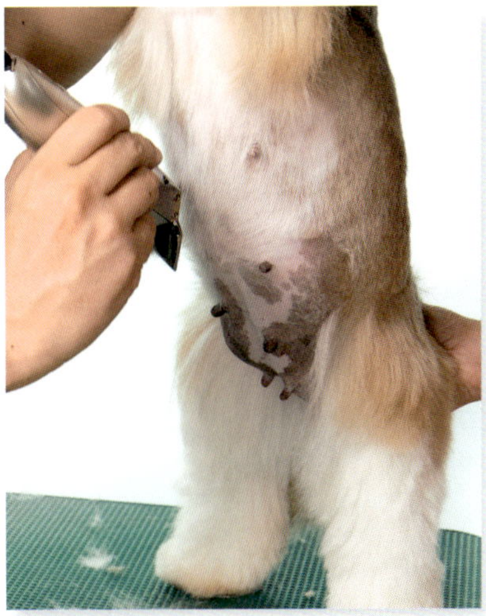

10 下胸〜腹部を刈ります。後肢で立たせて毛を取ります。並剃りでも逆剃りでもかまいません。

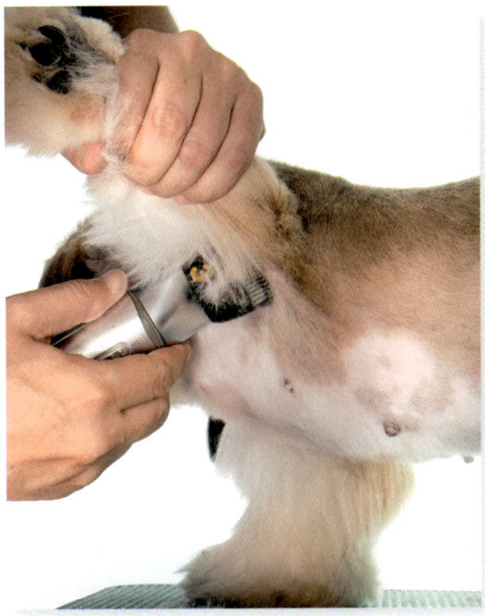

11 前肢を下ろし、前胸〜下胸をつなげるように並剃りします。さらに、前肢を無理のない範囲で斜め前へ上げ、体の横からクリッパーを入れて脇を刈ります。

12 前肢を前へ持ち上げます。出てきた脇の毛を、肢の後ろからクリッパーを入れて刈ります。

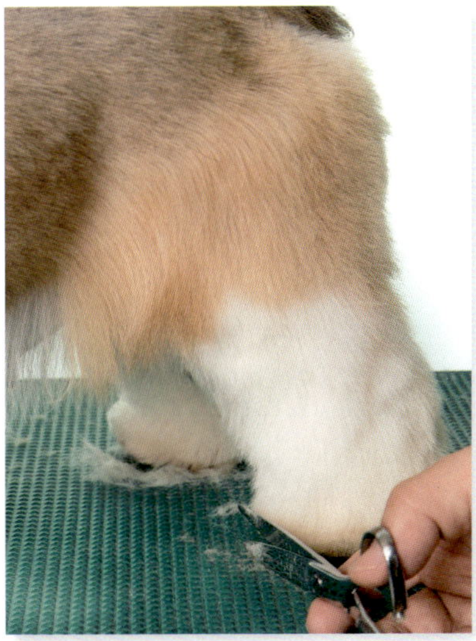

13 後肢の足周りをカットします。厚みのある足を作るため、爪先は、ハサミを垂直に当てて爪を隠すぎりぎりの長さでカットします。

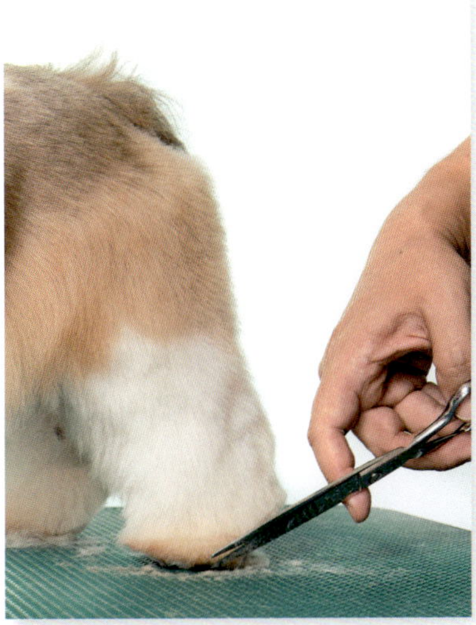

14 ⑬から続けて、足周りを丸く整えます。爪先以外は、ハサミを斜めに当てて軽く切り上げます。

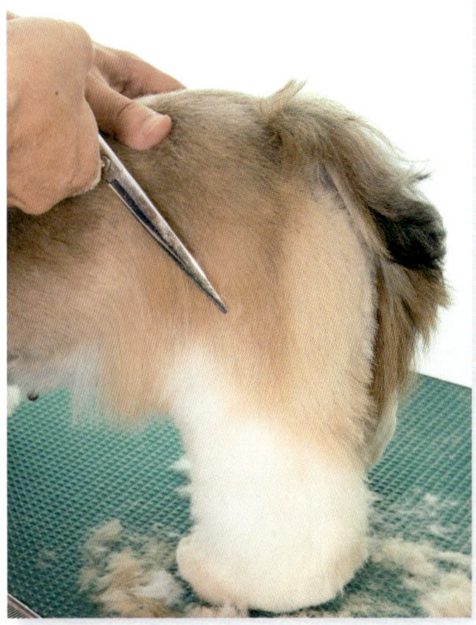

15 ⑥でクリッパーの刃を逃がしたラインをブレンドします。

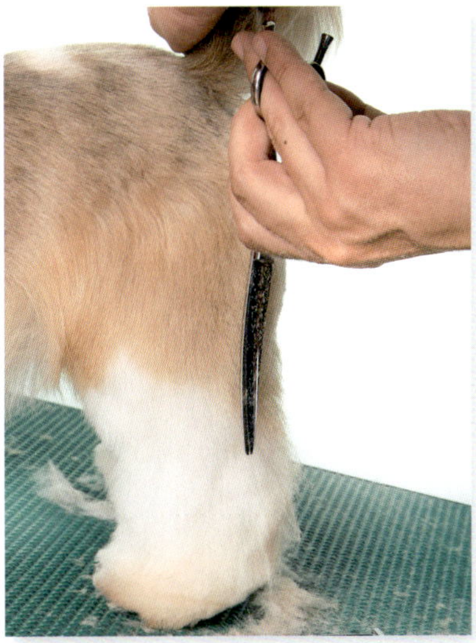

16 お尻を本来の形に合わせて整え、お尻の下〜膝の後ろ、膝の後ろ〜飛節をカーブシザーでつなげます。

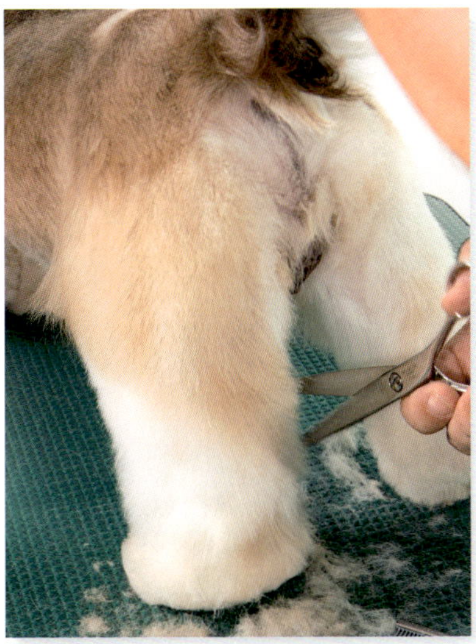

17 後肢の内側・外側を、平らな面を作るように仕上げバサミで整え、⑯との角を取ります。

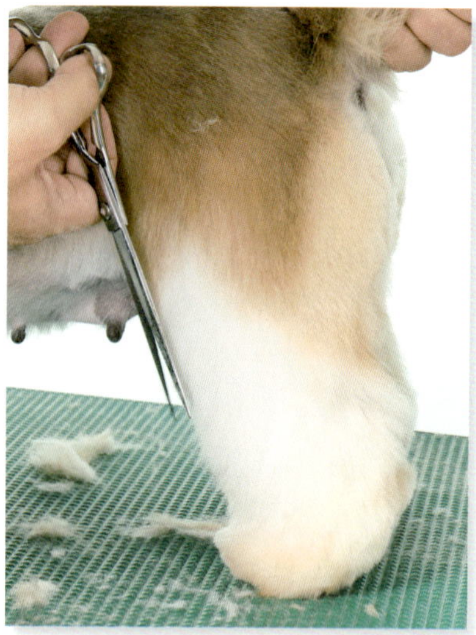

18 後肢の前側をカットします。肢を持ち上げて毛を外へかき出すようにコーミングし、⑯の膝〜飛節のラインと角度をそろえてカットします。

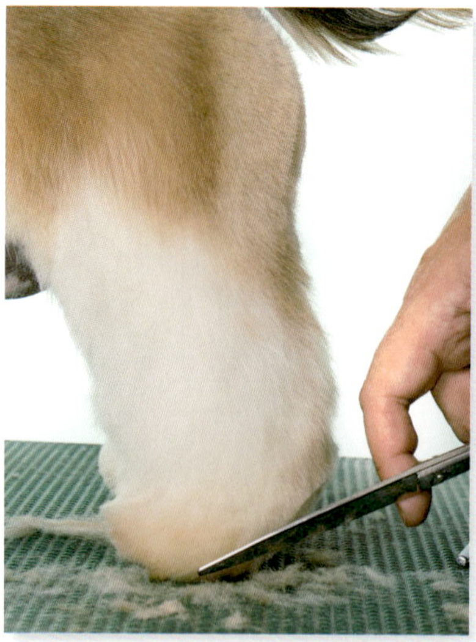

19 足周りの後ろ側をほど良い角度で切り上げ、軽快さを出します。

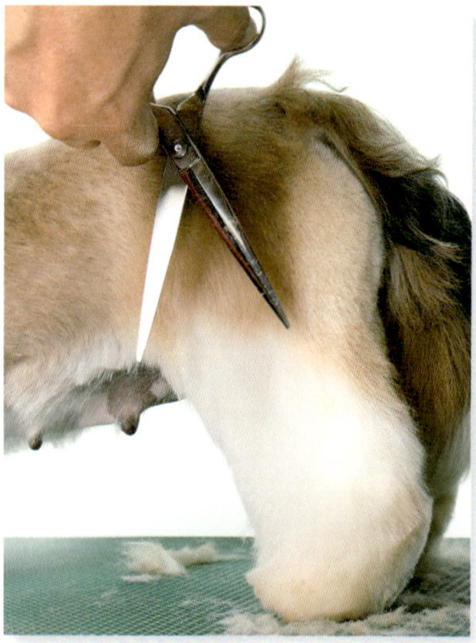

20 後肢の外側の面を整え直します。後肢の前側との角を取りながら、ひばら〜後肢が自然につながるようにします。

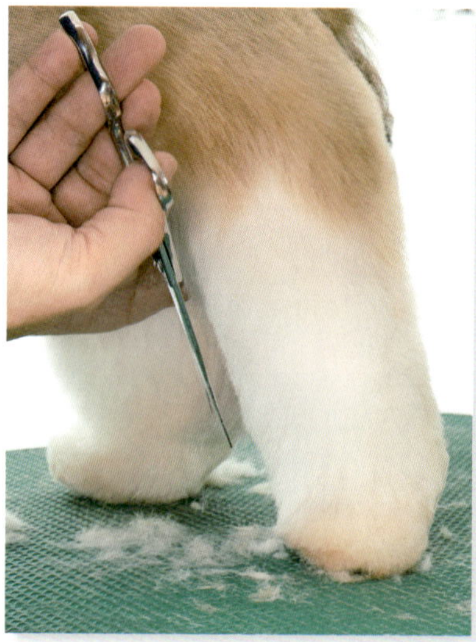

21 後肢の内側を整え直します。ハサミを肢の前から入れて、前側との角を取りながら切り残した毛を取ります。

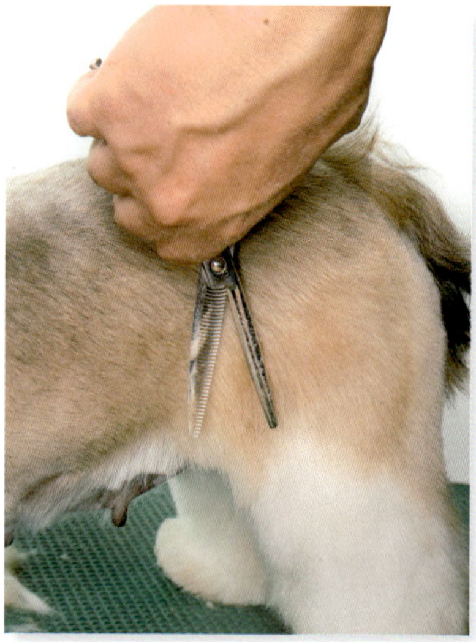

22 大腿部〜後肢の外側を、スキバサミで整え直します。

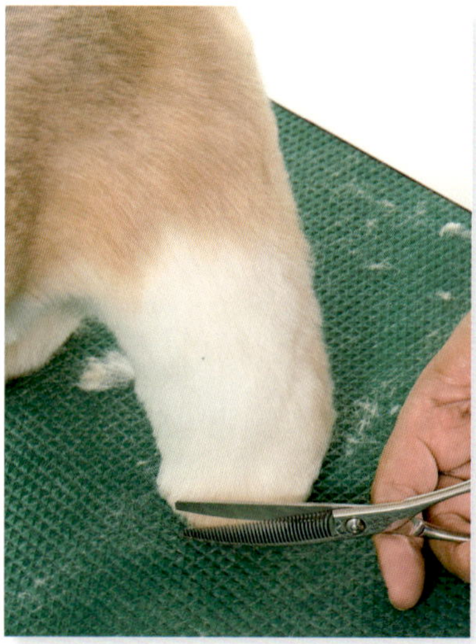

23 爪先にもスキバサミを入れ直し、ふんわりした厚みのある足に仕上げます。

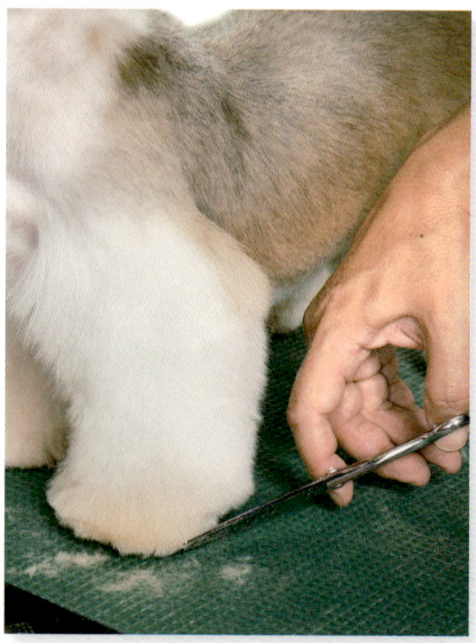

24 前肢の足周りをカットします。⑬〜⑭と同様に、爪先はテーブルに対して垂直、その他は斜めに切り上げます。

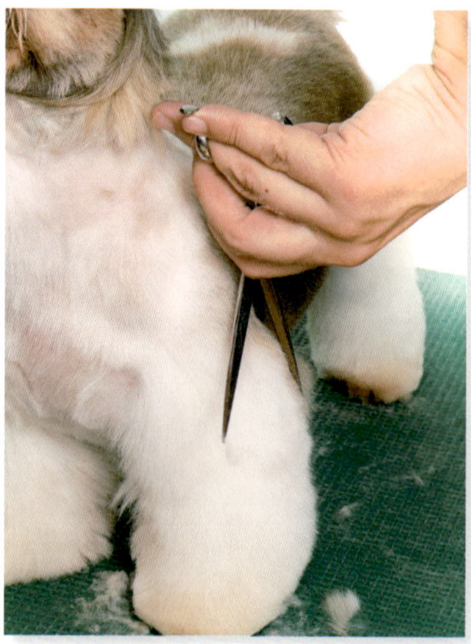

25 前肢の外側をカットします。前望し、肩と同じ幅で真っ直ぐにカットします。

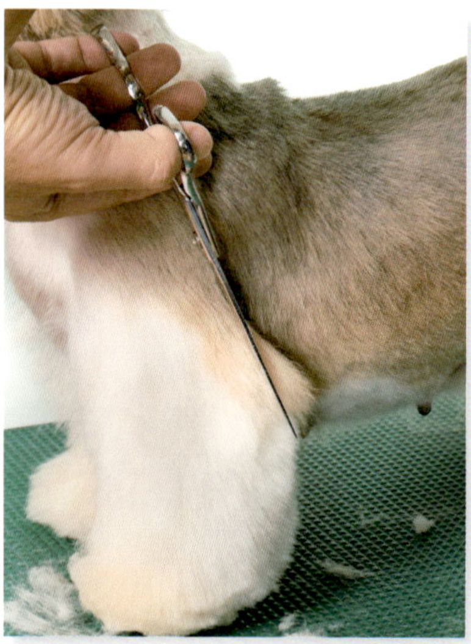

26 肩の後ろあたりは、⑦でクリッパーを逃がしたラインに合わせて斜めにカットします。

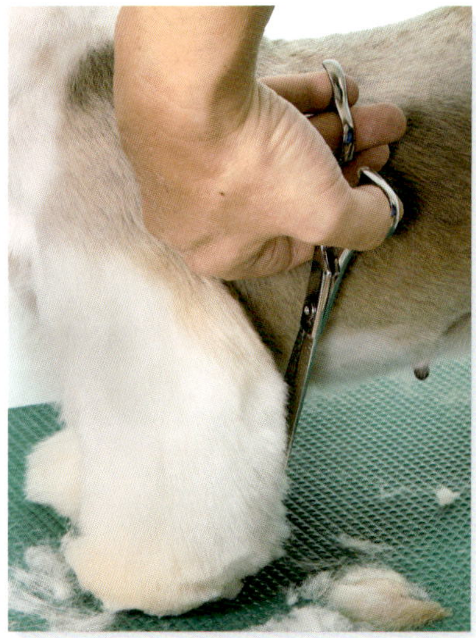

27 前肢の後ろ側をカットします。付け根から真っ直ぐにカットし、外側との角を取ります。

28 前肢の内側をカットします。付け根から真っ直ぐにカットし、後ろ側との角を取ります。

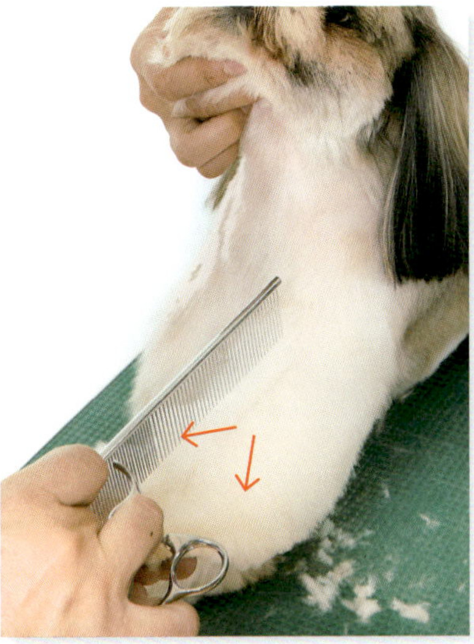

29 前肢を前へ上げ、肢の中央で毛を左右に分けてコーミングします。

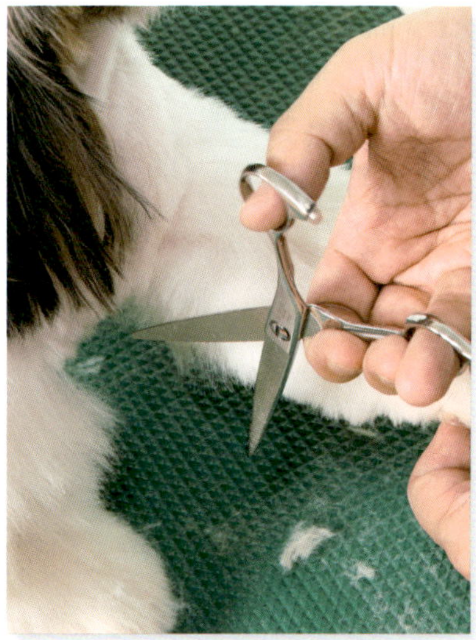

30 肢を上げたまま、脇〜前肢の内側をカットします。

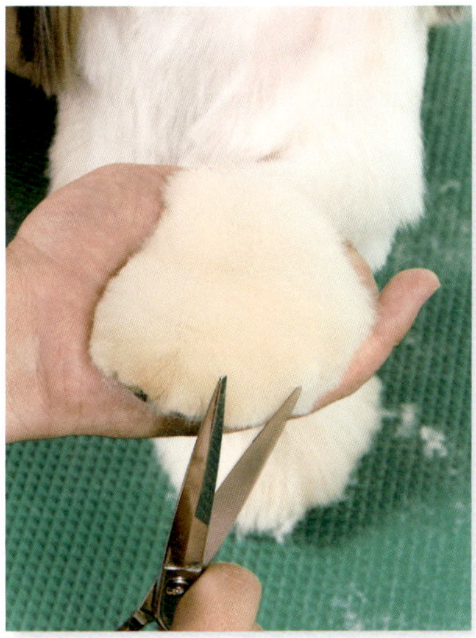

31 前肢の握りの毛を起こすようにコーミングし、ハサミを縦に当てて爪先をカット。さらに握りの上だけ、毛先を軽くそろえます。

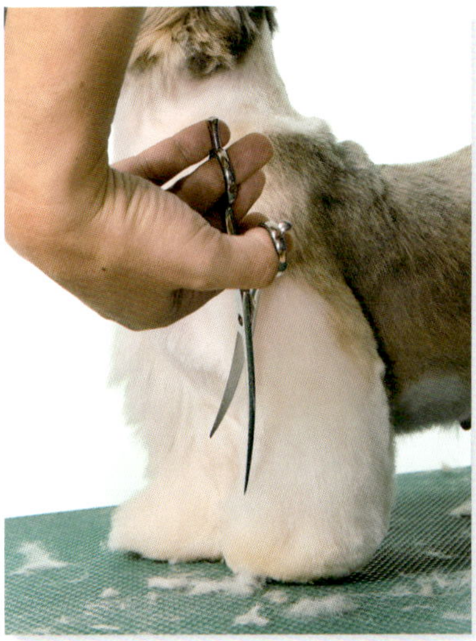

32 前肢の前側をカットします。側望し、付け根〜握りの上を、カーブシザーで軽くえぐるようにカットします。

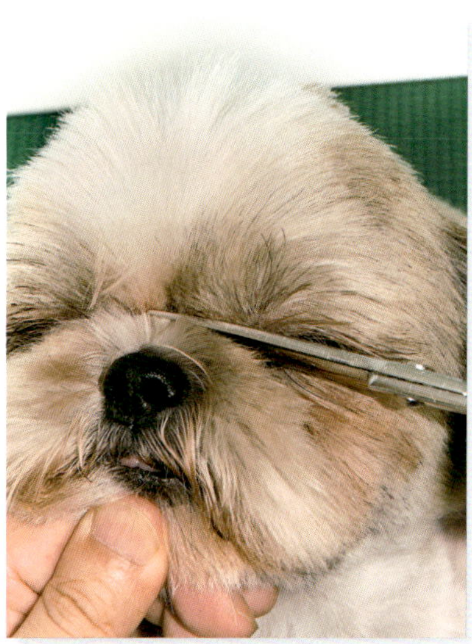

33 顔をカットします。左右の目頭をストップで丸くつなぐようにカット。ハサミをストップの深い部分に押し当て、しっかりと奥から毛を取ります。

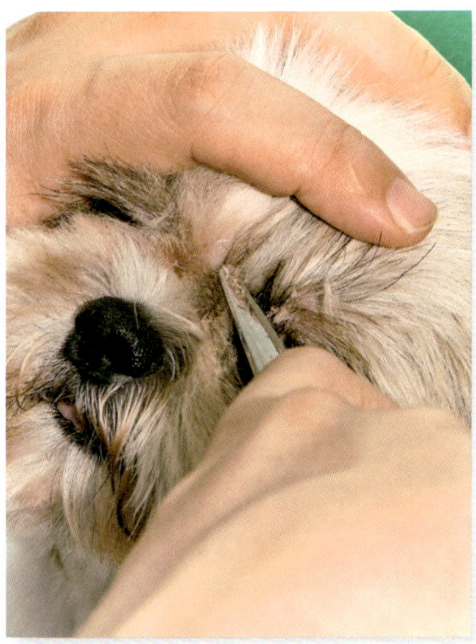

34 左手で皮膚を軽く引っ張ってたるみを伸ばし、ストップの両端までしっかり毛を取ります。

35 目の上を、本来の丸みに合わせてカットします。

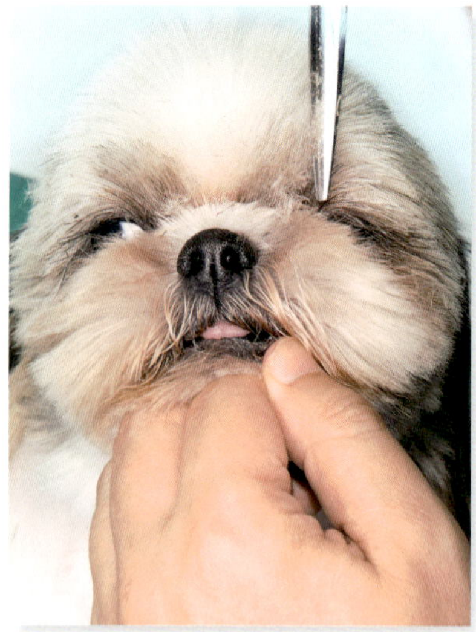

36 ストップの位置で縦にハサミを当て、目の上の毛をマズルに対して垂直にカットします。

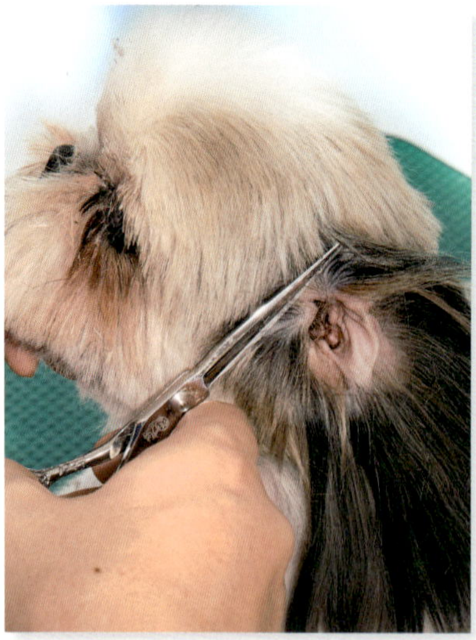

37 耳を裏返し、耳孔の前の毛をカットします。

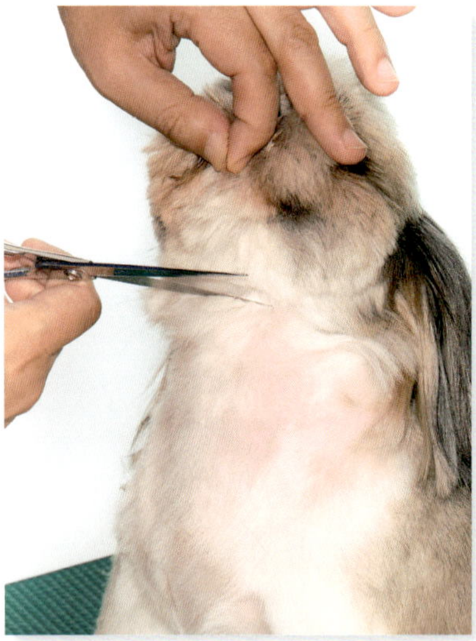

38 首の丸みに沿って、のどをカットします。

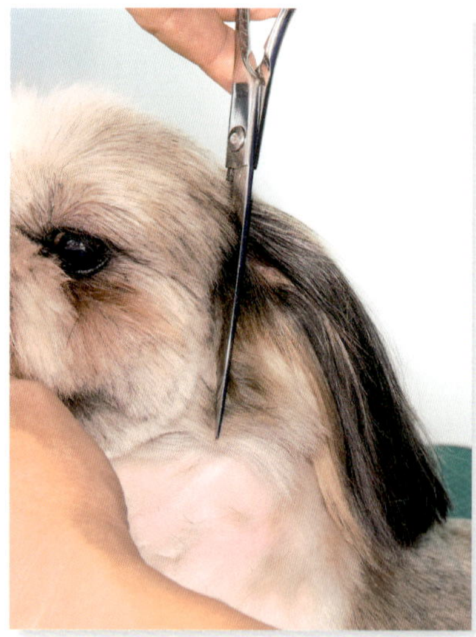

39 テーブルに対して垂直にハサミを当て、耳の前をカットします。

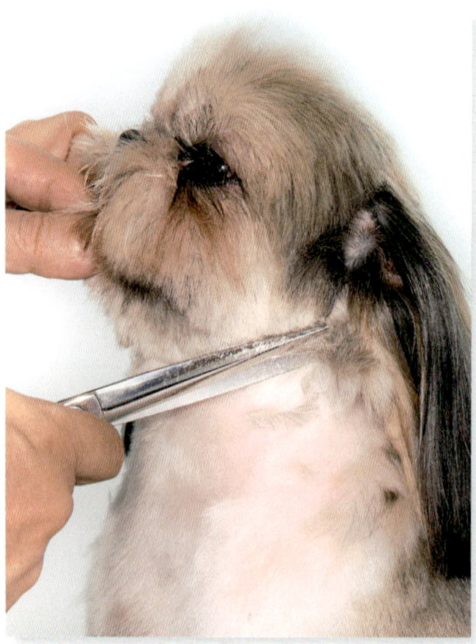

40 ㊴の耳の下側の付け根あたりの高さから、㊳へ真っ直ぐにつなげるようにカットし、角を取ります。

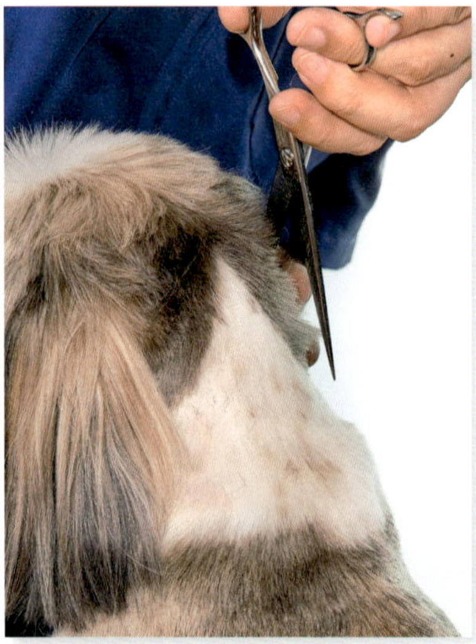

41 頭部の毛を起こすようにコーミングし、頭頂部～⑤の刈り始めを自然につなげます。

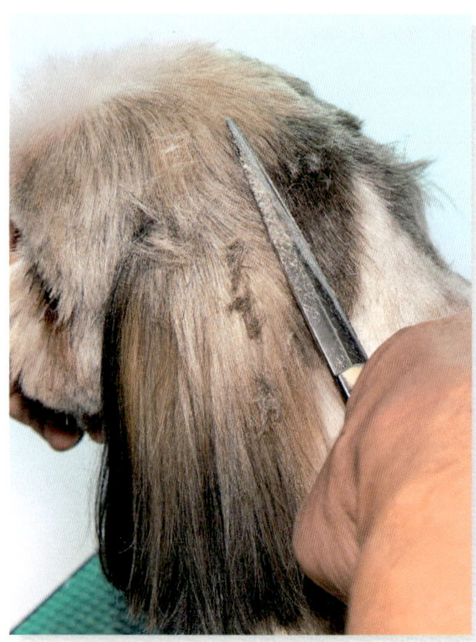

42 上望して頭の輪郭を整え、耳の付け根は頭になじませます。

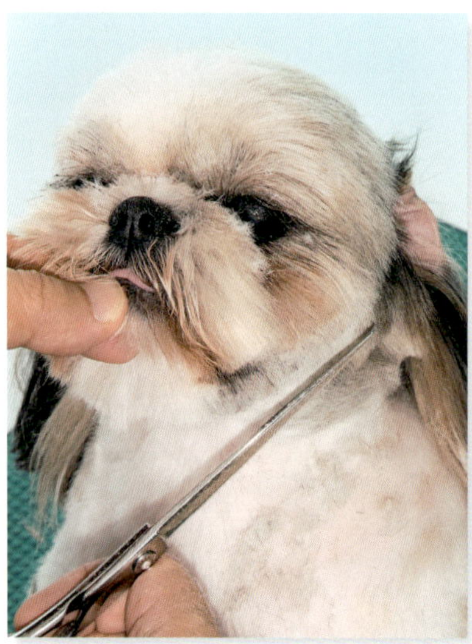

43 顔の輪郭の下側を整えます。下顎から頬へ斜めに切り上げ、口角が上がったような表情を作ります。丸みを付けず、真っ直ぐなラインでカットします。

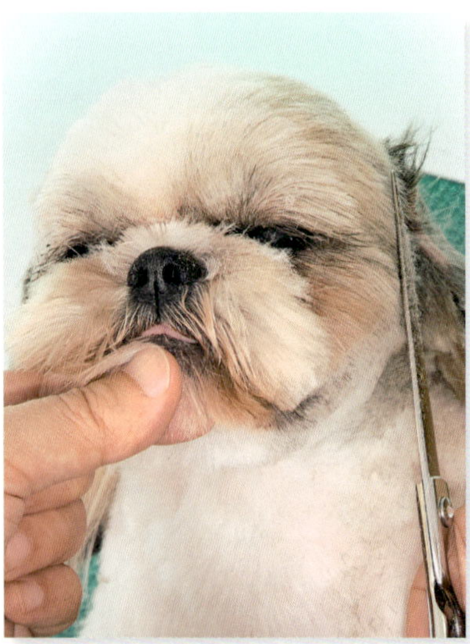

44 ㊸から続けて頬をカットし、頭頂部の丸みへつなげます。

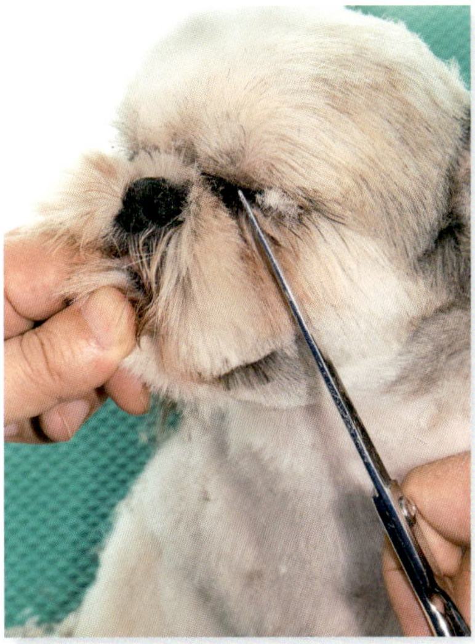

45 目の下を、毛の膨らみを押さえるようにカット。上望したとき、マズルの根元の毛が目の下にふんわりとかかって見えるように整えます。

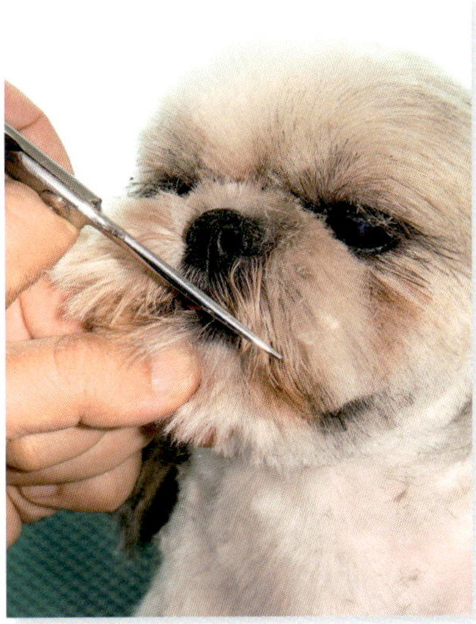

46 鼻鏡より前に出るマズルの毛をカットします。さらにマズルの正面だけ、上のリップ・ラインに沿ってハサミを入れます。

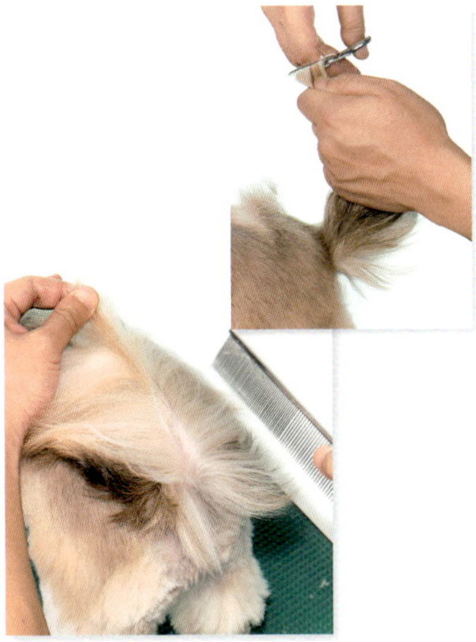

47 テイルをカットします。毛をまとめて持ち、好みの長さで先端をカット。テイルを背負わせ、中央から左右に分けてコーミングします。

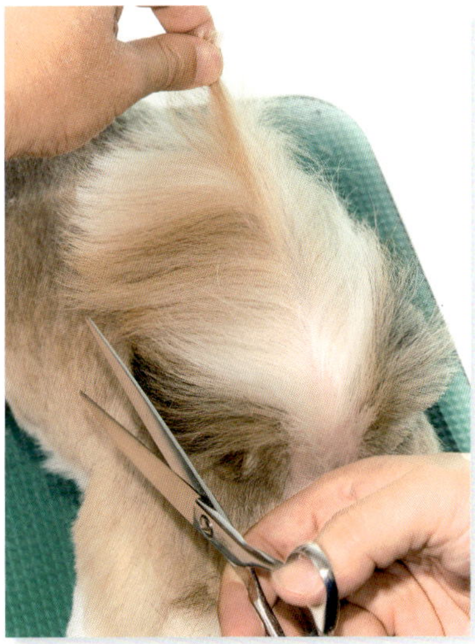

48 肛門にかかる付け根の毛をカットし、全体を木の葉形に整えます。

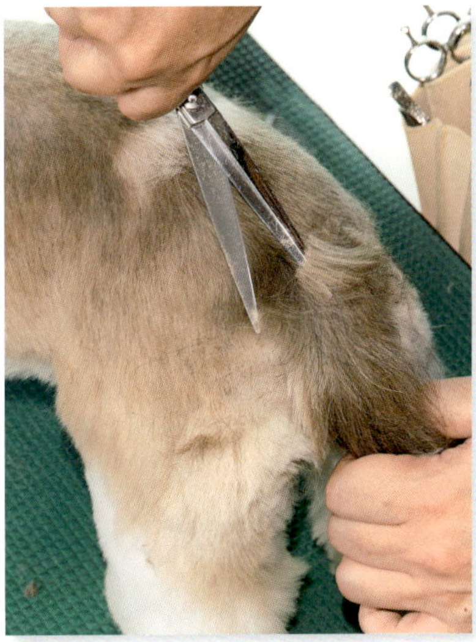

49 テイルを下げ、テイルを背負ったときに持ち上がる、表側の付け根の毛を軽くカットします。

50 耳をカットします。縁の位置を確認してから好みの長さで真っ直ぐカットし、毛先をそろえます。

51 顔の毛を前へ向けてコーミングし、耳を正しい位置に置きます。輪郭のアウトラインからはみ出す毛をカットし、頭全体をスキバサミでなじませます。

finish

ミニチュア・シュナウザーの

スタイリッシュ×キュートMIX

ペットらしいかわいらしさと生活しやすさを考え、眉と口ひげを短くカット。
ボディはスタンダード・スタイルに近いラインに仕上げることで、
シュナウザーらしさを生かします。耳に残した飾り毛がワンポイント。

前回のトリミングから約2カ月。

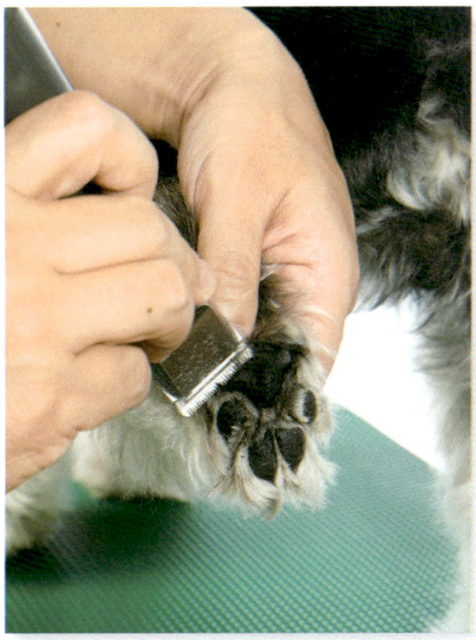

1 ミニ・クリッパーで足裏を処理します。パッドのあいだの毛をきれいに取り、ヒールパッドの後ろ側も刈っておきます。

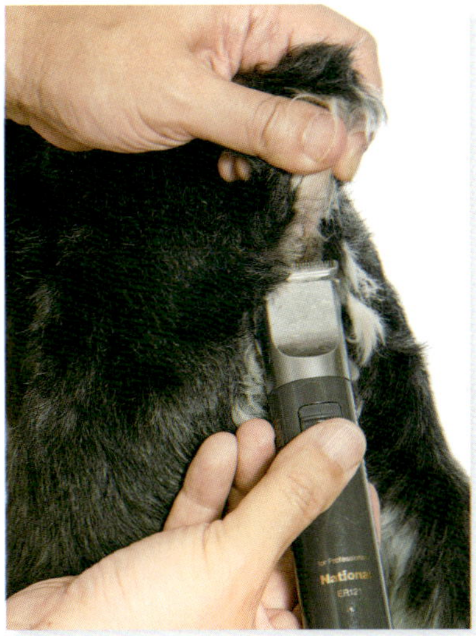

2 肛門周りを処理します。汚れやすい部分の毛を取ります。

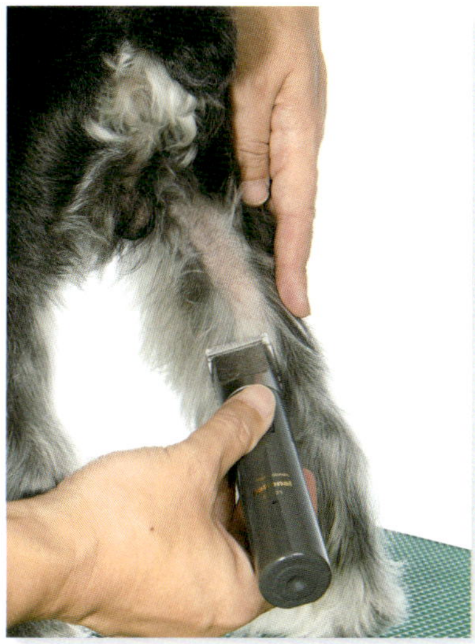

3 内股を刈ります。飛節より指の幅3～4本分上から付け根まで逆剃りします。

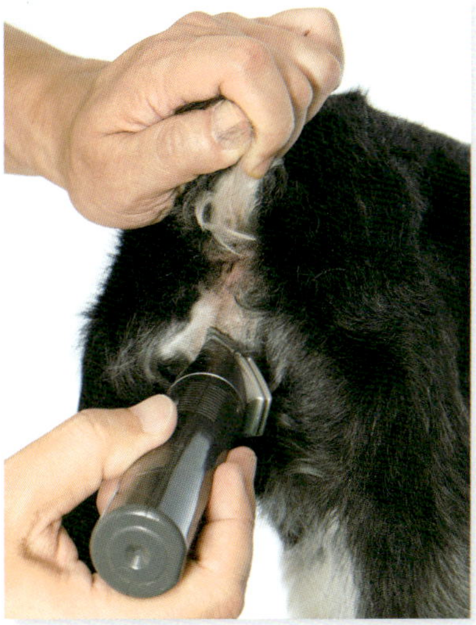

4 ③から続けて、つむじの内側を通るラインで上へ逆剃りしていきます。

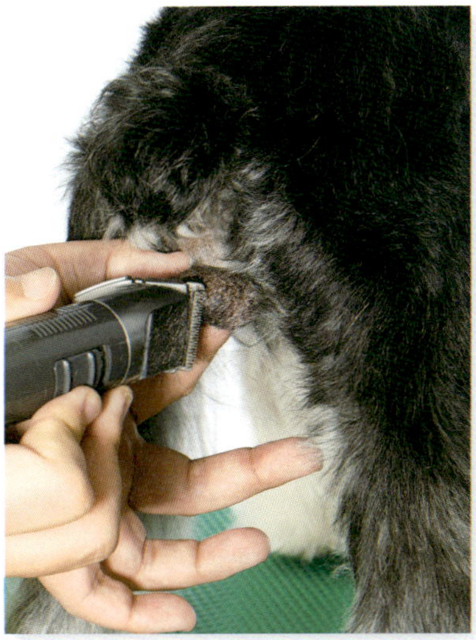

5 オスの場合は睾丸を後ろへ引き出して毛を取ります。

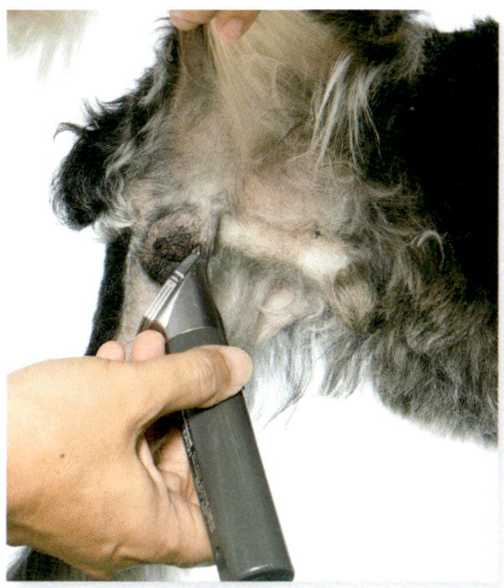

6 後肢を片方ずつ持ち上げ、鼠径部をきれいに刈ります。

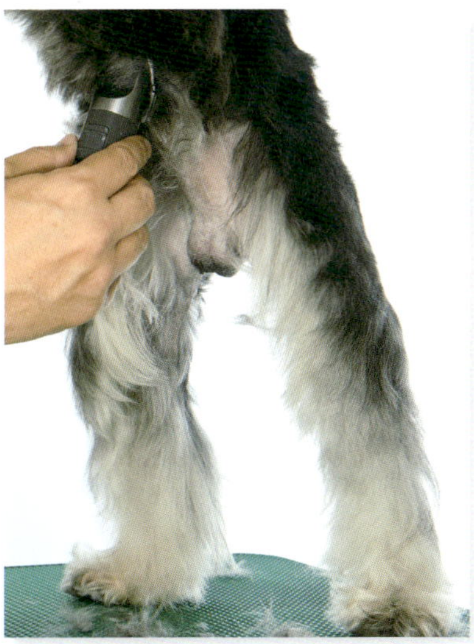

7 犬を後肢で立たせ、腹部を刈ります。モデル犬はオスなので、へそよりやや高い位置から毛を取ります。

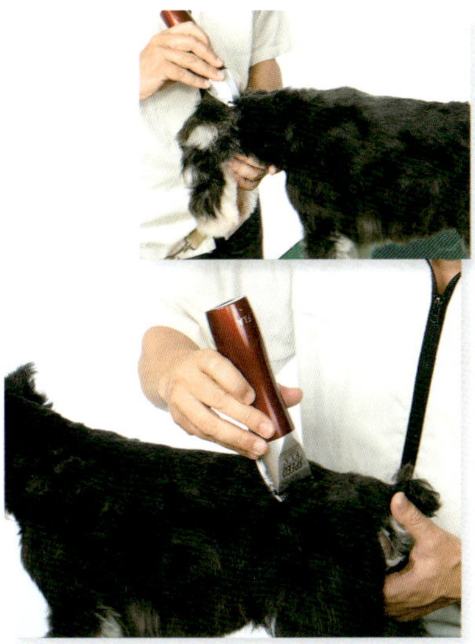

8 背線を刈ります。3ミリ刃のクリッパーで、後頭部の下あたり～テイルの付け根よりやや前まで並剃りします。

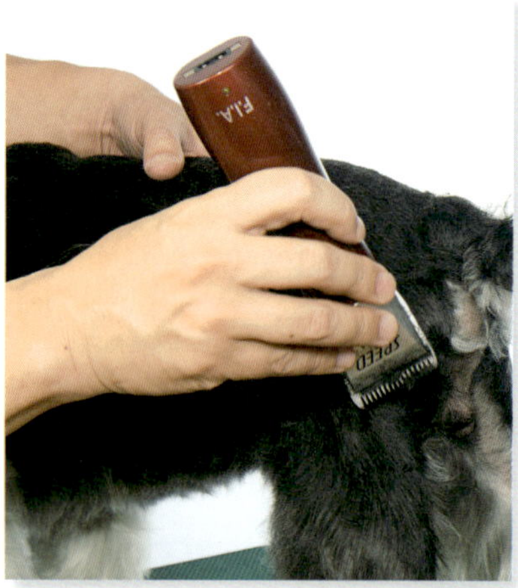

9 ⑧から続けて、サイドボディ～大腿部を並剃りします。刈り終わりはクリッパーの刃を外側へ逃がします。

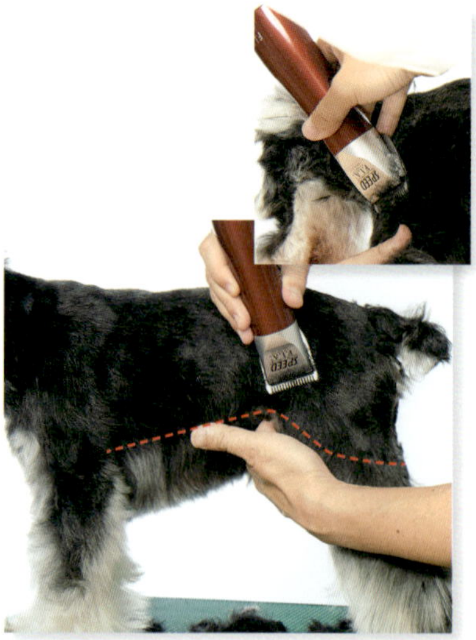

10 ⑨の刈り終わりの高さは、肘の後ろのくぼみ～ラスト・リブの後ろのくぼみ～座骨端と飛節の中間あたりを結ぶラインを目安にします。

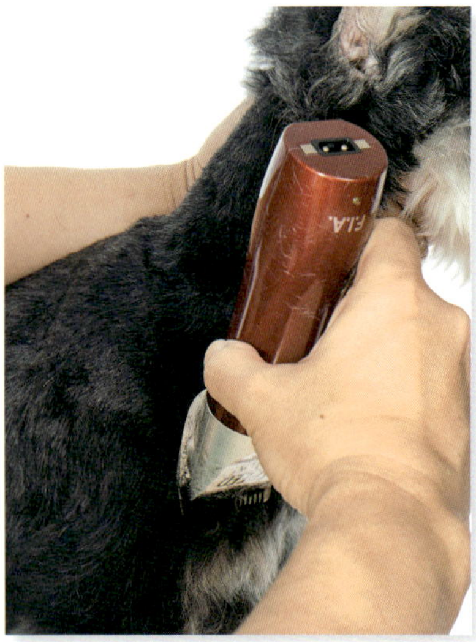

11 サイドネックを並剃りし、ボディへつなげます。

12 サイドネック～肩を並剃りし、前肢へつなげます。

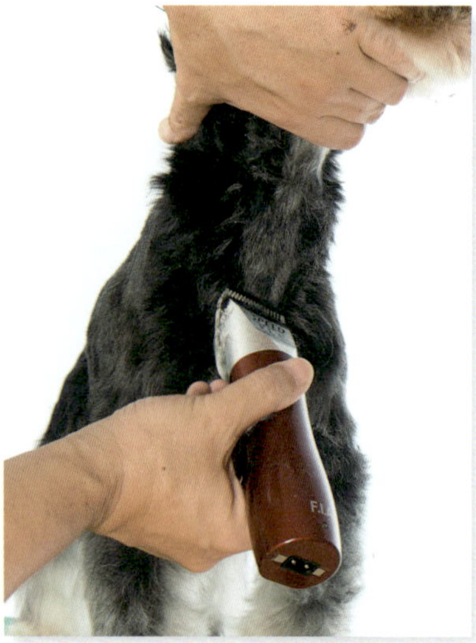

13 のどを刈ります。胸骨端から顎下の触毛まで、真っ直ぐに逆剃りします。

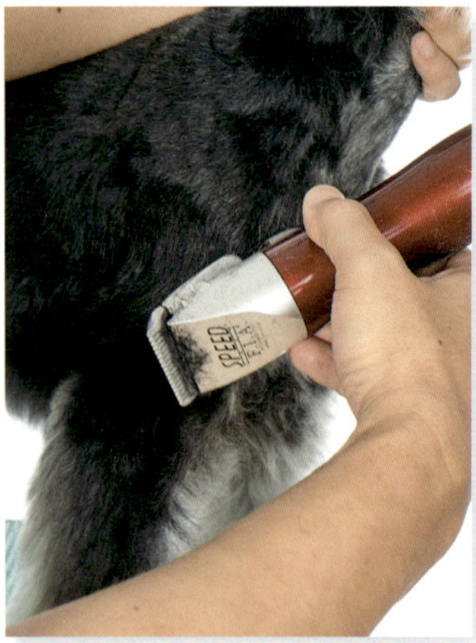

14 ネック・ラインの頂点となる胸骨端から、左右の肩端まで並剃りします。

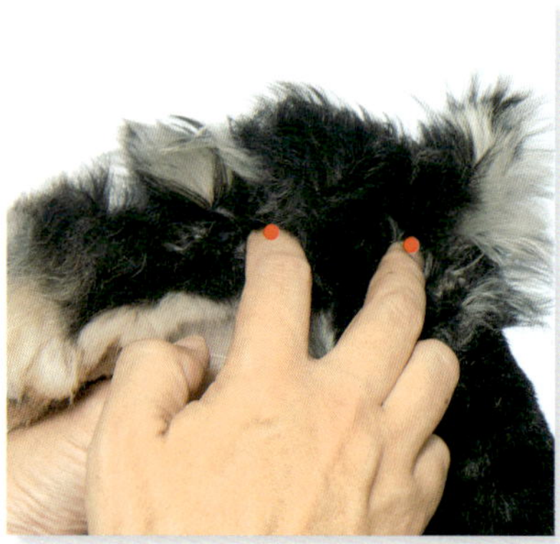

15 顔を刈ります。目尻の少し外側～耳の上側の付け根を真っ直ぐに結ぶイマジナリー・ラインを作ります。

16 ⑮で決めたイマジナリー・ラインに沿って逆剃りします。

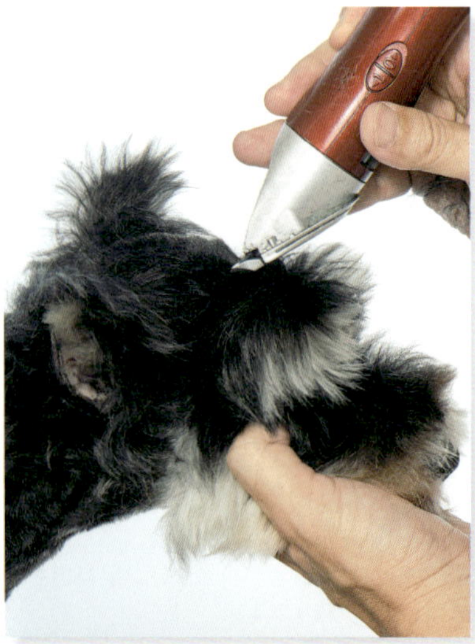

17 頭頂部を刈ります。眉弓骨より指の幅1本分後ろから並剃りします。

18 後肢の足周りをカットします。肢を1本ずつ持ち上げ、パッドより長い毛をカットします。

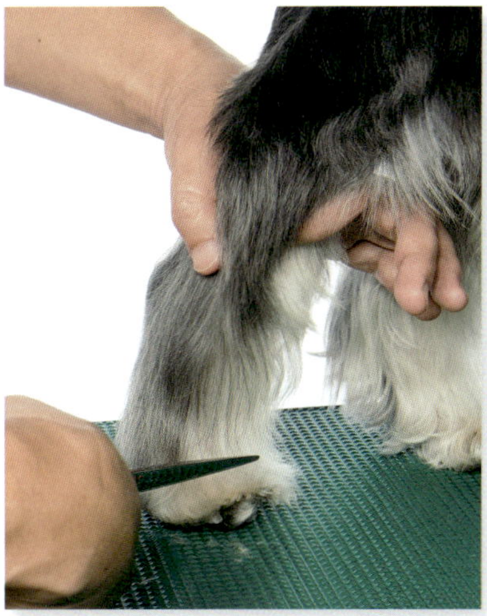

19 肢を下ろし、爪を隠すぎりぎりの長さで足先を真っ直ぐにカットします。

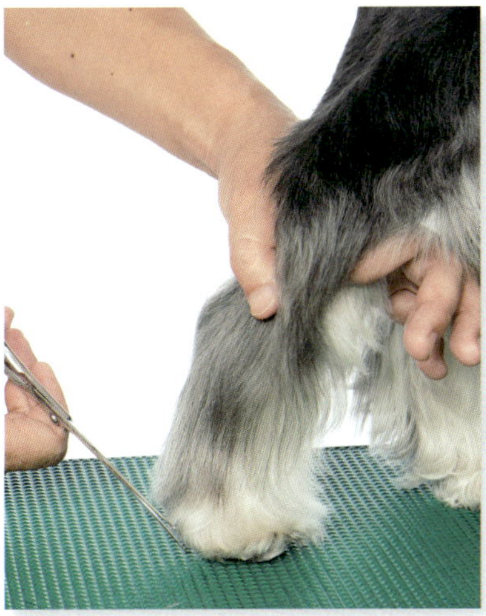

20 テーブルに着く長い毛をぐるりとカットします。

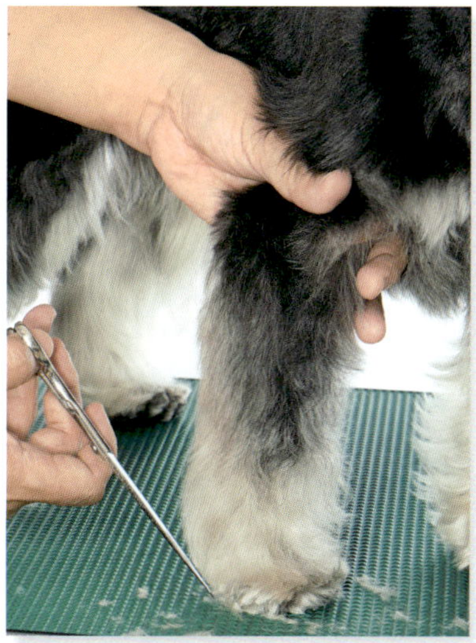

21 前肢の足周りも後肢と同様にカット。テーブルに足を置いて切るときは、左手で犬の肘を握るように保定すると作業しやすくなります。

22 全身のバランスを確認し、⑧で残しておいたテイルの前の毛の量を調節します。

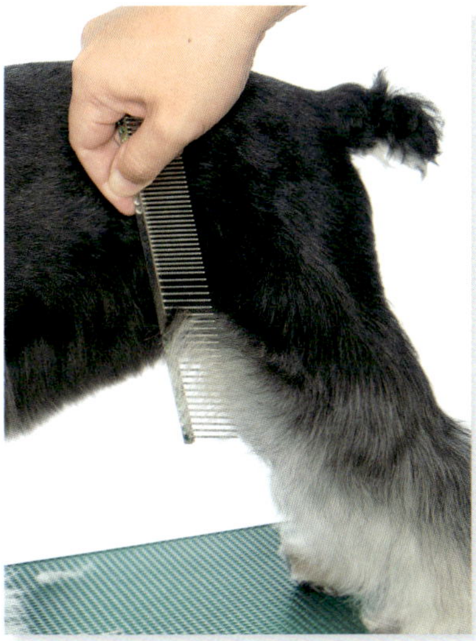

23 後肢の前側をカットします。まず、肢の毛を前へ流すようにコーミングします。

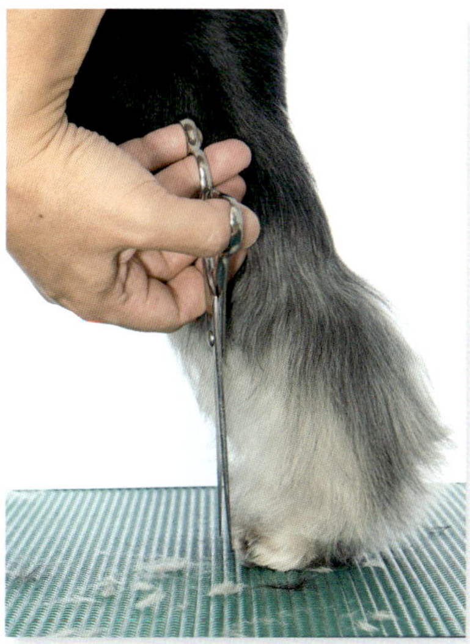

24 足の前側をテーブルに対して垂直にカットし、爪先の立ち上がりを作ります。

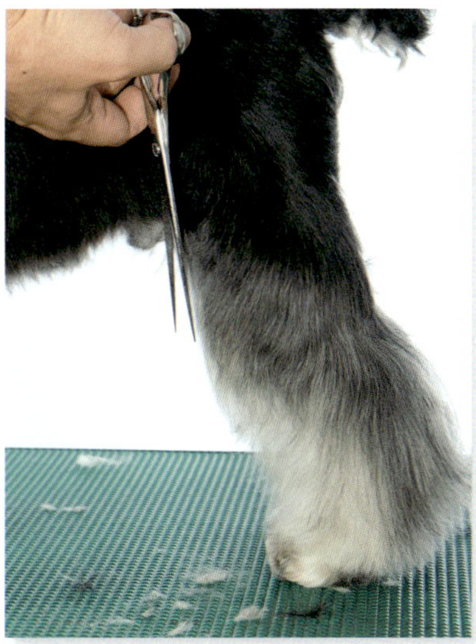

25 タック・アップから下へ、テーブルに対して垂直にハサミを当てて後肢の前側をカットします。

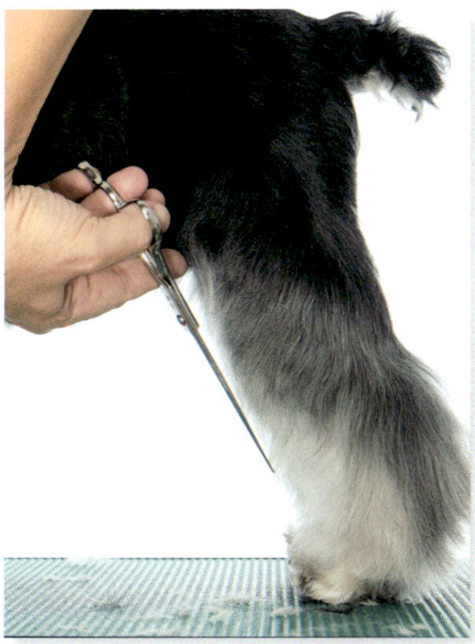

26 ㉕の切り終わりと、㉔で作った爪先の立ち上がりを結ぶようにカットします。

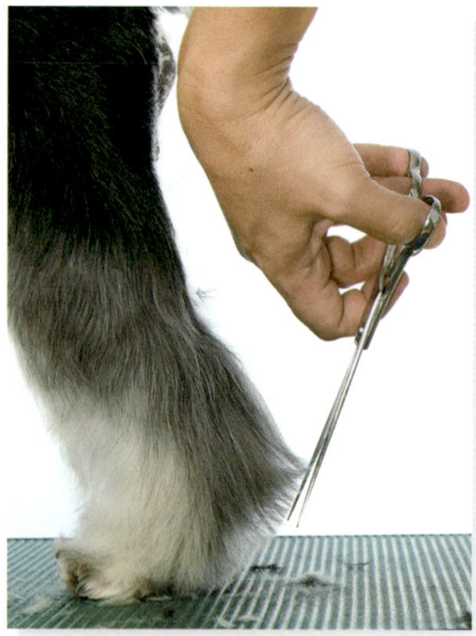

27 後肢の後ろ側をカットします。肢の毛を後ろへ流すようにコーミングし、飛節～足周りをつなげるようにカットします。

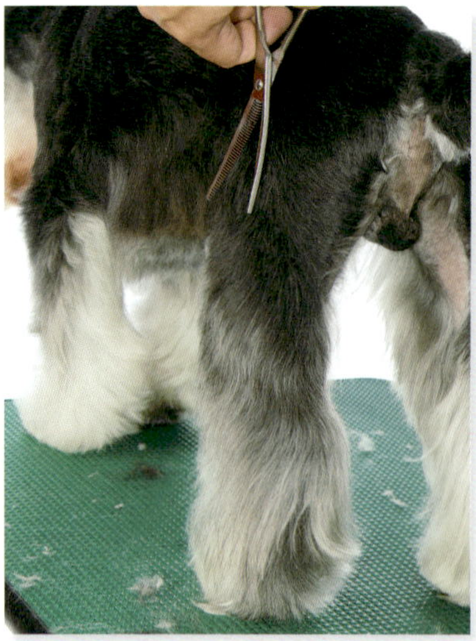

28 大腿部～後肢外側をカットします。後望し、⑩のクリッピング・ラインをなじませます。

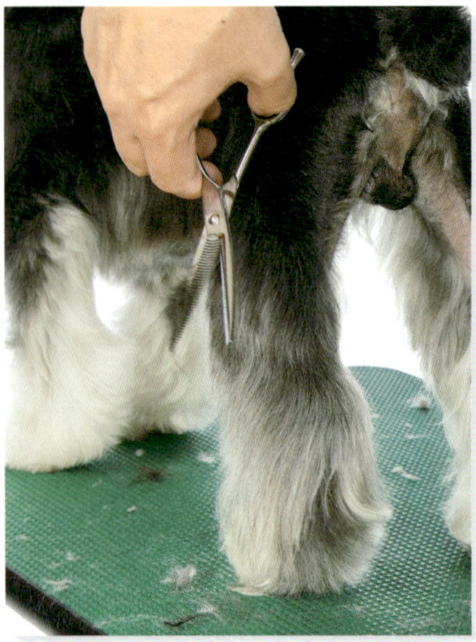

29 腰の幅から足先へ向けて軽く広がる面を作るようにカットし、足周りへつなげます。

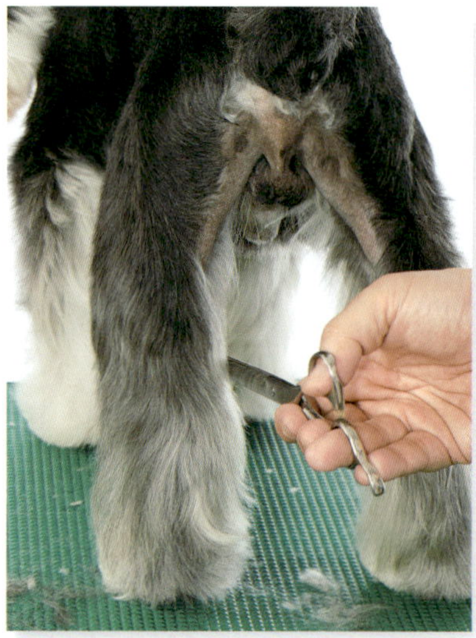

30 後肢の内側をカットします。③～④のクリッピング・ラインから真っ直ぐな面を作るようにカットし、足周りへつなげます。

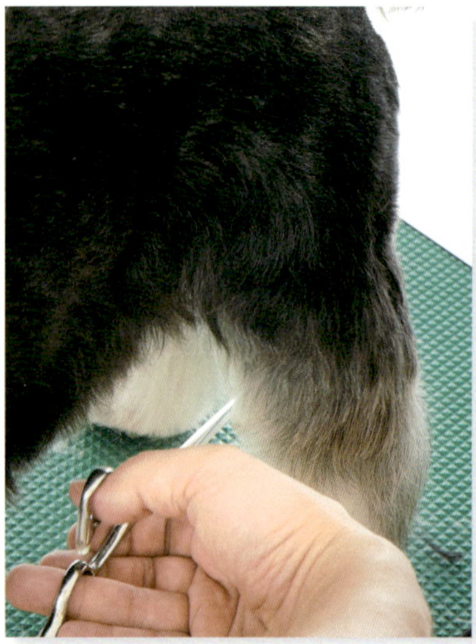

31 後肢の前側からもハサミを入れ、㉚で取りきれなかった毛をカットします。

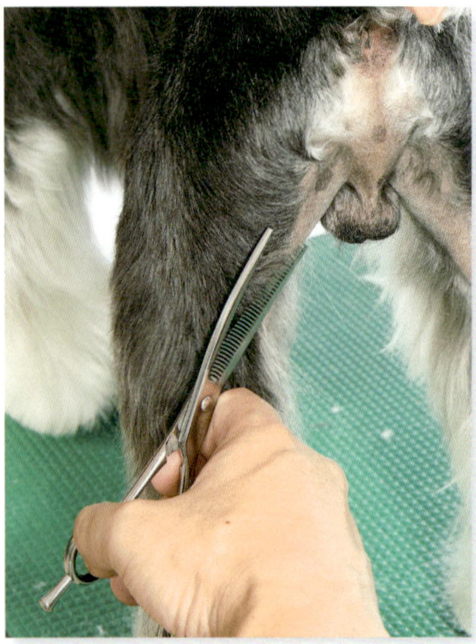

32 ③～④のクリッピング・ラインをスキバサミでブレンドします。

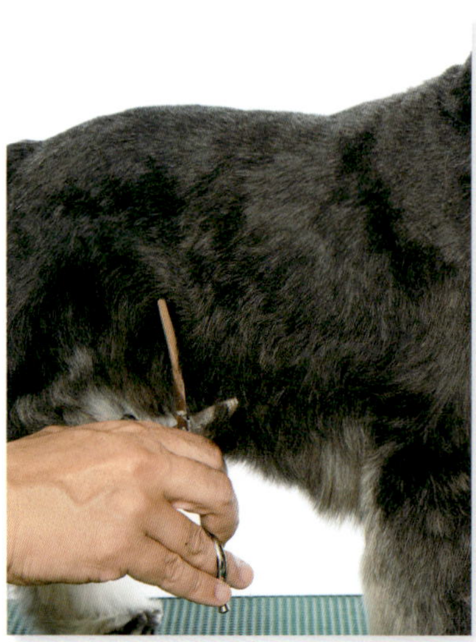

33 ⑨～⑩のクリッピング・ラインをスキバサミでブレンドします。

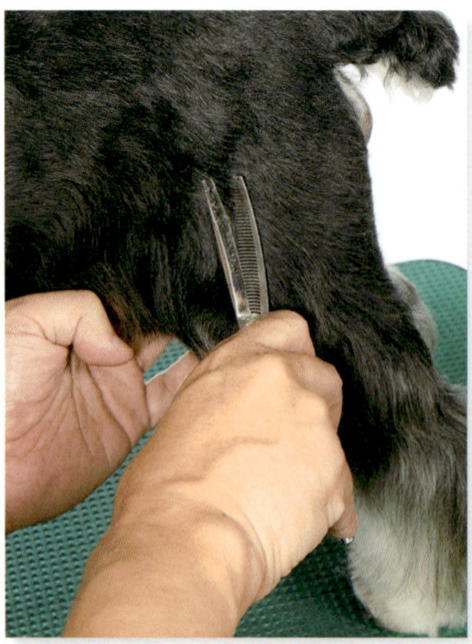

34 ひばら（ラスト・リブより後ろの脇腹）は、大腿部の内側に手を当てて皮膚を軽く押し出すようにしてカットすると、前後とうまくつながります。

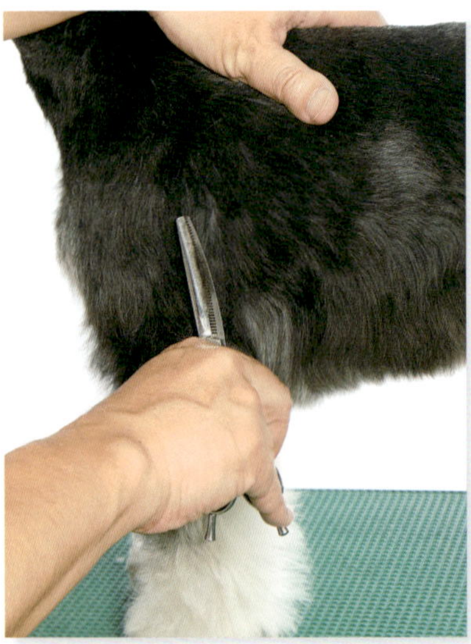

35 肘の周囲もスキバサミでブレンドし、肩～前肢へ自然につなげます。

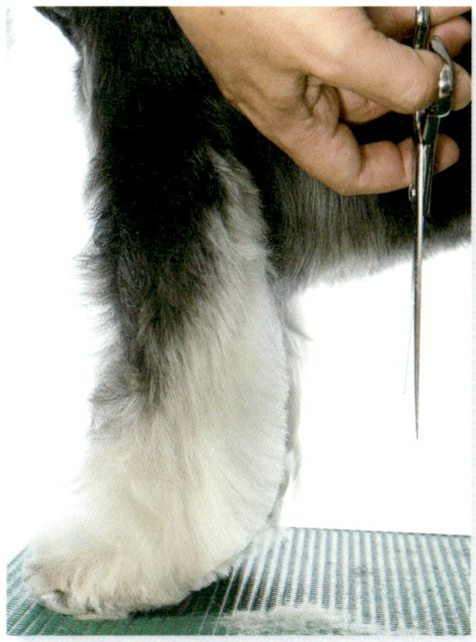

36 前肢の後ろ側をカットします。肢の毛を後ろへ流すようにコーミングし、足先へ向けて少しだけ広げるようにカットします。

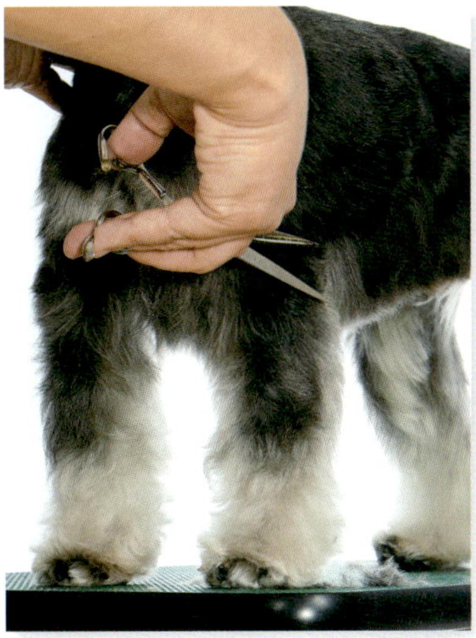

37 後肢の外側をカットします。前望し、肘が肩幅より外側に出ないようにカットします。

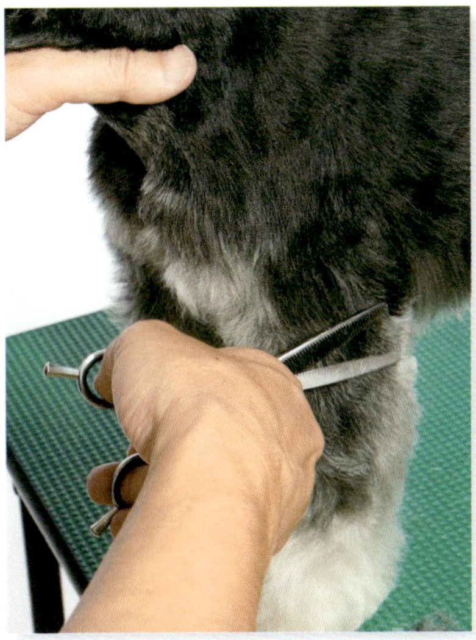

38 ㊲から足先へ向けて軽く広がる面を作るようにカットし、足周りへつなげます。

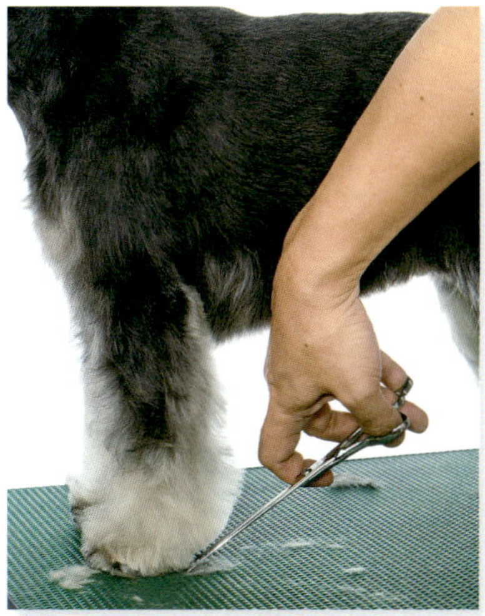

39 足の後ろ側を、㉗と角度をそろえて切り上げます。

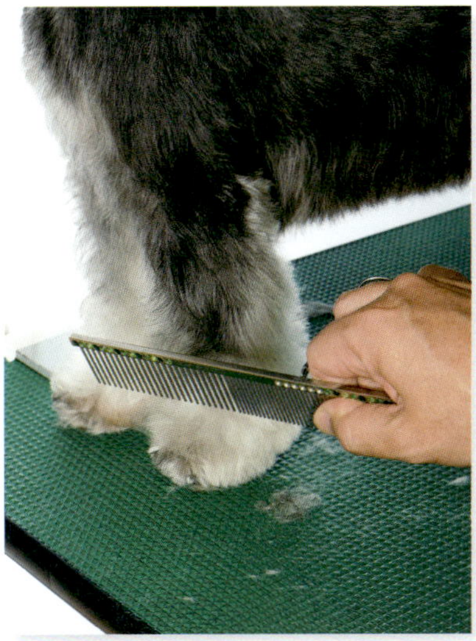

40 前肢の前側をカットします。肢の毛を前へ流すようにコーミングし、爪先だけは毛をしっかりと起こします。

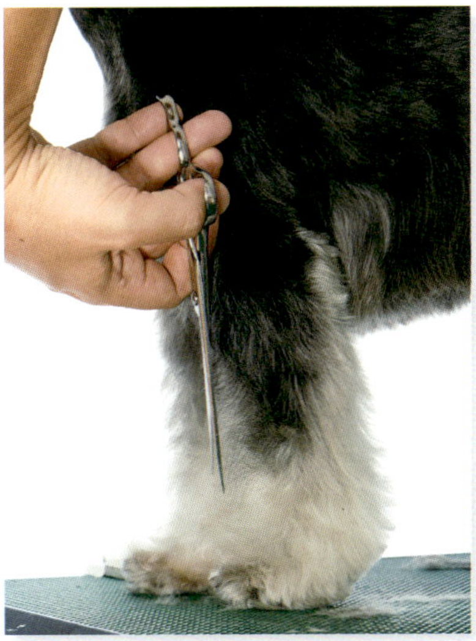

41 付け根から足先へ真っ直ぐにカットし、爪先の立ち上がりにつなげます。

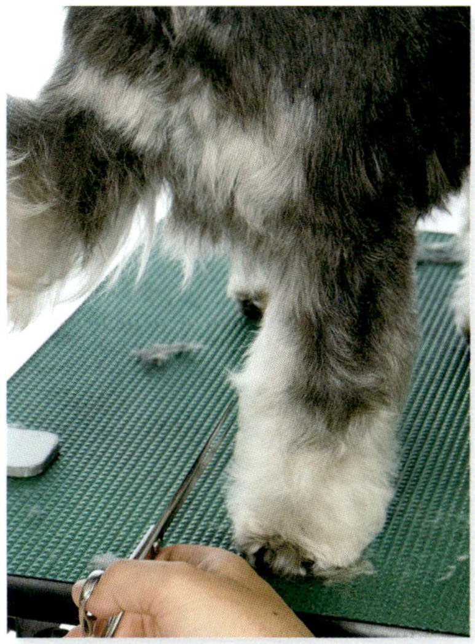

42 前肢の内側をカットします。前望して付け根から足先へ真っ直ぐにカットし、足周りへつなげます。

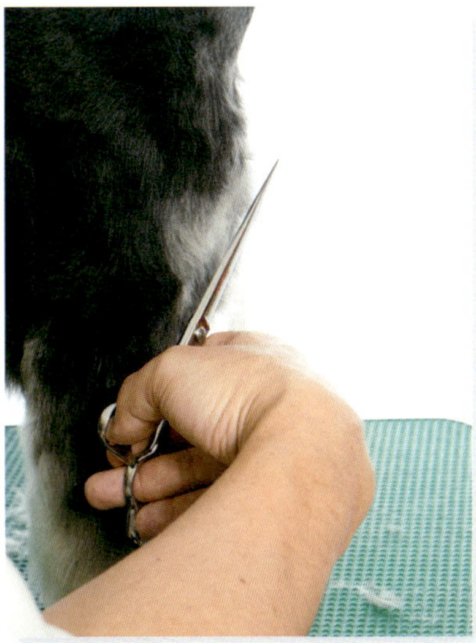

43 胸～前肢のつながりを整えます。肩端～前肢の付け根を上腕骨の角度でつなげるようにカットし、胸骨端～左右の前肢の付け根を結ぶ三角形に飾り毛を残します。

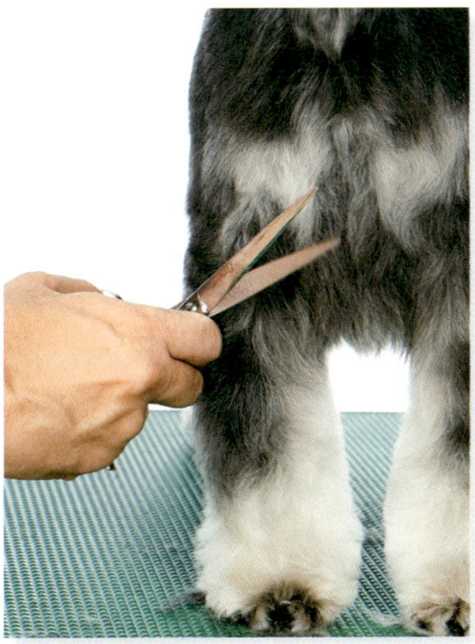

44 ㊸でカットしたラインより上の前胸を整えます。

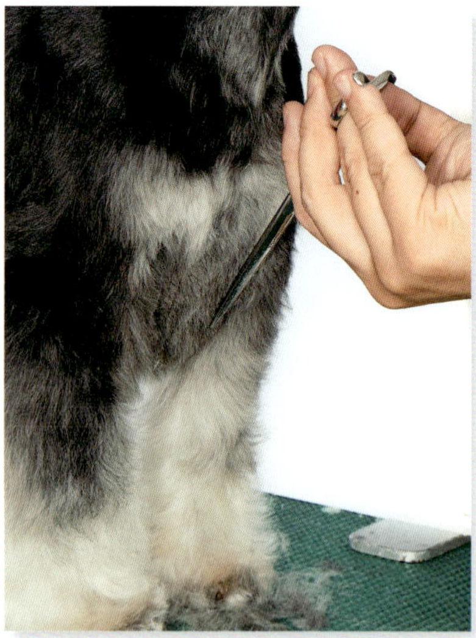

45 飾り毛のボリュームを軽く押さえるようにカットし、下胸へつなげます。

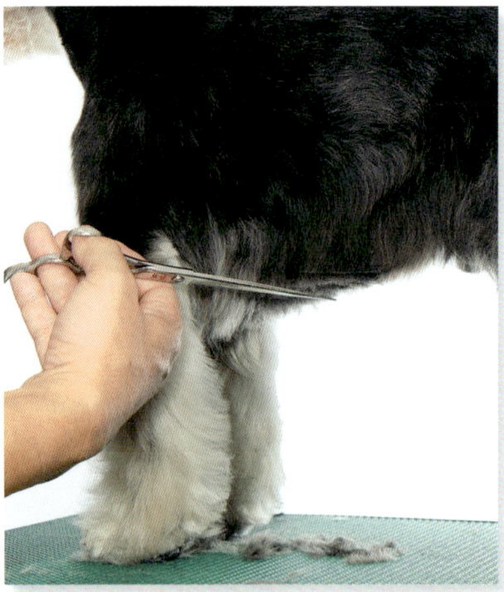

46 アンダーラインをカットします。下胸からタック・アップへ向けてゆるやかに上がっていくようにカットします。

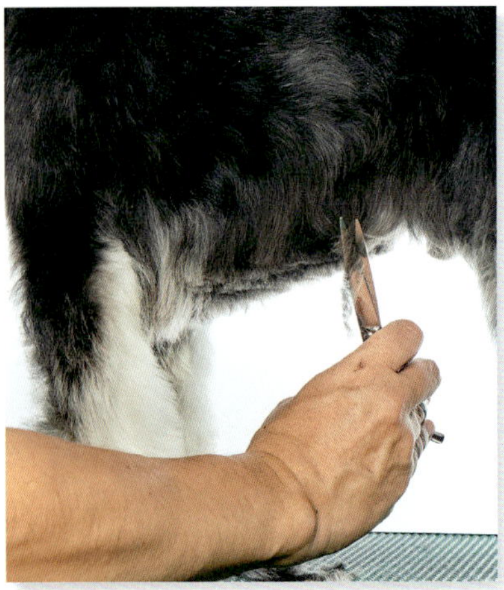

47 ひばらから後肢へとつながる部分はハサミを奥へ入れ、内側を短く、外側を長めに残すつもりでカットします。

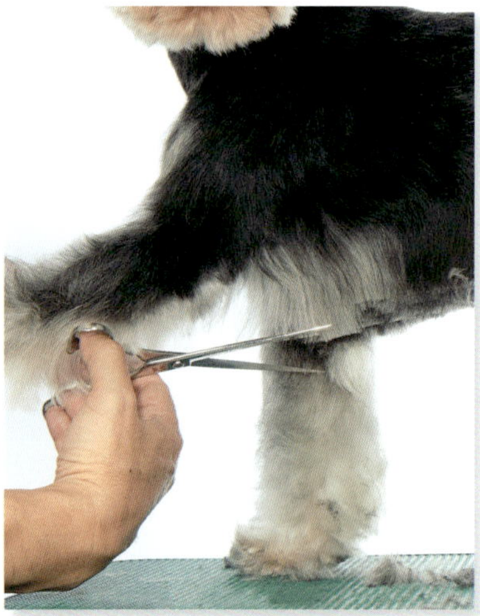

48 前肢を片方ずつテーブルに対して45度の角度で持ち上げ、胸～アンダーラインへのつながりを整えます。

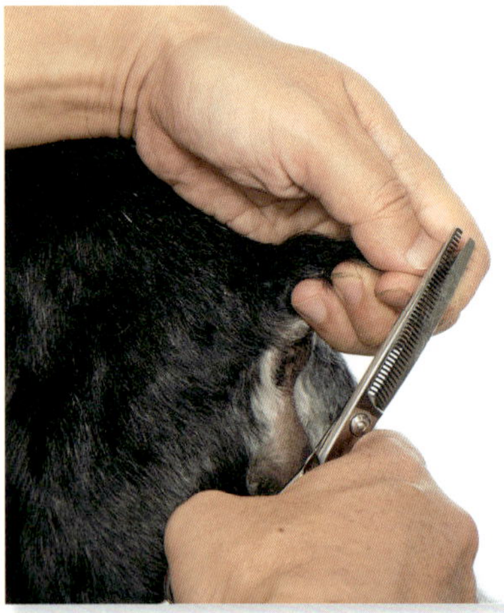

49 テイルをカットします。毛をまとめて持ち、スキバサミで先端をカット。

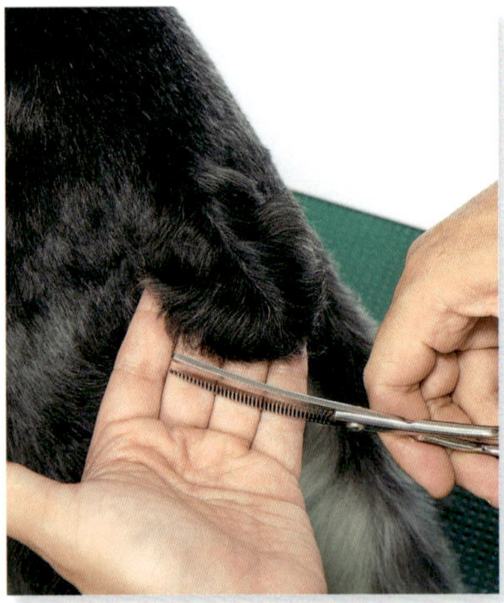

50 テイルの毛を左右に分けて広げ、上望して木の葉形に整えます。

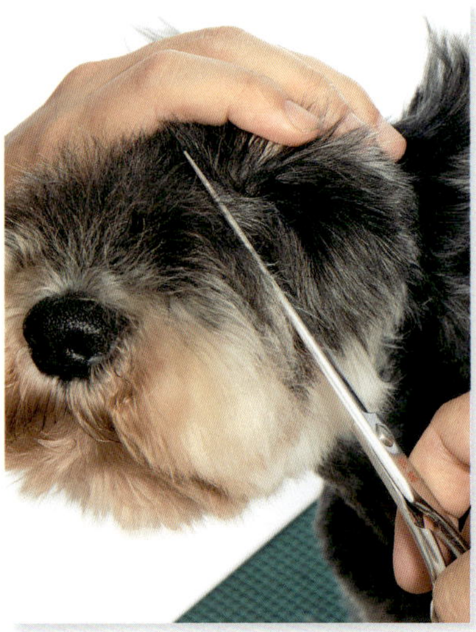

51 顔をカットします。眉を持ち上げて押さえて目の周りをコーミングし、目頭の毛をカット。前望したとき目にかかる目の下の毛もカットします。

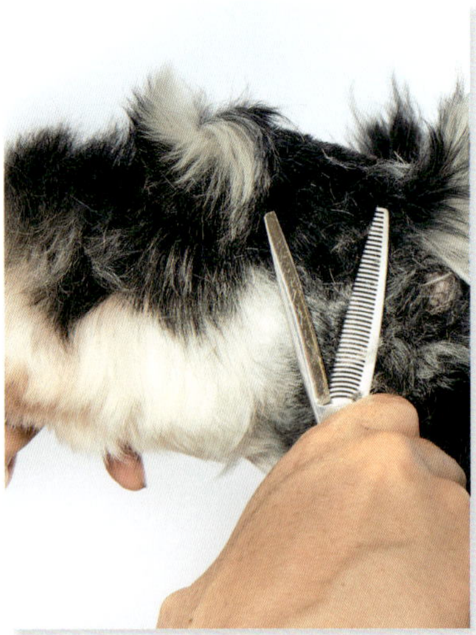

52 ⑯のクリッピング・ラインをスキバサミでブレンドします。

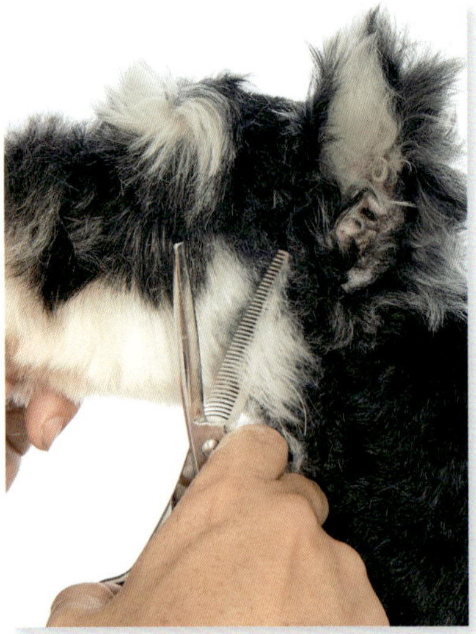

53 前望し、頬がスカルの幅より外に張り出さないよう、平らに整えます。ふんわりと仕上げる耳をなじませるため、耳の前の毛は残しておきます。

54 ㊸から続けて眉の上をカット。⑰の刈り始めのラインもブレンドします。

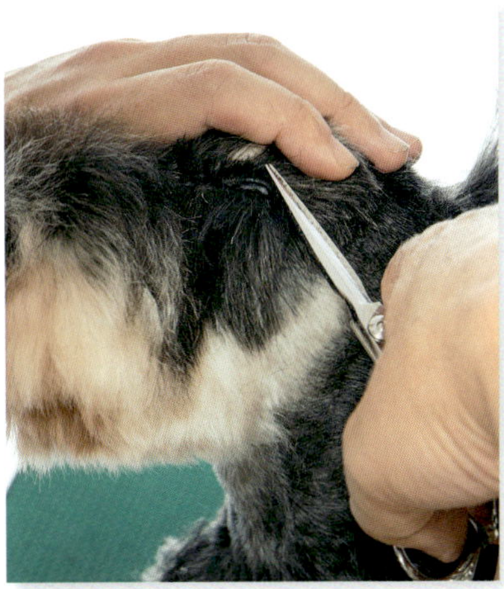

55 眉を持ち上げて押さえ、まつ毛を根元からカットします。

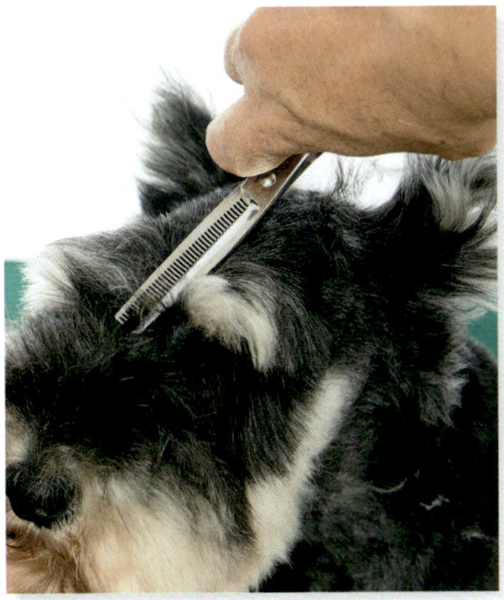

56 ㊹から続けて、左右の眉のあいだをスキバサミでカットします

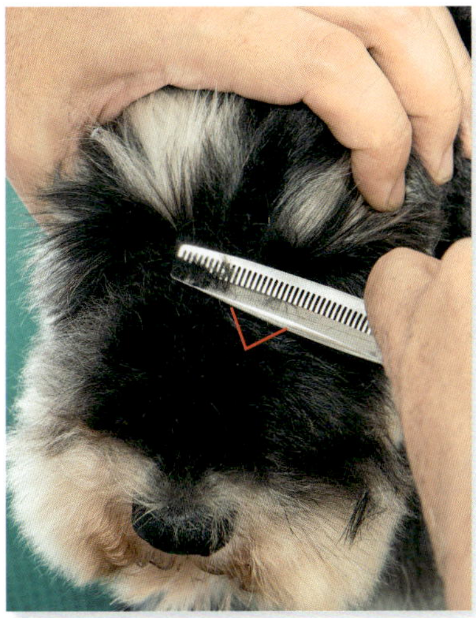

57 左右の目頭を、ストップでV字形につなげるようにカットします。

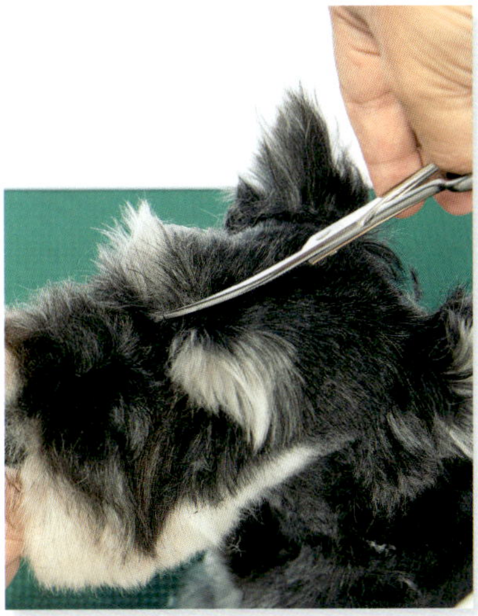

58 眉の目頭側からスキバサミの刃先を眉の下に入れ、目頭にかかる眉の内側の毛をカットします。

59 マズルの毛を起こすようにコーミングし、前望して上側を丸くカットします。

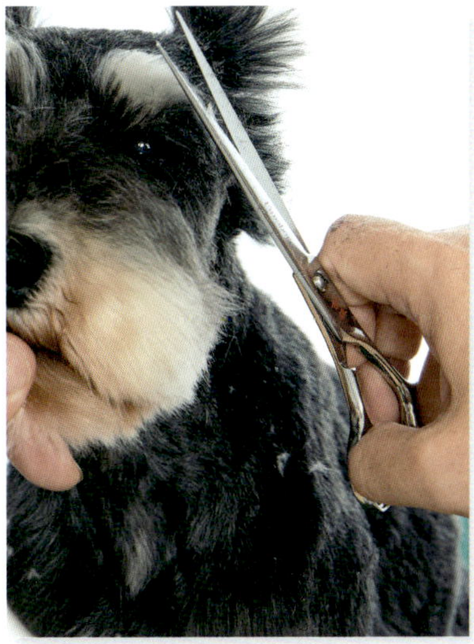

60 前望したまま、眉の外側をカットします。眉はスカルの幅より外側に出ないようにします。

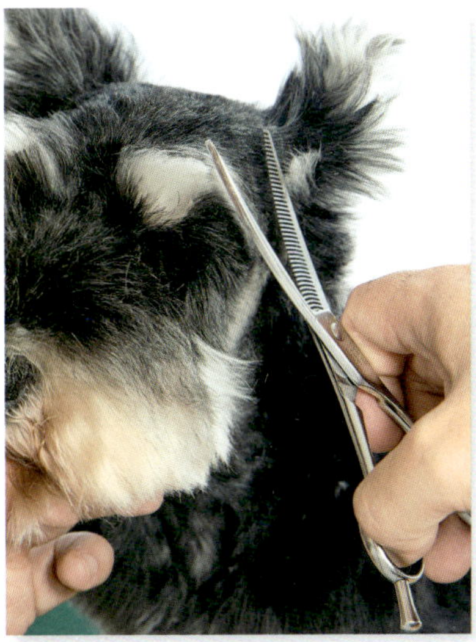

61 スキバサミで眉を整えます。前望したとき、目が見えるようにカットします。

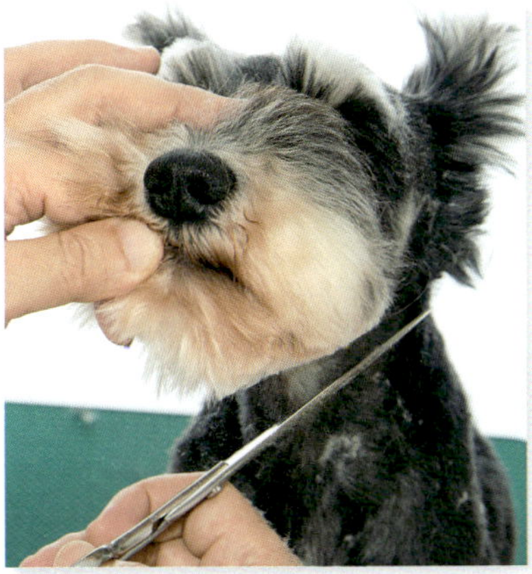

62 口ひげは丸く整えますが、円の中心は本来のマズルよりやや高めの位置に設定します。

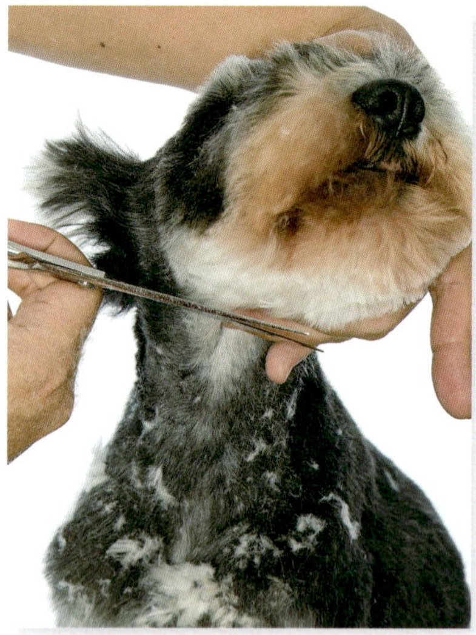

63 下顎はほぼ真っ直ぐに短く詰め、のどへつなげます。

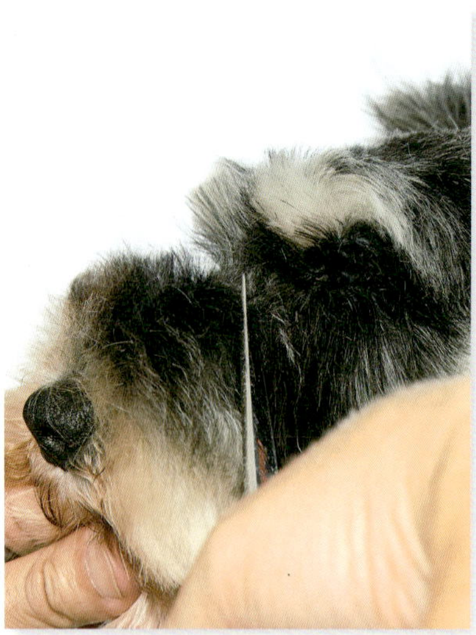

64 マズルの付け根から斜めにハサミを当て、目の下と口ひげを分けるようにカットします。

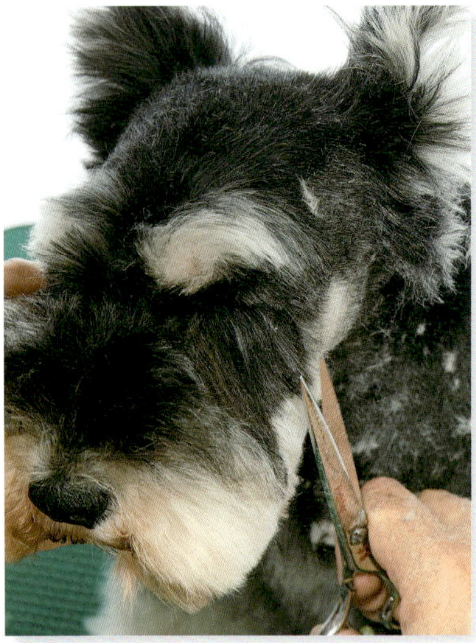

65 上望して目の下を浅くえぐるようにカットし、スキバサミでブレンドします。

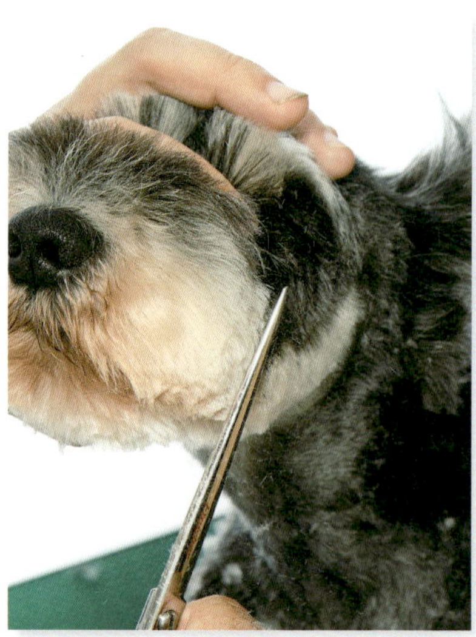

66 顔を整えます。前望し、輪郭とマズルの丸みを整えます。

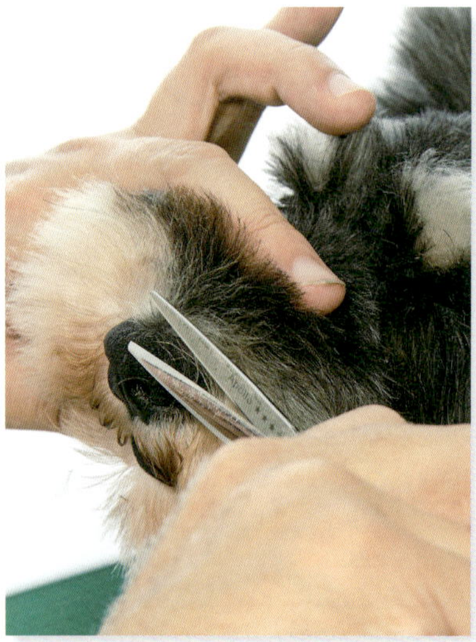

67 鼻鏡にかかるマズルの毛をカット。側望したとき、鼻鏡より前に出る毛もカットします。

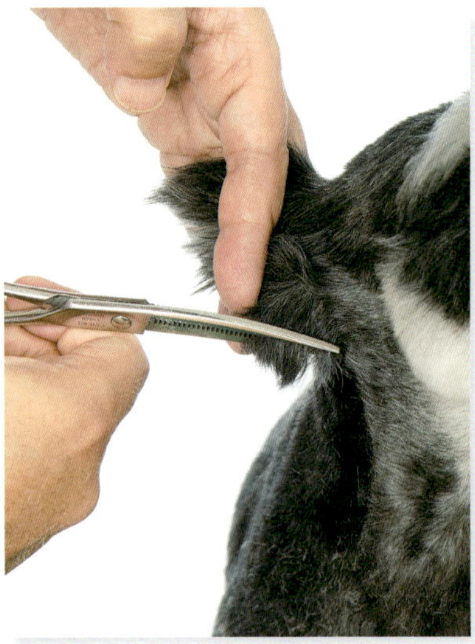

68 耳を縦半分に折って後ろへ引き、耳の下側にはみ出した毛をスキバサミでカットします。

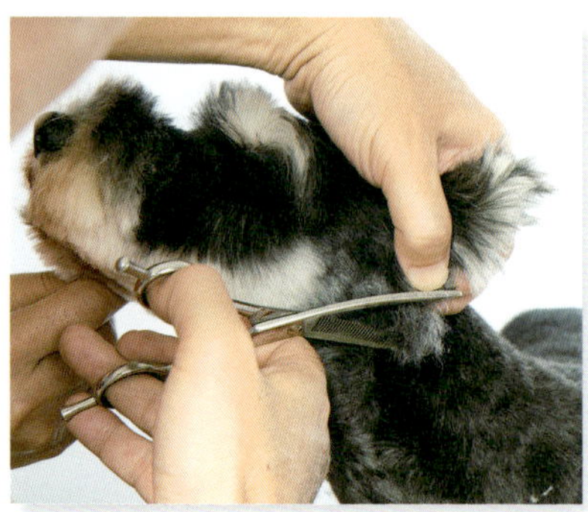

69 耳をコーミングし、耳の形に合わせて毛先をカットします。

finish

アメリカン・コッカー・スパニエルの
セミロング・カット

スタンダード・スタイルをカジュアルにしたカットです。
ボディはクリッパーで整えてもかまいません。
ボリュームが大切な頭頂部だけはスキバサミでていねいにカットすると、
かわいらしく仕上がります。

前回のトリミングから約2カ月。

1 2ミリの刃を付けたクリッパーで、頭から刈ります。ストップから鼻へ向けて、マズルの上面を逆剃りします。

2 左右の目尻から耳の付け根へ向けて並剃り。耳孔の前だけは逆剃りします。

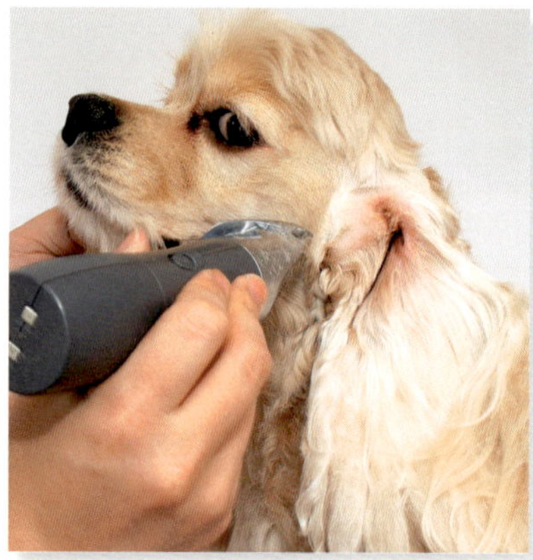

3 マズル～頬を並剃りします。目の下の部分はすっきりと平らに落とします。

4 リップ・ラインを逆剃りします。上下の唇の端まできれいに刈ります。

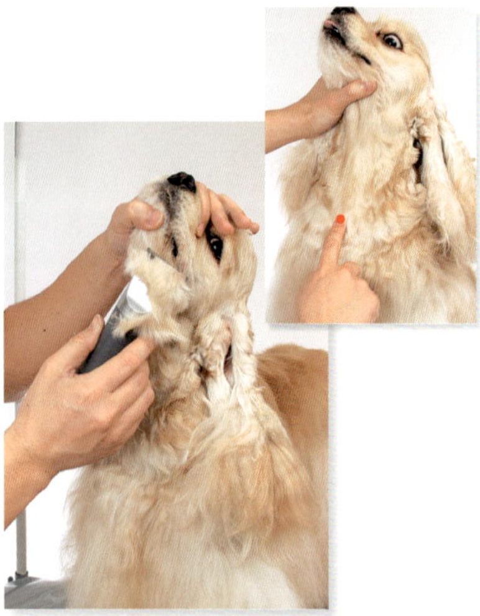

5 首～下顎を刈ります。胸骨端より指の幅1本分上から口角の幅で逆剃りし、続けて下顎も逆剃りします。鼻の下も、鼻の幅で逆剃りします。

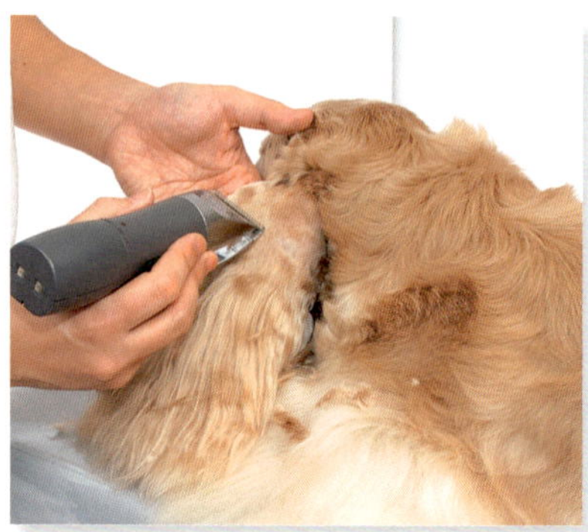

6 耳の表側を刈ります。耳の長さの半分から上を逆剃り。耳の前側の折り返しのいちばん下と小葉（耳の後ろ側のひだ）を、中央が低くなった曲線で結ぶクリッピング・ラインを作ります。

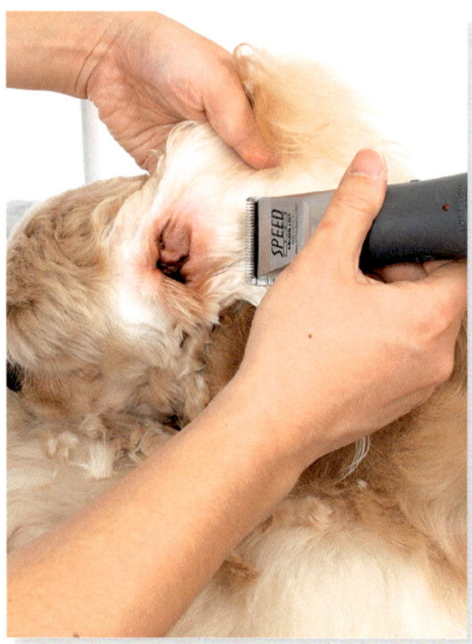

7 耳の裏側を刈ります。耳孔の周りの毛をきれいに逆剃りします。

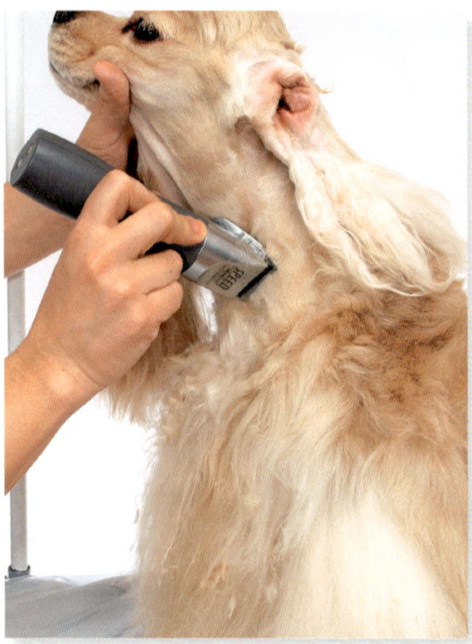

8 首周りを刈ります。耳の後ろから、肩端と胸骨端のあいだのくぼみへ向けて並剃りします。

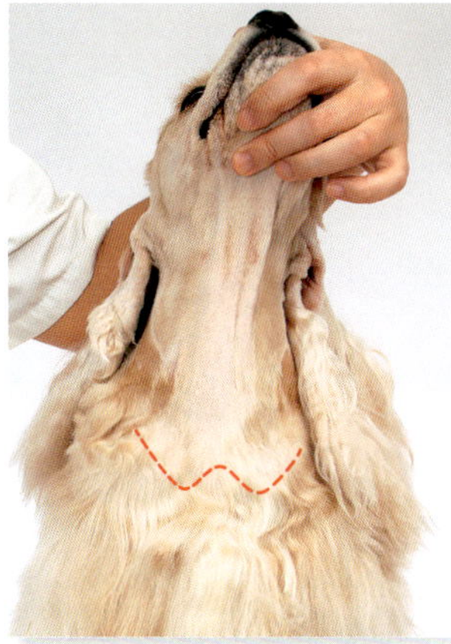

9 ⑤と⑧で刈った部分を曲線でつなげるように、破線まで前胸を並剃りします。⑧で刈った部分は、⑤で刈った部分より低い位置までクリッパーが入ります。

10 足裏の毛を処理します。パッドより長くはみ出す毛を刈ります。

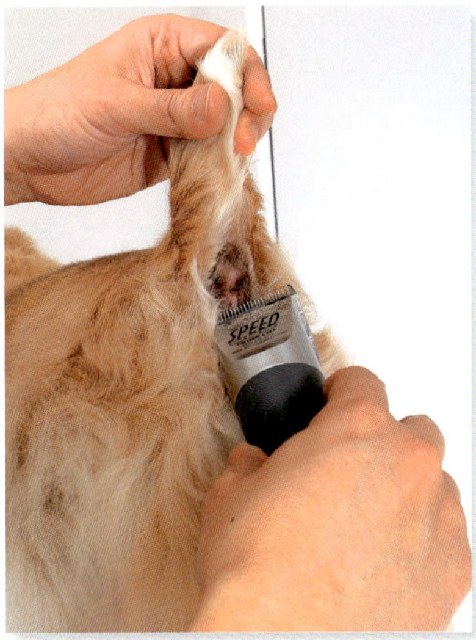

11 肛門周り～テイルの裏側を刈ります。肛門周りの毛をきれいに刈った後、テイルの先端へ向けて並剃りします。

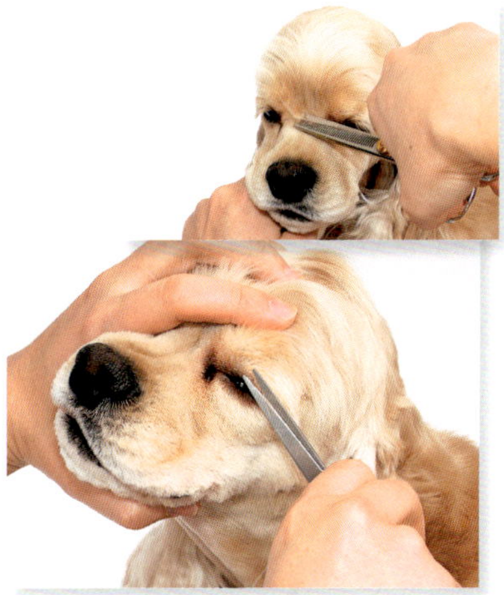

12 頭部をカットしていきます。スキバサミを使って、クリッパーで取りきれなかったストップの毛をきれいにカット。さらにミニバサミで、まつ毛をカットします。

13 頭部をカットします。頭頂部は高さを持たせて毛を残し、耳の上はすっきりと毛を落とすようにします。前望、側望したときに頭部が楕円形に見えるのが理想です。

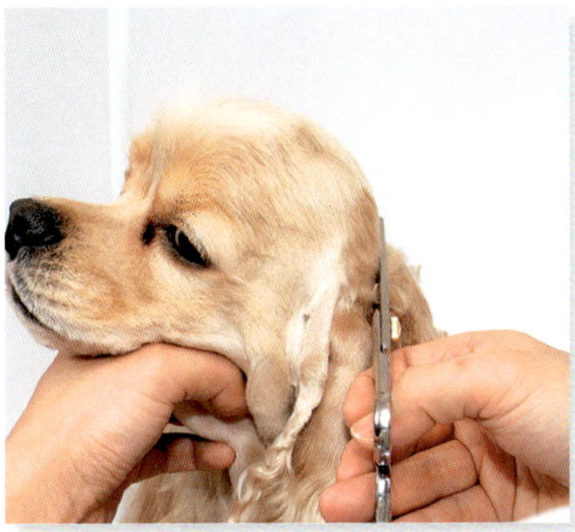

14 ⑬から続けて後頭部をカットします。犬を正しく立たせ、後頭部に指の幅1本分（約2cm幅）の溝を作るように、ハサミをテーブルに対して垂直に当ててカットします。

15 ⑭でカットした部分に、さらに隠しバサミを入れます。スキバサミを縦に入れてカットし、ボリュームを落とします。これで、頭部のアクセントとなる溝がはっきりします。

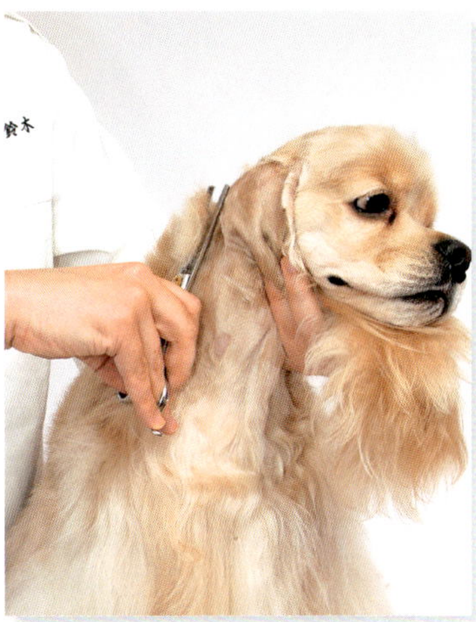

16 ネック・ラインをブレンドします。首の自然なスロープを表現することを意識しながら、サイドネックから毛を落としていきます。肩甲骨はボディへ向けて自然に開いているべきなので、毛を取って細くしないこと。

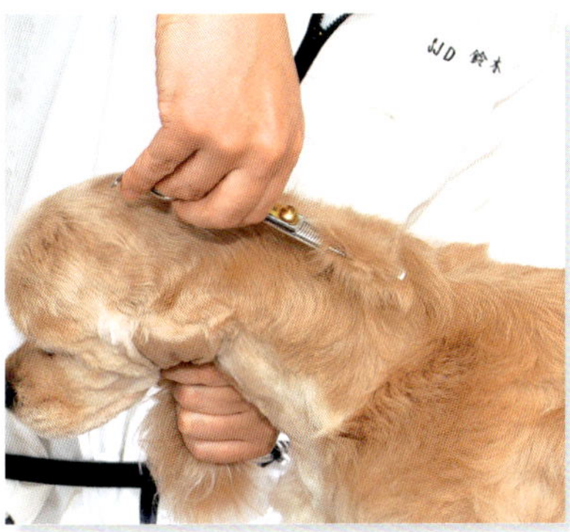

17 首の後ろをカットして、ボリュームを落とします。耳の後ろ側の付け根がいちばん細くなるように作り、首へ向けて徐々に広げていきます。

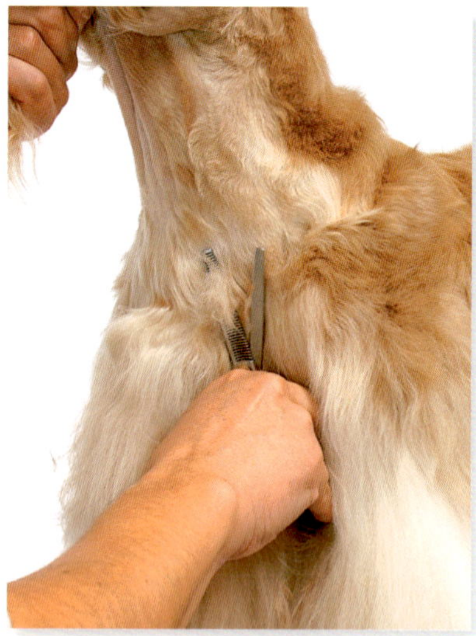

18 前胸を整えます。側望したとき、胸骨端がいちばん高く見えるようにします。肩端より下は肢として扱うので、胸骨端より前に出さないこと。

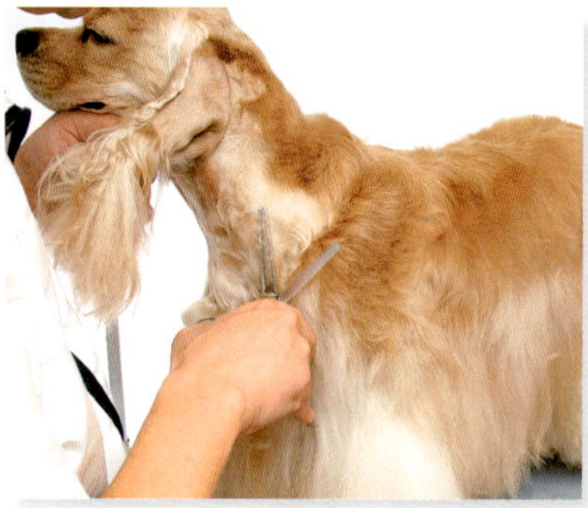

19 首周りを整えます。首は前望すると細く、側望すると首の付け根からボディへ向けて広がるように見えるのが理想です。

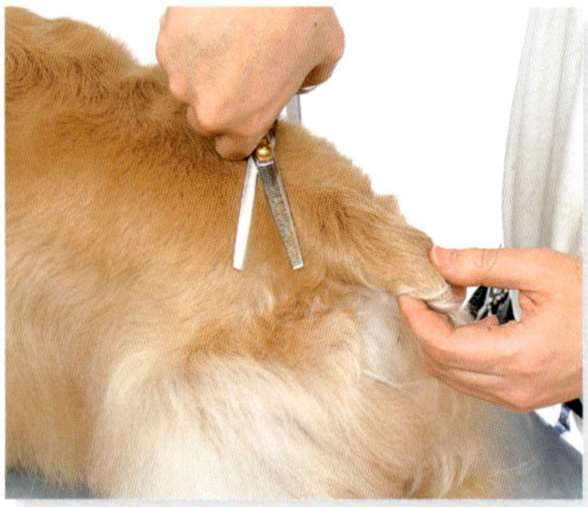

20 テイル・セットを整えます。水平に仕上げたとき、テイルが背線の延長上にあり、テイル・セットがくぼまないことが基本。側面はスキバサミをテーブルに対して30度の角度で当てて、毛を逃がすようにスイニングします。

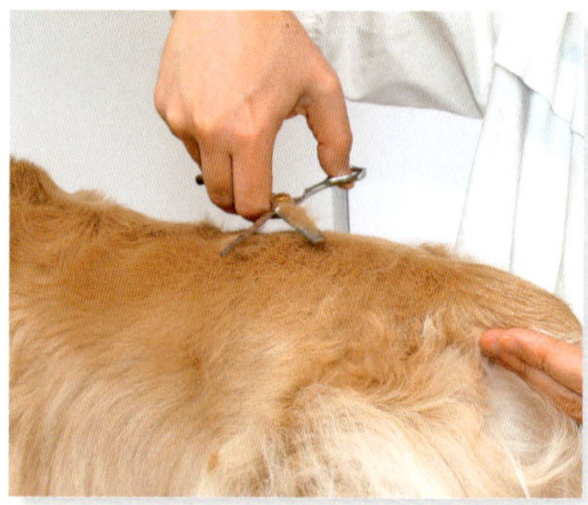

21 後躯の背線を整えます。とくに体型が華奢な犬の場合、十字部（腰～お尻までの部分）が突き出して見えがちなので注意します。腰の部分を低めに作るようにしましょう。

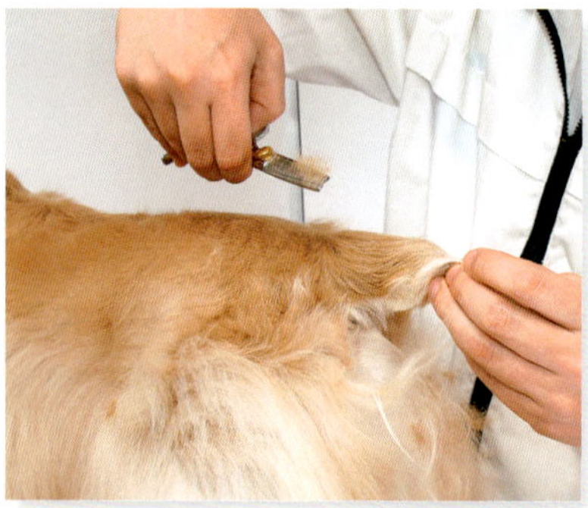

22 ㉑から続けて、テイルの表側も背線と高さを合わせてカットします。

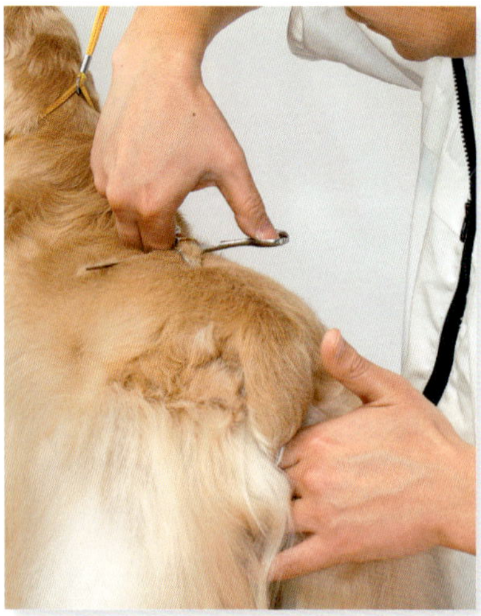

23 前躯へ向けて背線を整えていきます。テイル・セットがいちばん低く、前へ向けて徐々に高くなるように、自然な傾斜を付けた背線を作ります。

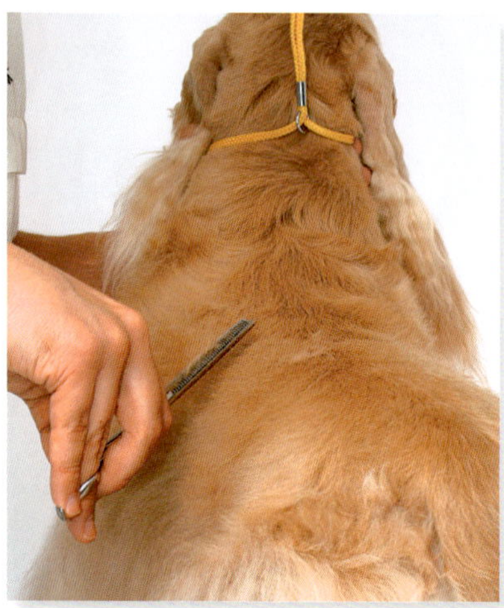

24 背線～サイドボディを整えます。背線部分の毛をいちばん短く、サイドへ向けて徐々に長く残すようにカットし、ボリューム感のある太めのボディを作ります。

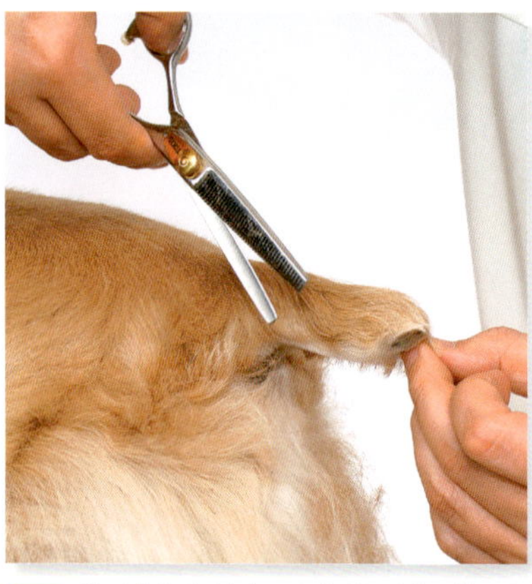

25 ⑪で入れたテイルのクリッピング・ラインをスキバサミでブレンドします。

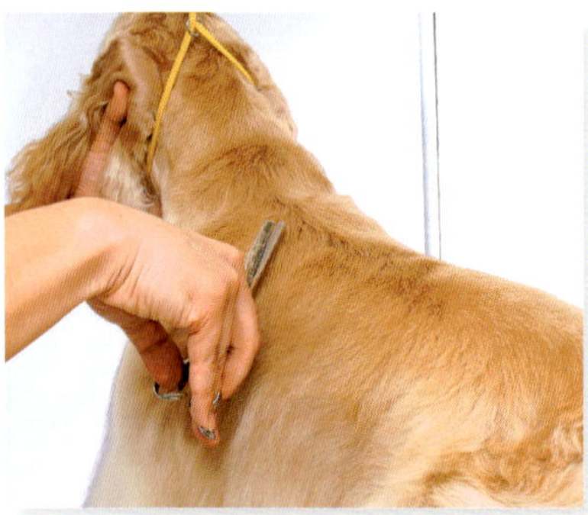

26 首の後ろ～キ甲のあたりをカットします。立ったときに不自然な盛り上がりやへこみが出ないよう、肩甲骨の筋肉の付き方や胸椎の盛り上がりを意識しながら整えていきます。

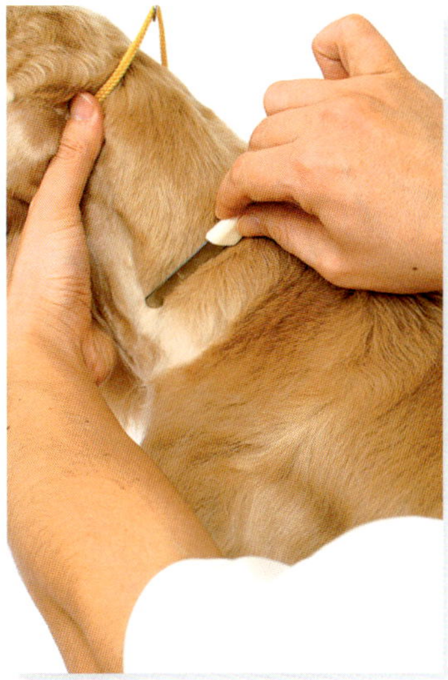

27 さらにトリミング・ナイフでアンダー・コートを軽く抜いて、毛のボリュームを調整します。

28 お尻を整えます。スキバサミを縦に入れてカットし、毛のボリュームを調整します。

29 後肢の足周りをカットします。コームダウンした後に肢を持ち上げ、パッドより長くはみ出す毛をミニバサミでカット。さらに仕上げバサミで、肉球と爪の延長線上で切り口の角を丸めるようにカットします。

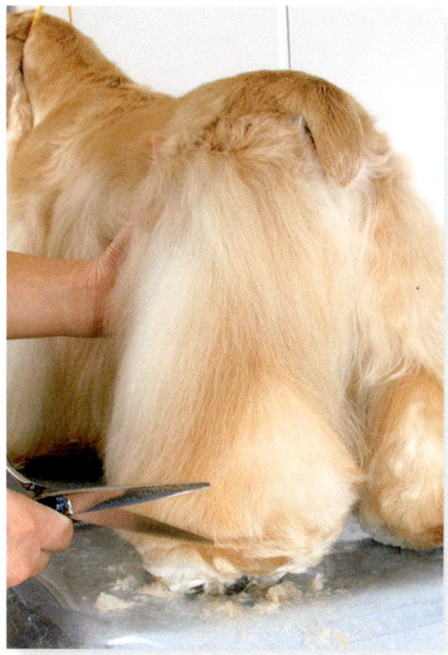

30 肢を下ろし、正しく立たせて足周りを仕上げます。足裏から足の外側へ向けて切り口を丸めるように整え、丸い足を作ります。

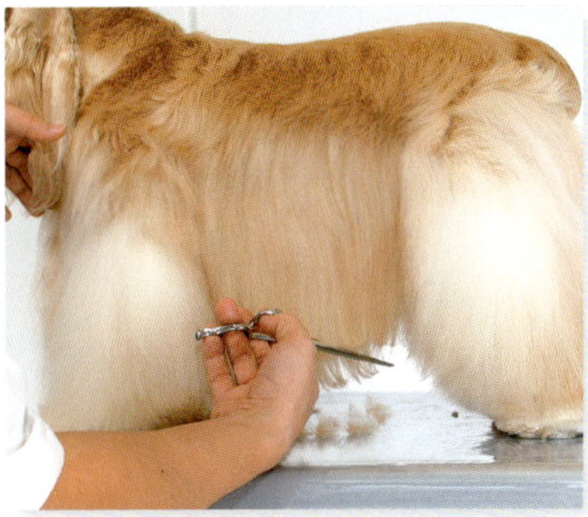

31 ボディのアンダーラインを決めます。後肢の前側から前躯へ、自然な傾斜を付けてつなげていきます。

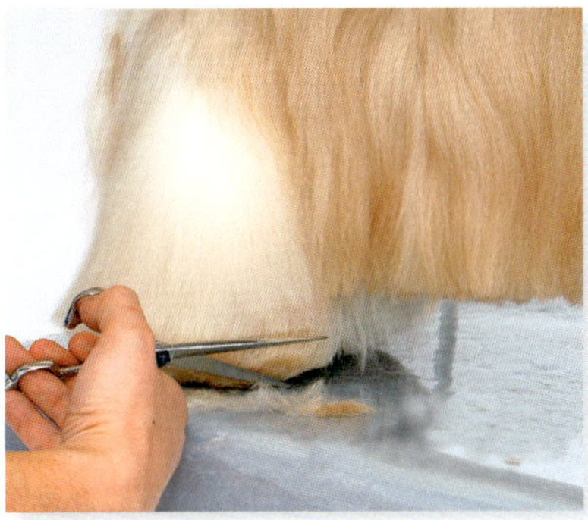

32 前肢の足周りを、後肢と同様にカットします。前肢の足周りは目立つ部分なので、必ず犬を正しく立たせてカットすること。

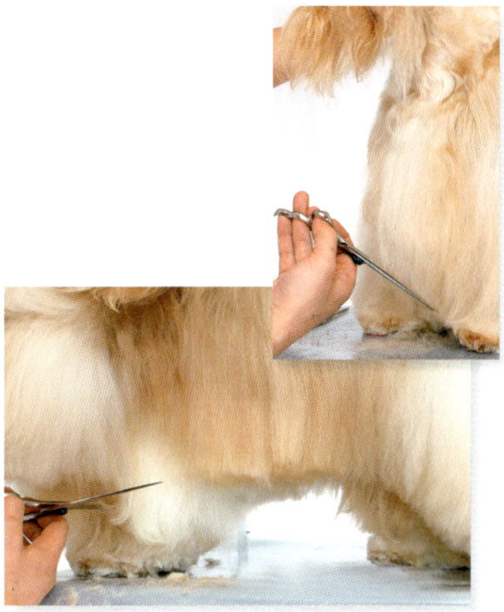

33 アンダーラインからつなげて下胸をカットします。その後、毛を手前にかき出すように前胸をコーミングし、ハサミを斜めに入れてカット。前胸と下胸のラインを自然につなげます。

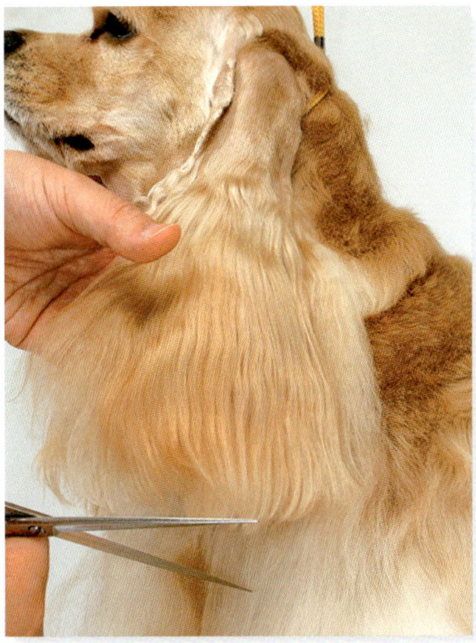

34 耳の飾り毛を整えます。好みに合わせて、長さや毛先の形を調整します。

finish

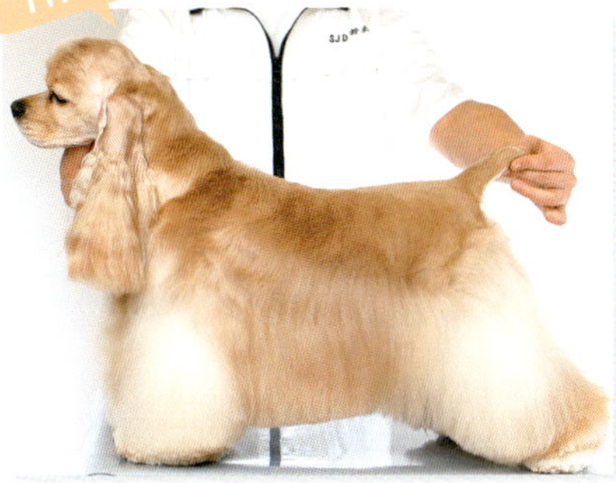

アメリカン・コッカー・スパニエルの
アクティブ・スタイル

ボディは飾り毛を残さず、すっきりとクリッピング。
肢は細めに作ってスポーティーに仕上げました。
コッカー・スパニエルはクリッパーやハサミの跡が残りやすい毛質なので、
毛流をよく見て慎重に作業を進めましょう。

前回のトリミングから約1カ月。

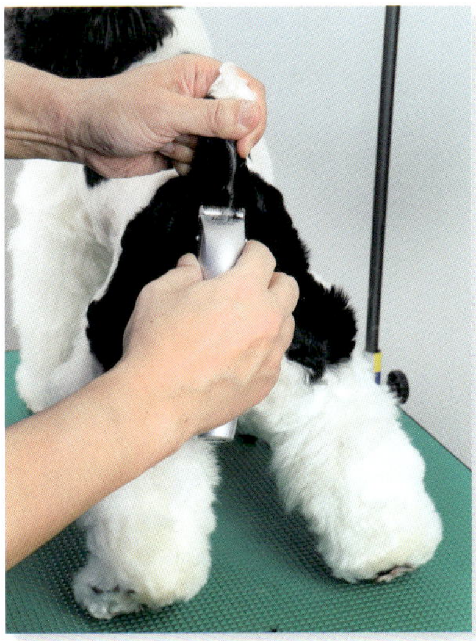

1 ミニ・クリッパーで肛門周りを処理します。汚れやすい部分の毛を取ります。

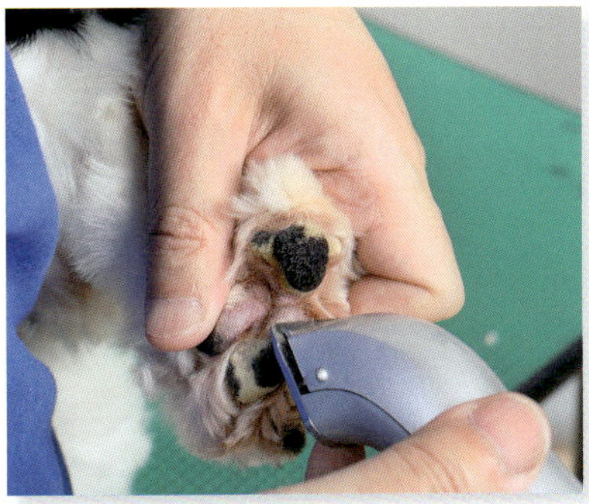

2 足裏を処理します。パッドのあいだの毛をきれいに取ります。

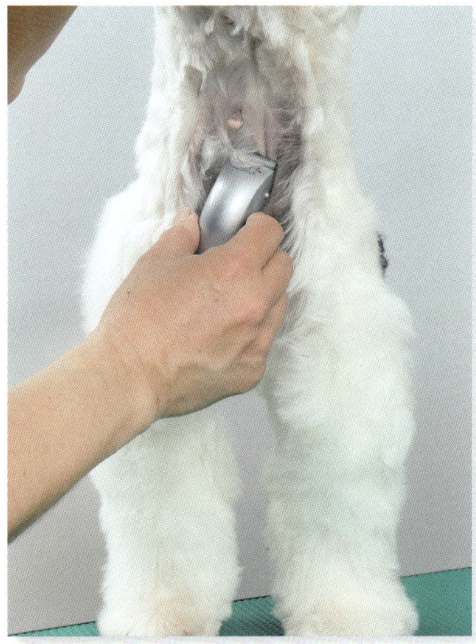

3 犬を後肢で立たせ、腹部を刈ります。へその高さあたりまで逆剃りします。

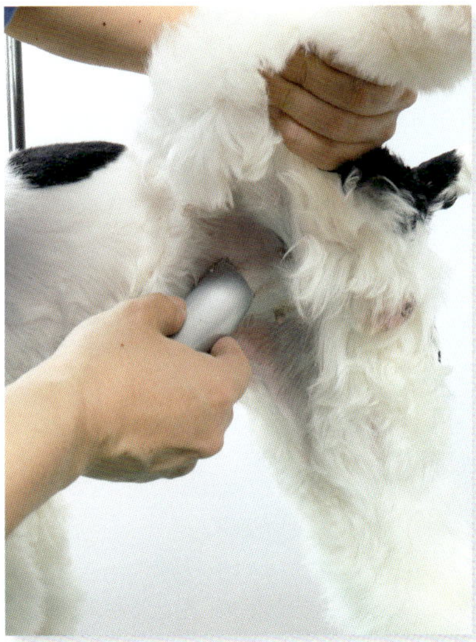

4 鼠径部を刈ります。後肢を片方ずつ持ち上げて毛を取ります。

5 顔を刈ります。2～2.5ミリの刃を付けたクリッパーで、マズルの上面をストップから逆剃りします。

6 鼻鏡の下をクリッパーの幅で逆剃りします。

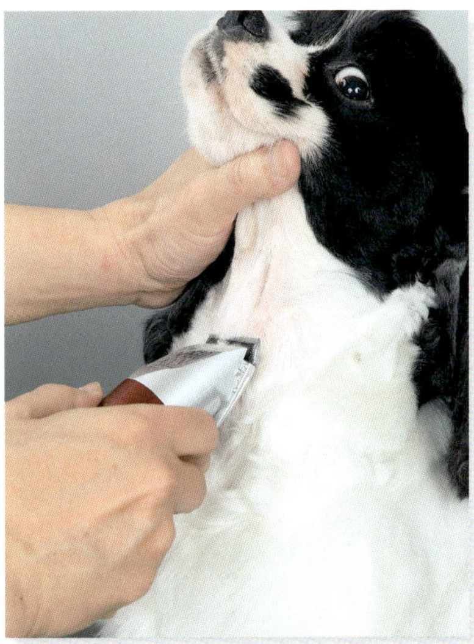

7 のどを刈ります。胸骨端より指の幅2本分上から、左右の口角へ向けて逆剃りします。

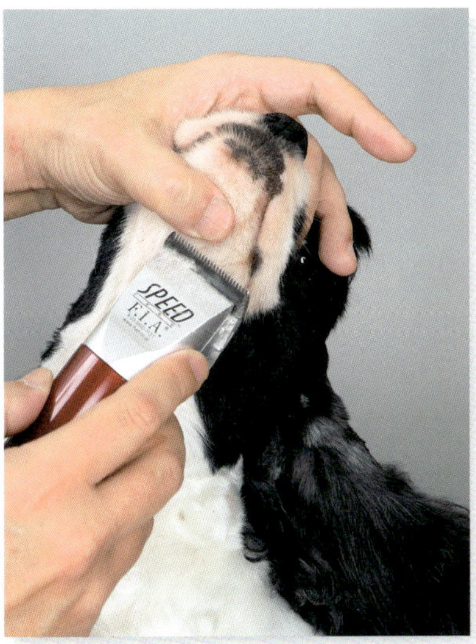

8 ⑦から続けて、下顎を逆剃りします。

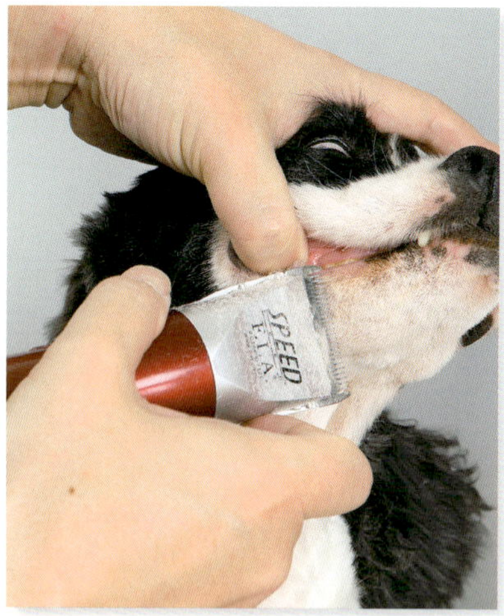

9 犬歯の後ろに親指を入れて軽く後ろへ引き、口周りの皮膚を張ってから下のリップ・ラインを逆剃りします。

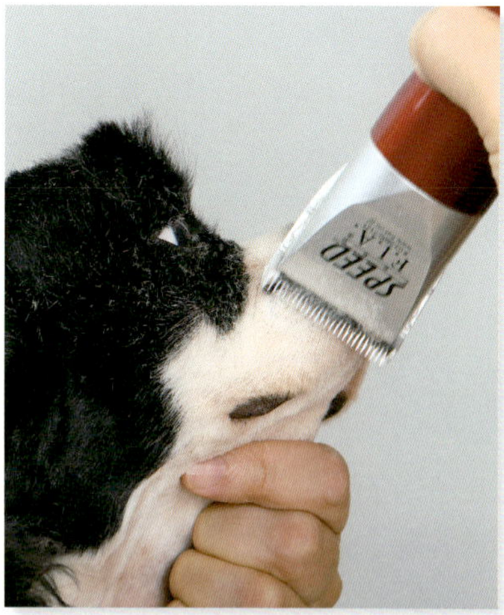

10 マズルのサイドを並剃りします。クリッパーはやさしくなでるように当てましょう。

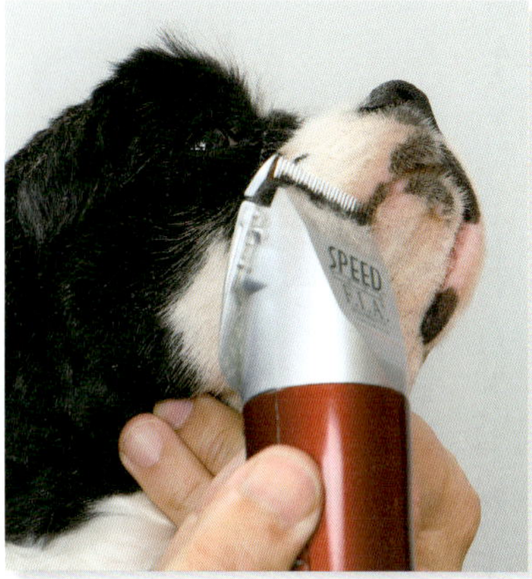

11 上のリップ・ラインを逆剃りします。

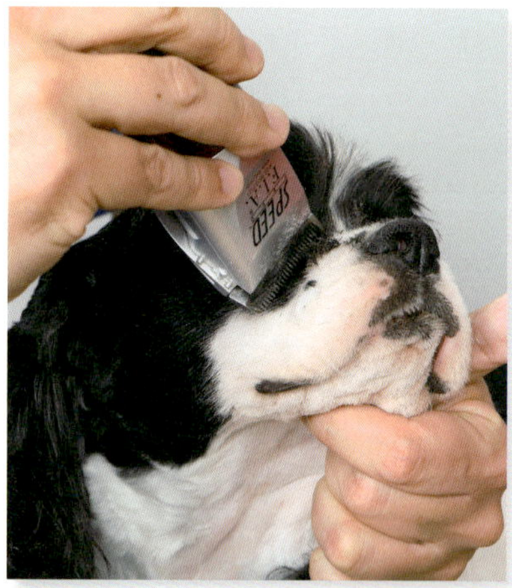

12 目頭のあたりを、クリッパーで前へ向けてなでるように逆剃りします。

13 目尻～耳の付け根を並剃りします。クリッパーを寝かせ、刃をやや浮かせ気味にして流すように刈ります。

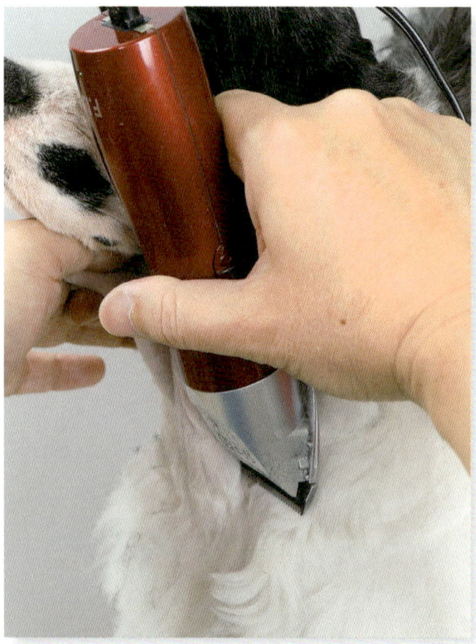

14 サイドネックを刈ります。耳の下～肩端へ、肩甲骨の角度に合わせて並剃りします。

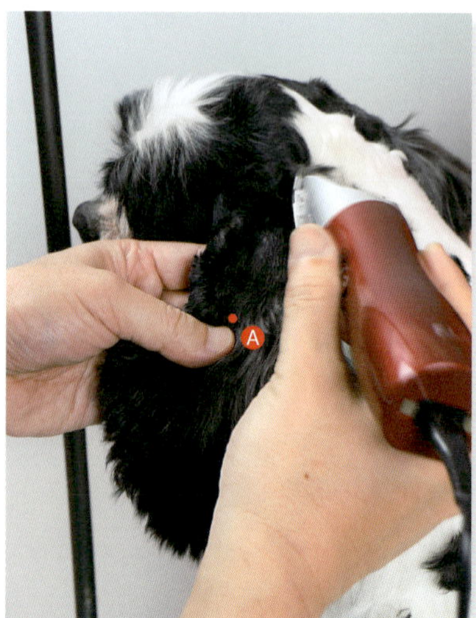

15 耳の表側を刈ります。耳の部分を、耳の長さの半分の高さⒶから付け根まで逆剃りします。

16 耳の前側を刈ります。⑮のⒶ～耳の前側の折り返しを曲線で結び、その線より上を逆剃りします。

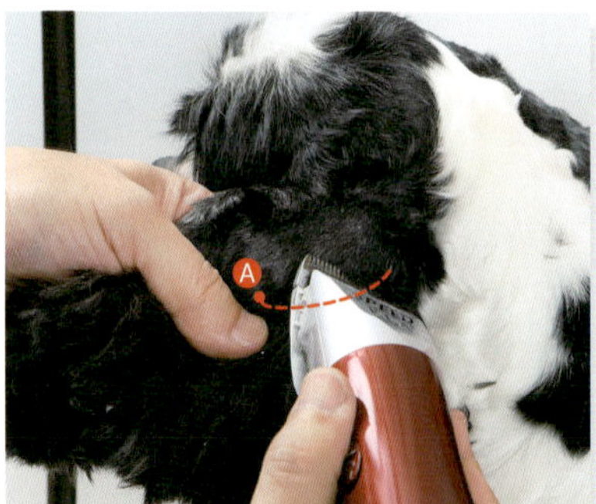

17 耳の後ろ側を刈ります。Ⓐ～小葉（耳の後ろ側のひだ）を曲線で結び、その線より上を逆剃りします。

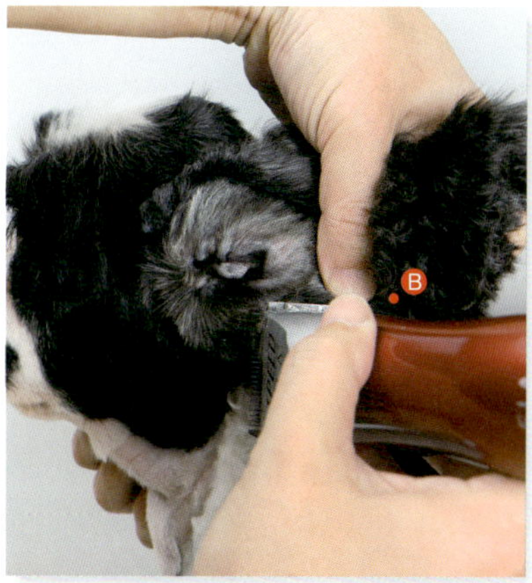

18 耳の裏側を刈ります。耳の長さの半分Ⓑから耳の付け根まで逆剃りします。裏側のクリッピング・ラインは、耳の前後へ真っ直ぐつなげてかまいません。

19 耳孔の周りの毛をきれいに取り、耳孔の前も刈っておきます。

20 耳を表に返し、小葉のひだのあいだに残っている毛をきれいに取ります。

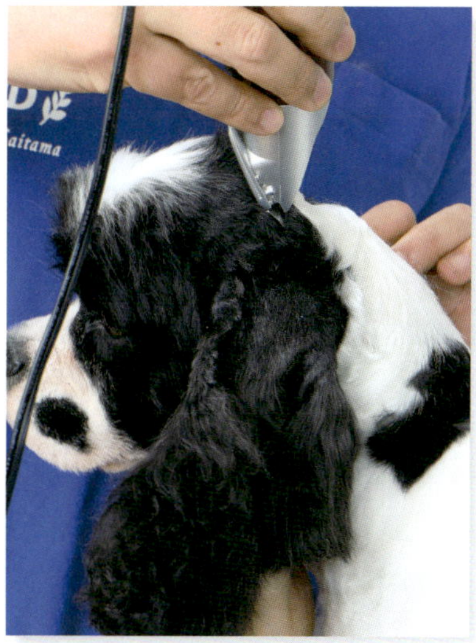

21 後頭部を刈ります。後頭部にクリッパーの刃を真っ直ぐに入れ、軽く押し付けるようにして段差を作ります。

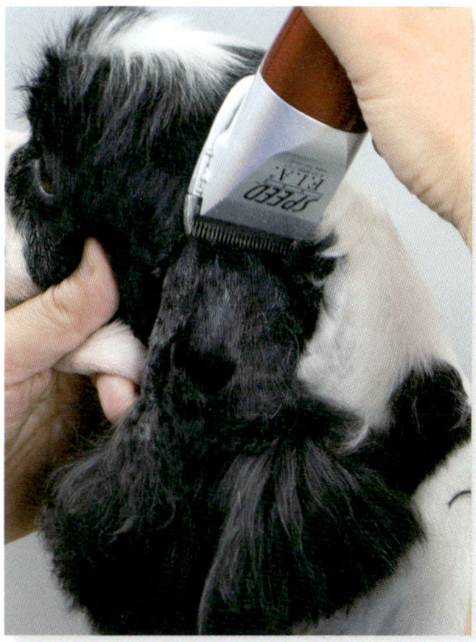

22 頭～耳の付け根を軽く並剃りしてなじませます。

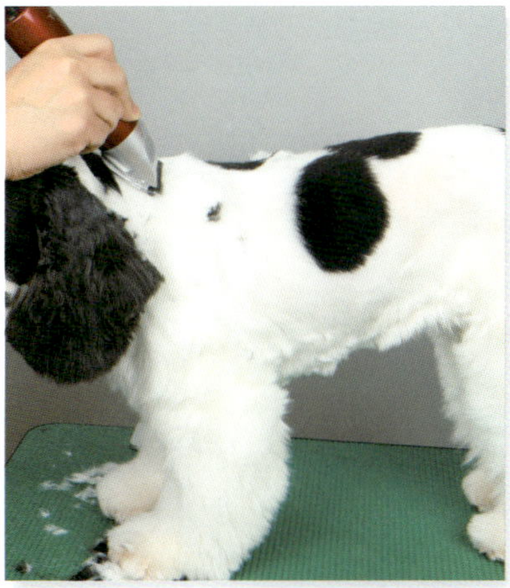

23 クリッパーの刃を3ミリに替え、㉑で作った段差の下～キ甲を並剃りします。

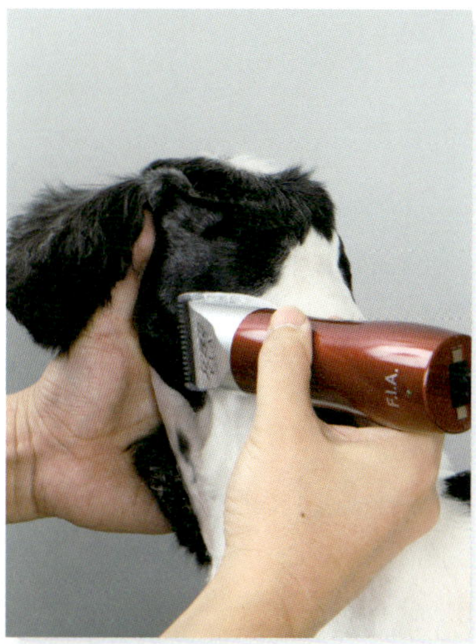

24 ㉓～サイドネックをつなげるように並剃りします。

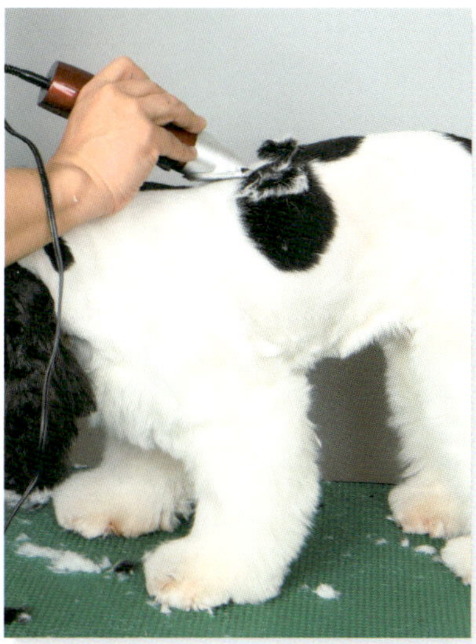

25 背線を刈ります。キ甲からテイルの付け根まで並剃りします。

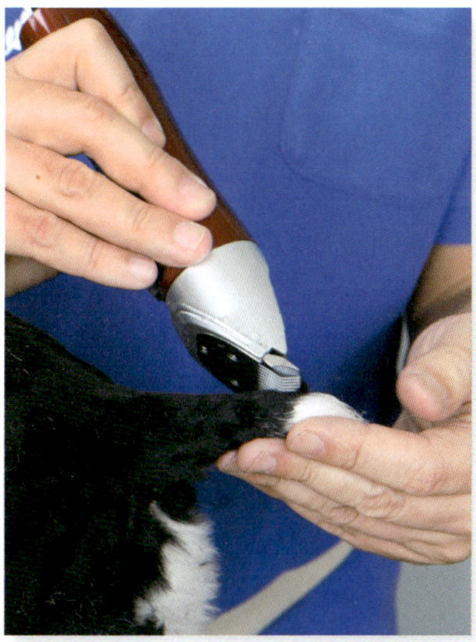

26 テイルを刈ります。テイルの表側と両サイド、先端を並剃りします。

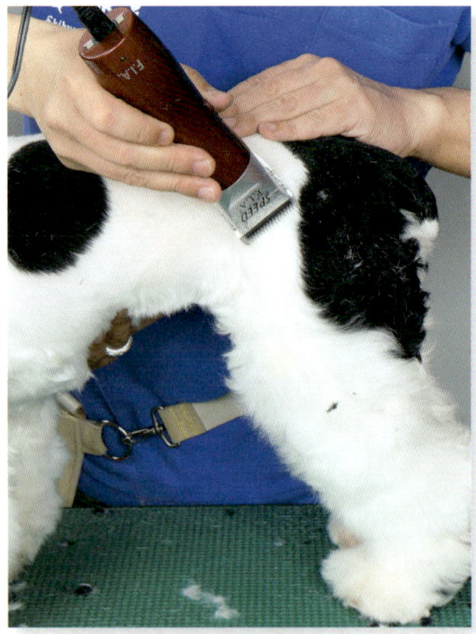

27 サイドボディを後躯から刈っていきます。背線から続けて、流すように並剃りします。

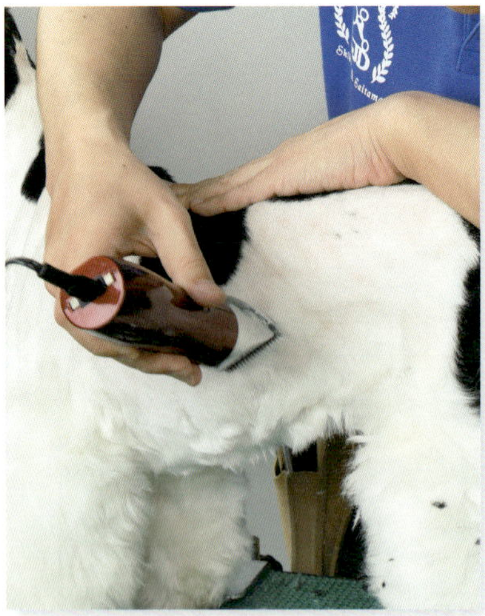

28 ㉗から続けて中躯を刈ります。背線から続けて並剃りします。アンダーラインに飾り毛を作らないので、ボディの下部までしっかり刈ります。

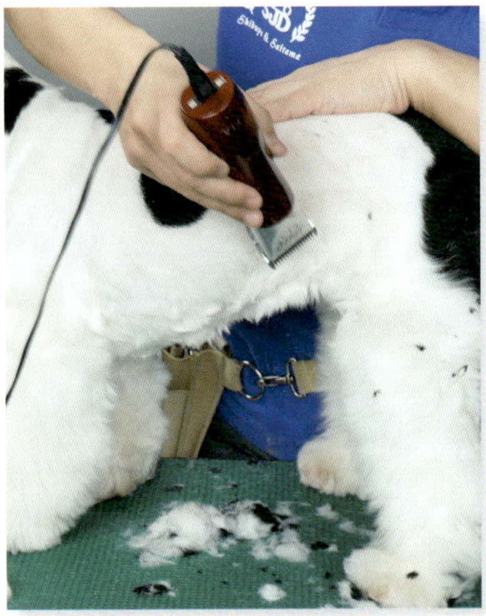

29 ひばら（ラスト・リブより後ろの脇腹）のあたりは、短く刈りすぎると皮膚の色が透けるので、クリッパーの刃を軽く浮かせて当てるようにします。

30 ㉘から続けて前躯を刈ります。背線〜サイドネックから続けて並剃りし、肩の筋肉の下あたりでクリッパーの刃を外へ逃がします。

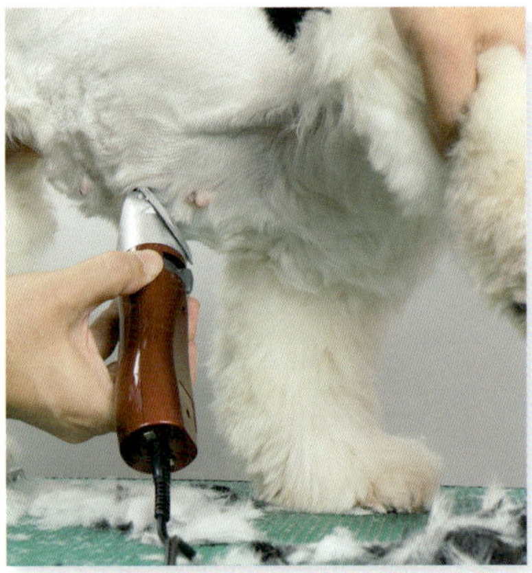

31 下胸〜腹部を刈ります。前肢を片方ずつ持ち上げて並剃りします。

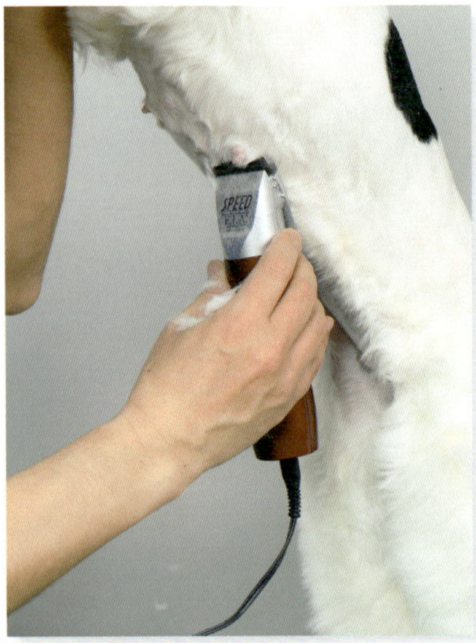

32 犬を後肢で立たせて逆剃りし、㉛で取りきれなかった毛を刈ります。

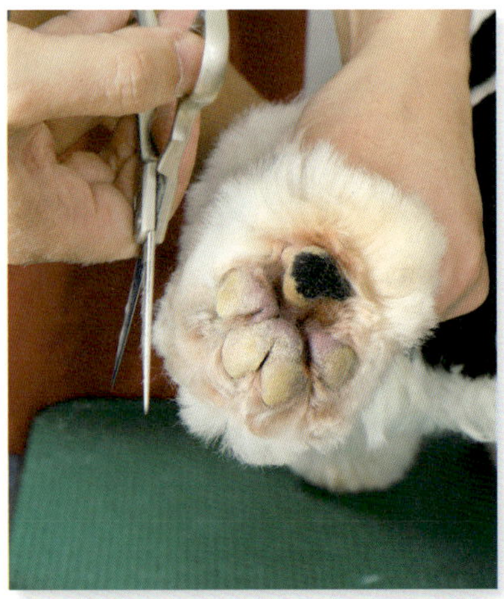

33 四肢の足周りをカットします。肢を1本ずつ持ち上げてパッドより長い毛をカットし、ヒール・パッドを中心に丸く整えます。

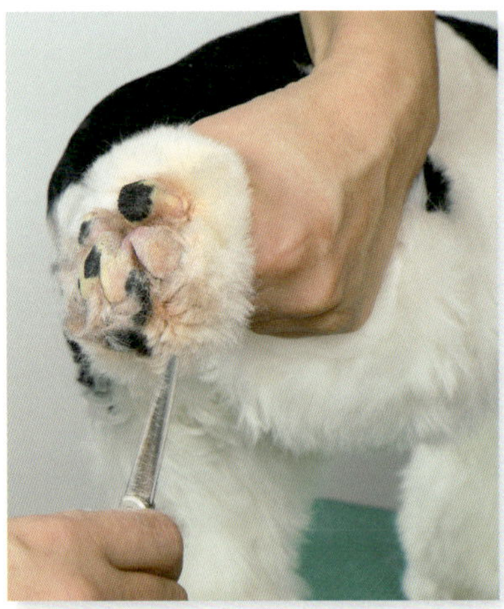

34 足を下ろしたときテーブルに毛が着かないように、角度を付けて切り上げながら足周りを丸く整えます。

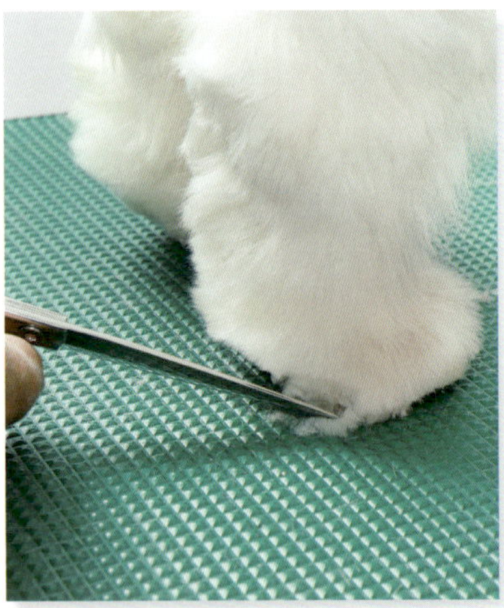

35 犬を正しい姿勢で立たせ、後肢のヒール・パッドの後ろを切り上げます。

36 足周りの毛を起こすようにコーミングし、上望して足を丸く整えます。爪先は爪がぎりぎり隠れる長さに。

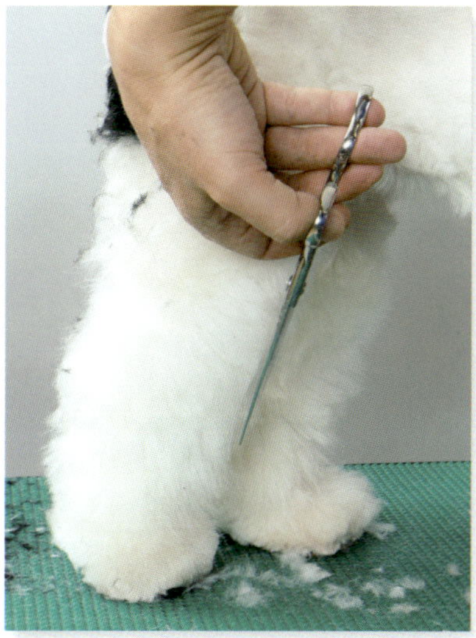

37 大腿部～後肢の外側～前側をカットします。毛を起こすようにコーミングし、肢の形に合わせて整えます。

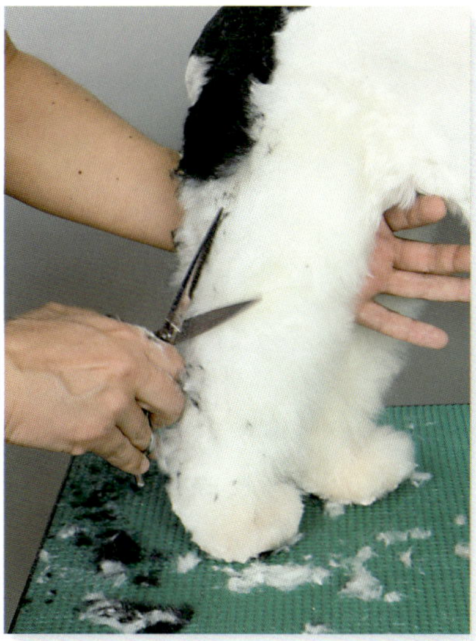

38 足先はふんわり仕上げたいので、外側の飛節の高さより下は、切りすぎないようにします。

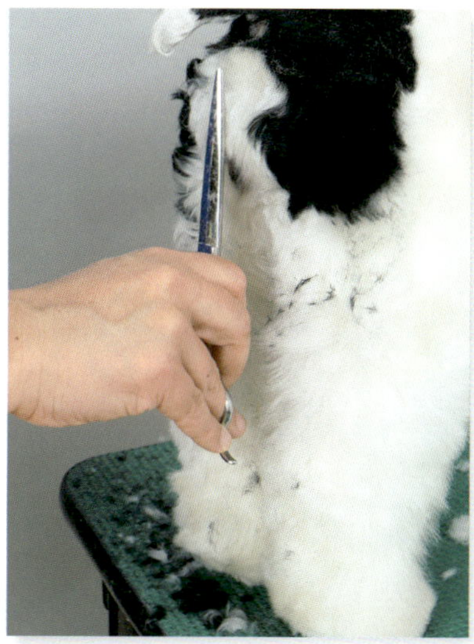

39 お尻をカットします。長い毛を残さず、体の形に合わせて整えます。

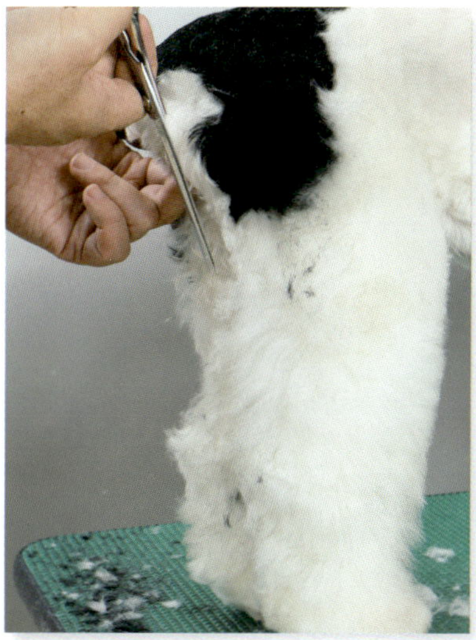

40 後肢の後ろ側をカットします。まず、肢の形に合わせて粗刈りしておきます。

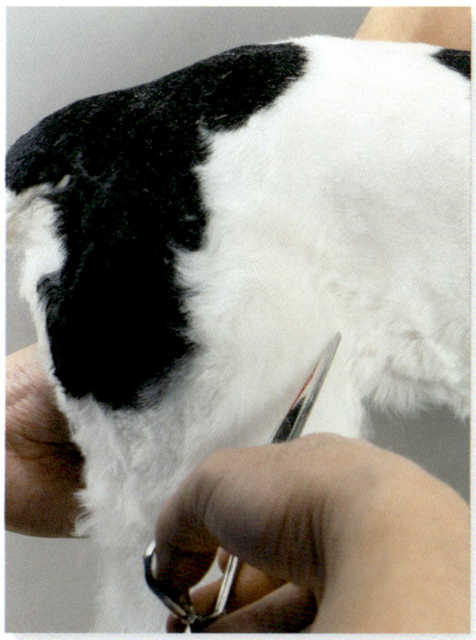

41 ボディ～後肢をつなげます。膝～ひばらのつながりはすっきり仕上げたいので、取り残しのないように注意します。

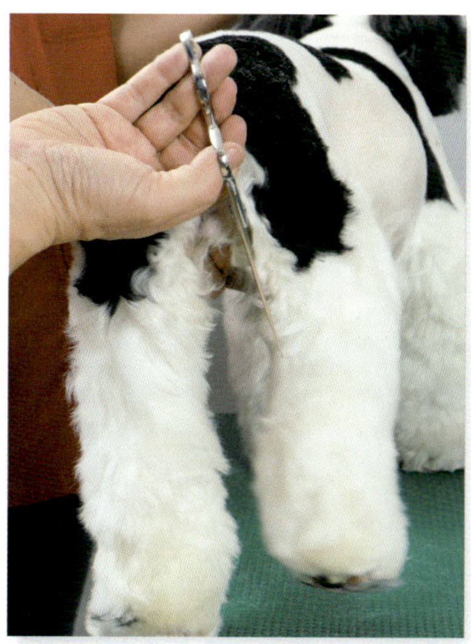

42 後肢の内側をカットします。本来の毛流を生かし、付け根～足先を自然に結びます。

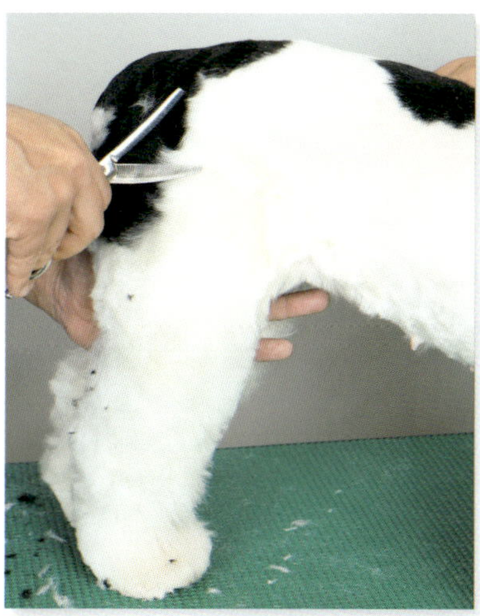

43 スキバサミで、大腿部～後肢の外側～お尻のあたりをブレンドします。コーミングとカットを繰り返し、ていねいになじませます。

44 後肢の足周りを仕上げバサミで整え直します。爪先だけはスキバサミでカットして高さを出し、厚みのある足を作ります。

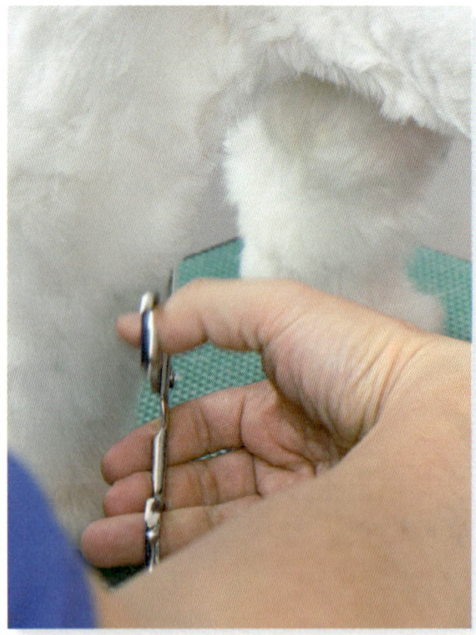

45 肢の前側からもハサミを入れ、㊷で取りきれなかった毛をカットします。

46 後肢の後ろ側をカットします。飛節を低く見せることを意識しながら、膝～飛節を結びます。

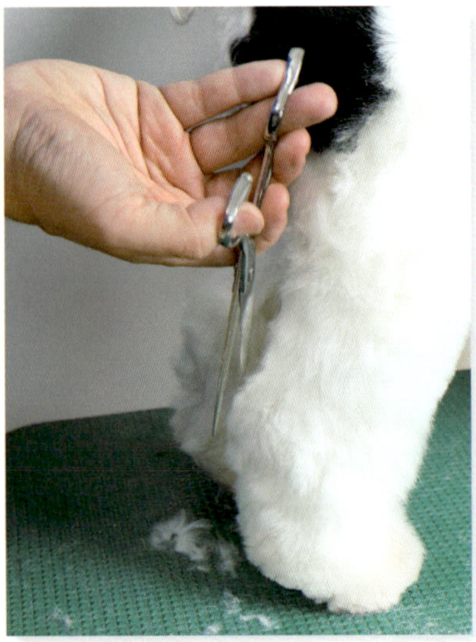

47 飛節～㉟をつなげます。

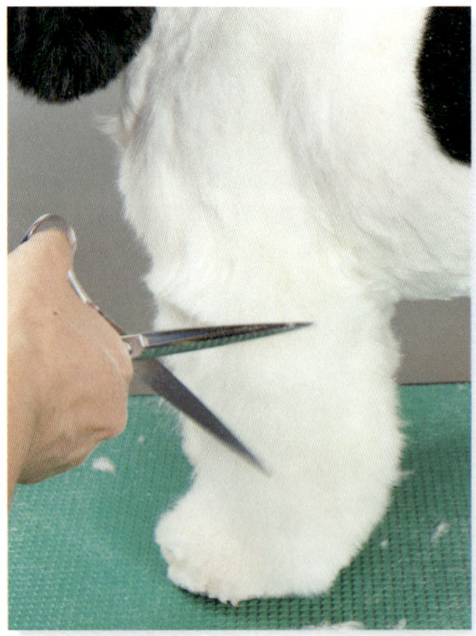

48 前肢の外側をカットします。毛を起こすようにコーミングし、付け根からやや広げるように足周りへつなげます。

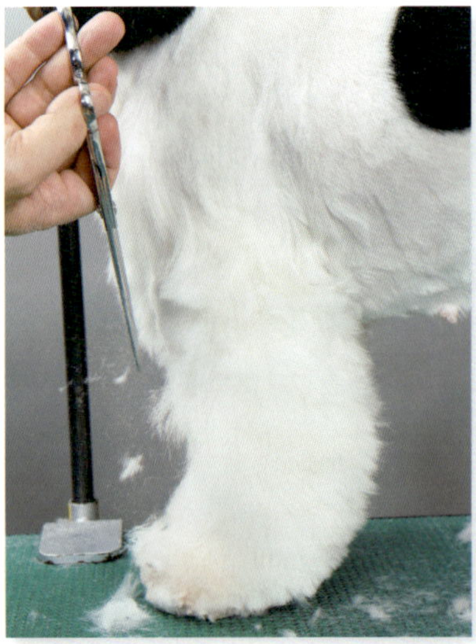

49 前肢の前側をカットします。側望し、付け根～足周りを真っ直ぐ、またはややえぐるようなラインでつなげます。

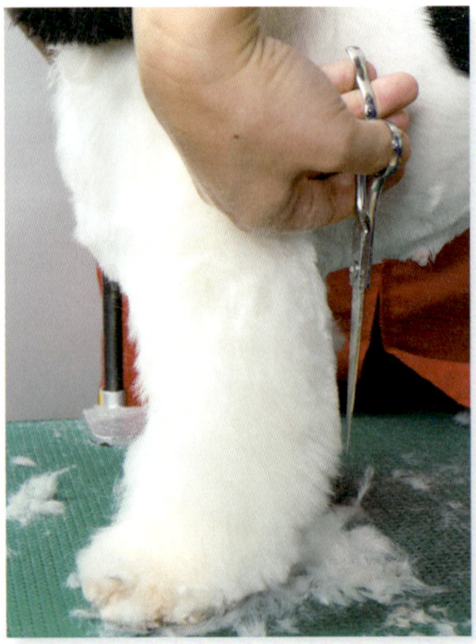

50 後肢の後ろ側をカットします。付け根～足周りを㊾と同じ角度でつなげます。

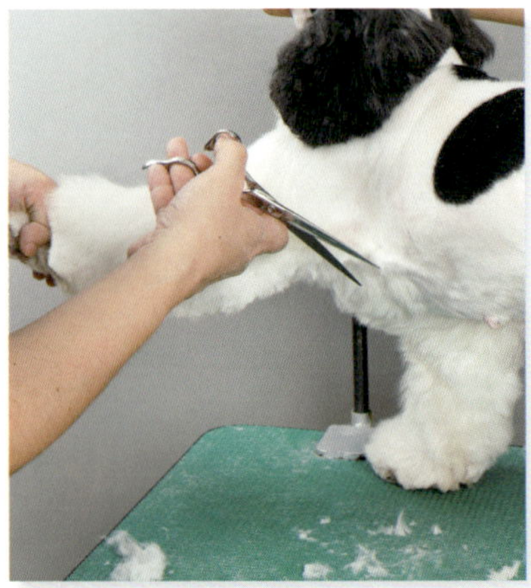

51 前肢を1本ずつ持ち上げ、毛玉になりやすい脇の毛を短くカットします。この部分だけクリッピングしてもかまいません。

52 スキバサミで前肢～肩～ボディをブレンドします。

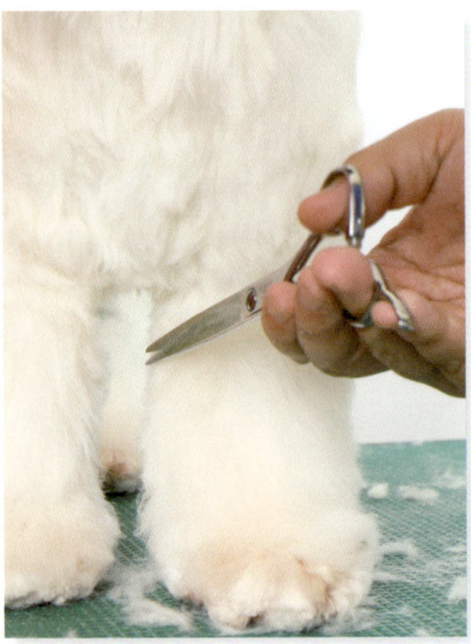

53 後肢の内側を仕上げバサミでカットします。肢の前後からハサミを入れ、毛流を生かして整えます。

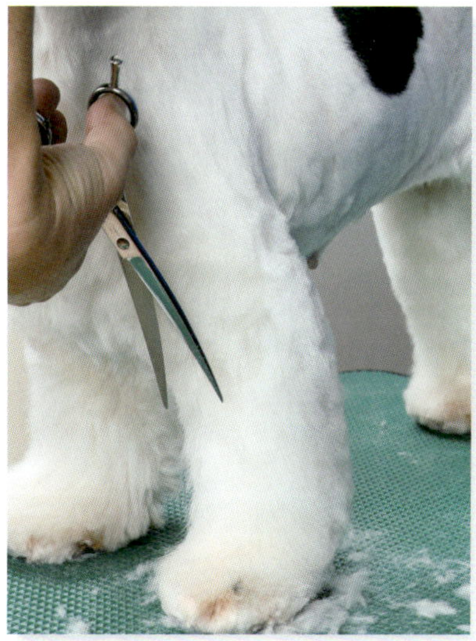

54 ㊾にカーブシザーを入れ直し、バランスを見ながらラインを整えます。

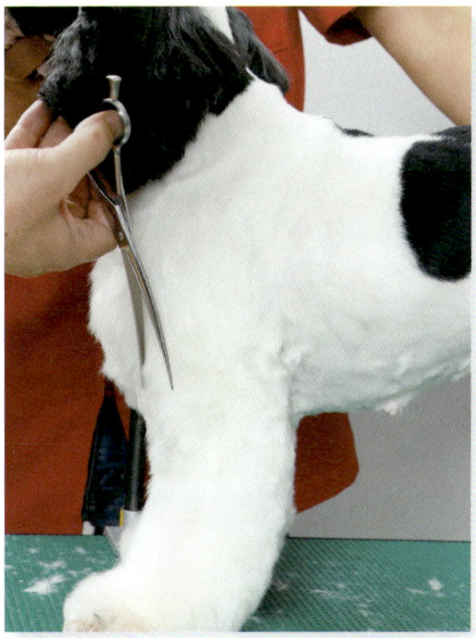

55 ㊹を胸の膨らみの高さあたりまで延長するようにカットし、胸と前肢を分けます。

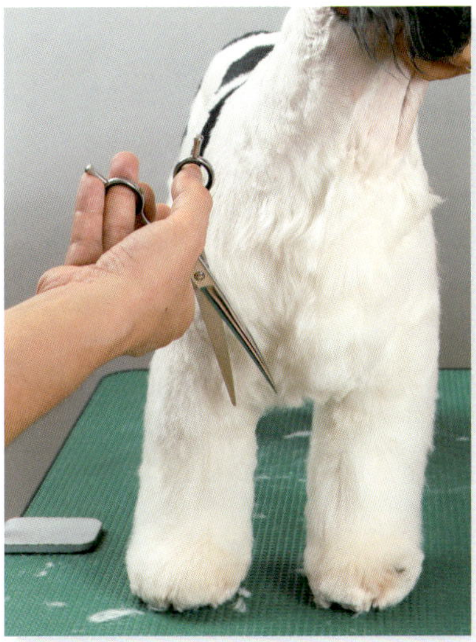

56 前望して犬の顔を左へ向け、仕上げバサミで前胸の右側から出てきた毛をカットして㊺のラインを整えます。反対側も同様に。

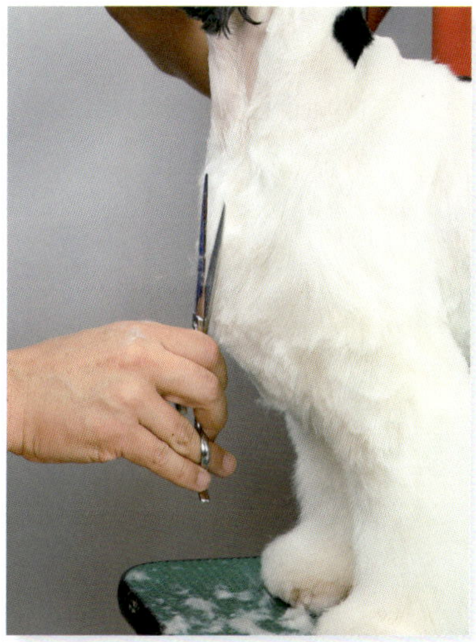

57 胸を整えます。毛を起こすようにコーミングして側望し、前肢よりも胸が前に出るように膨らみを持たせます。

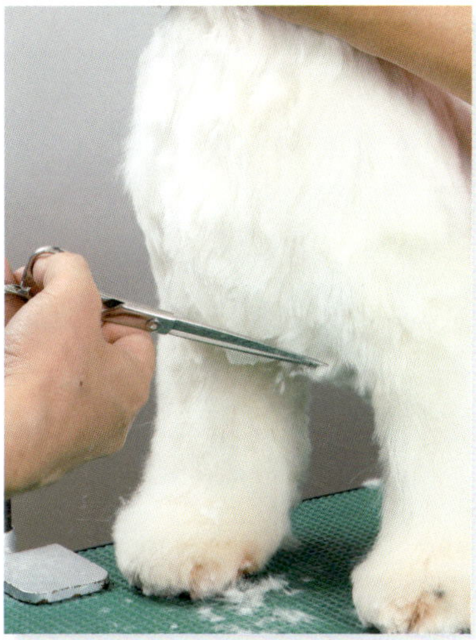

58 犬を座らせ、胸や肢の付け根のあたりから出てきた長い毛をカットします。

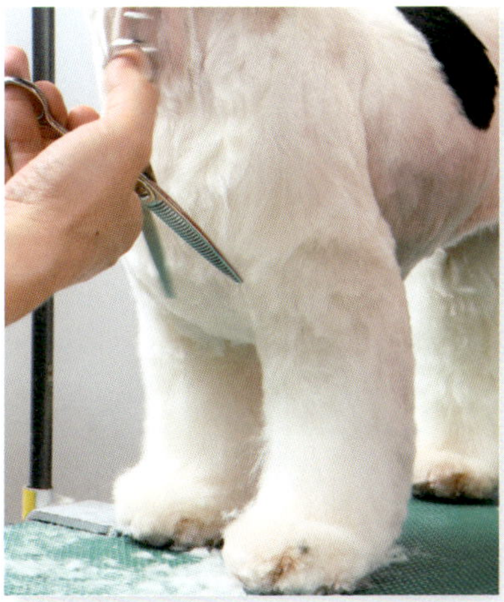

59 胸～肩～前肢をブレンドします。サイドネックのリッジ（前後からの毛流がぶつかる部分）は、スキバサミを使うと自然に仕上がります。

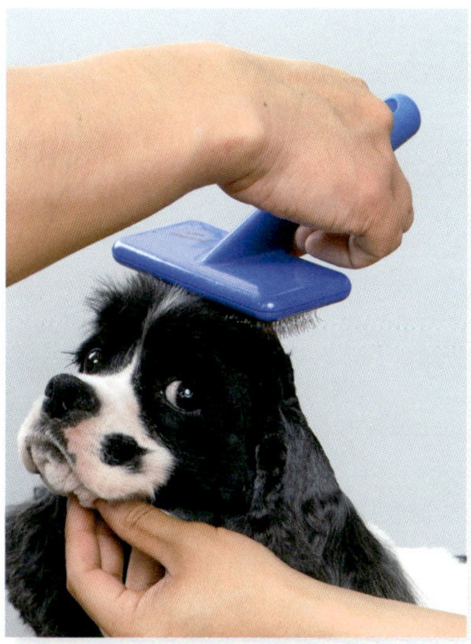

60 頭部を仕上げます。ピンがやわらかいスリッカーで、頭部の毛を後ろへとかします。

61 耳にかかる耳の前の毛をスキバサミでカットします。

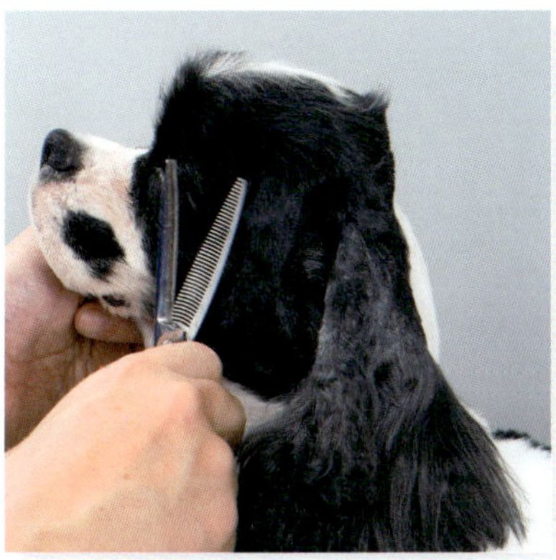

62 ㊶から続けて頭のサイド～頬をカットします。平らな面を作るように、すっきりと整えます。

63 目の上をカットします。ハサミを押し当てず、トップへ自然につながるように整えます。

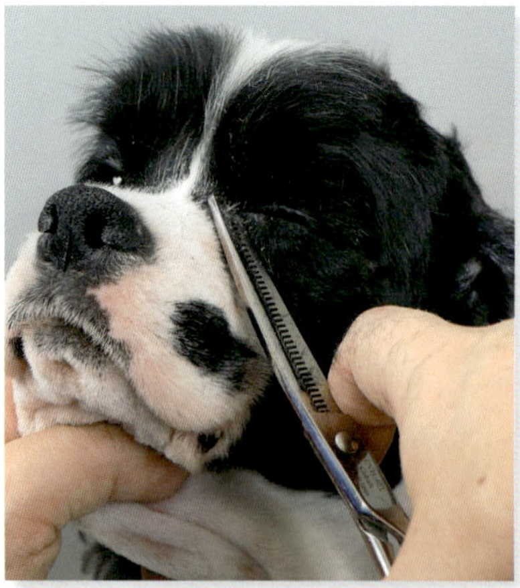

64 ストップをカットします。段差をはっきり出すようにスキバサミでカットします。

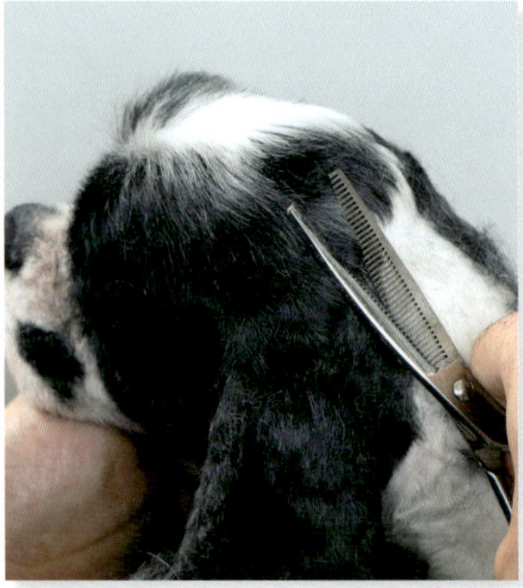

65 スキバサミを縦に入れて頭頂部を整えます。トップは長めに、周囲はやや短めにカットしてボリュームを出します。

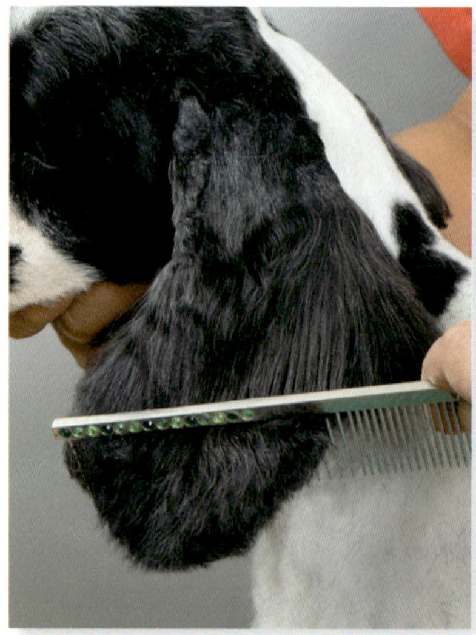

66 耳をカットします。飾り毛にスリッカーとコームを入れ、余分な毛を払っておきます。

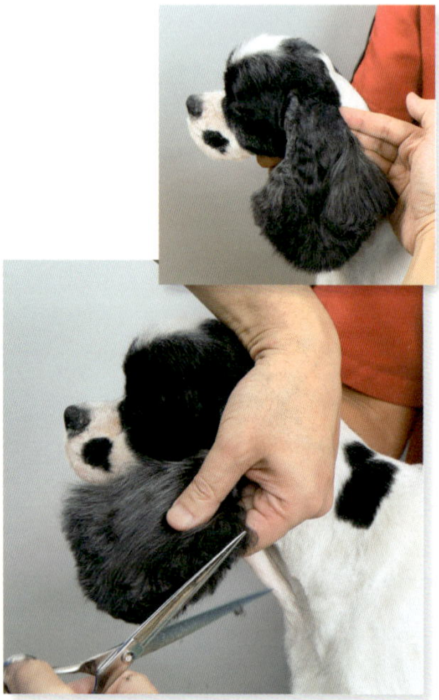

67 飾り毛の長さや形は好みに合わせてアレンジします。カットするときは耳を前に出し、そのときの耳の形に合わせて整えます。

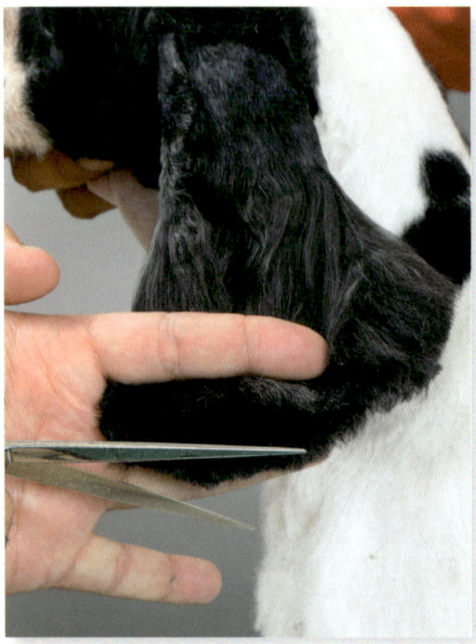

68 毛先を左手の指で挟み、外側が長めになるように内側の毛を切り上げます。

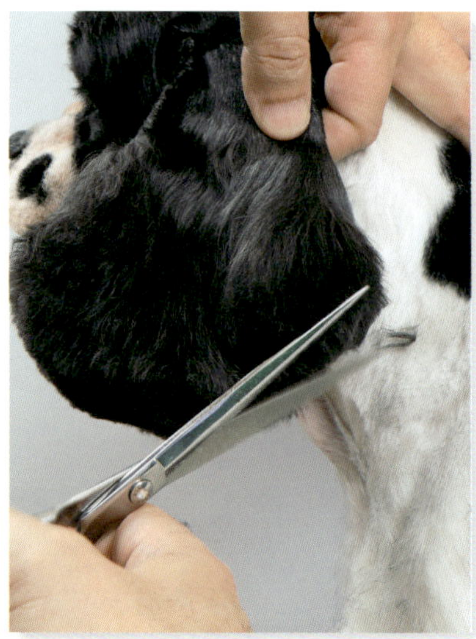

69 挟んでいた指を離し、耳の形や大きさを確認しながら毛先をそろえます。

finish

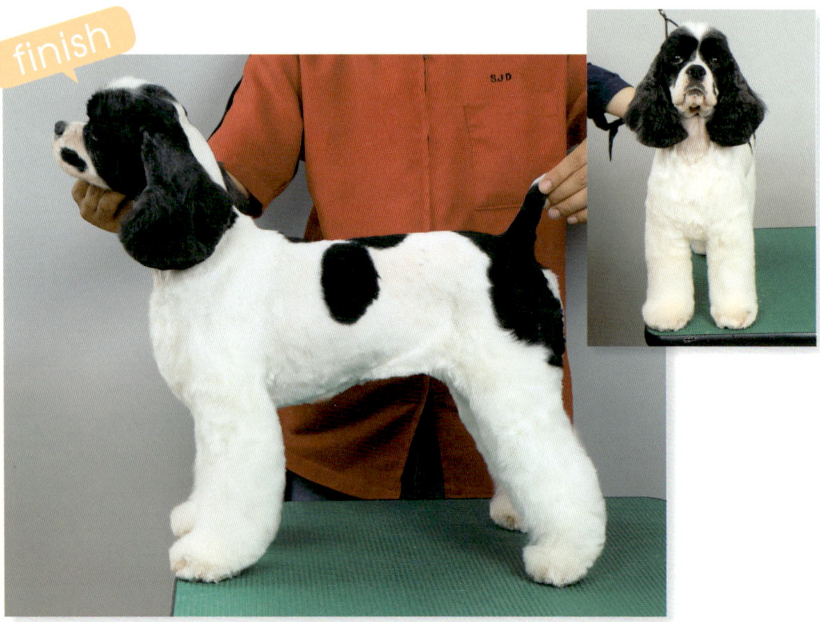

ヨークシャー・テリアの
パピー・キュートStyle

シルキー・コートは切りすぎて穴が開きやすいので、
ハサミはつねに毛流に沿って当てるのが基本。
マズル周りは下側にほど良く厚みを残し、顔全体が丸く見えるように作ります。

前回のトリミングから2～3カ月。

1 ミニ・クリッパーで足裏を処理します。パッドのあいだの毛をきれいに取ります。

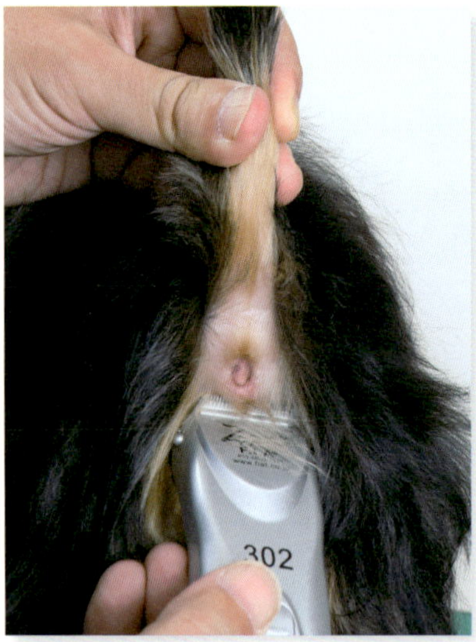

2 肛門周りを処理します。汚れやすい部分の毛を取ります。

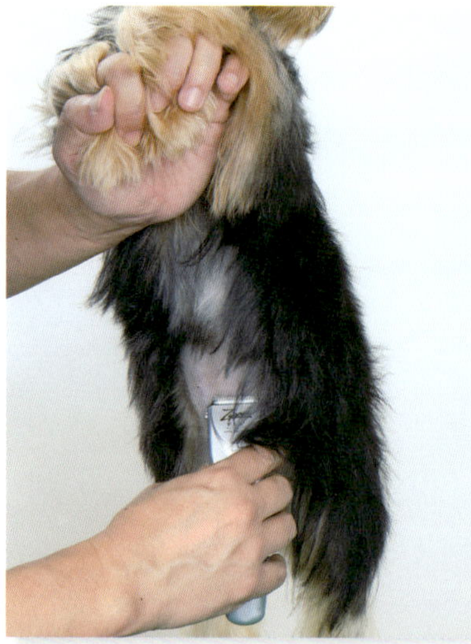

3 腹部を刈ります。犬を後肢で立たせ、前から3列目の乳頭より下を逆剃りします。

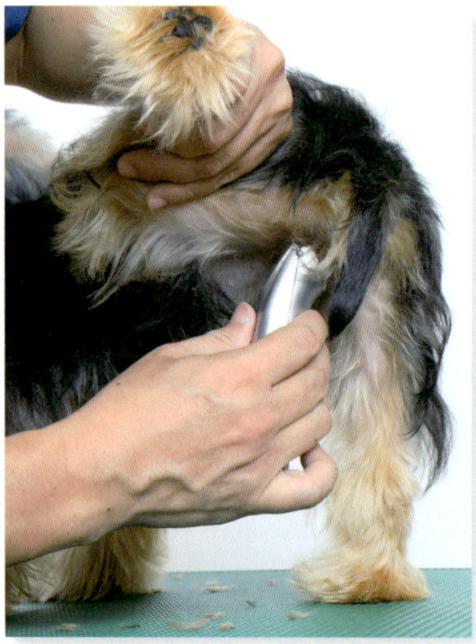

4 後肢を片方ずつ持ち上げ、陰部の両脇の毛を取ります。

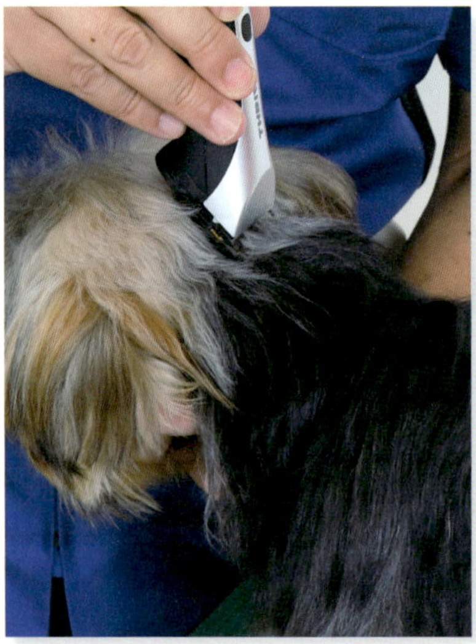

5 背線を刈ります。0.5ミリ刃のクリッパーに3ミリのアタッチメント・コームを付け、オクシパットのやや下～テイルの付け根まで並剃りします。

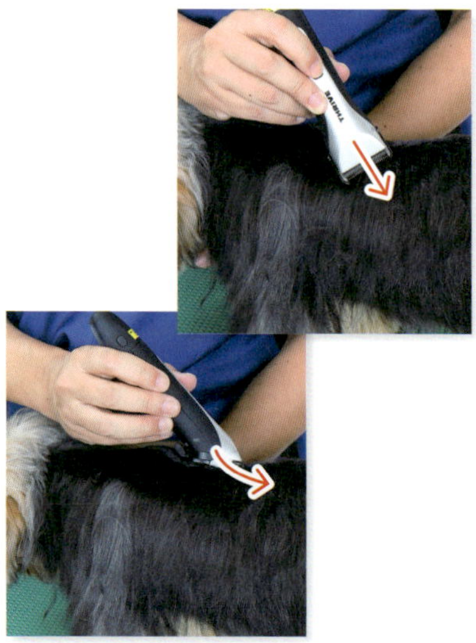

6 ⑤の作業では背線の中央で毛を分けておき、分け目から毛流に沿ってクリッパーを動かします。

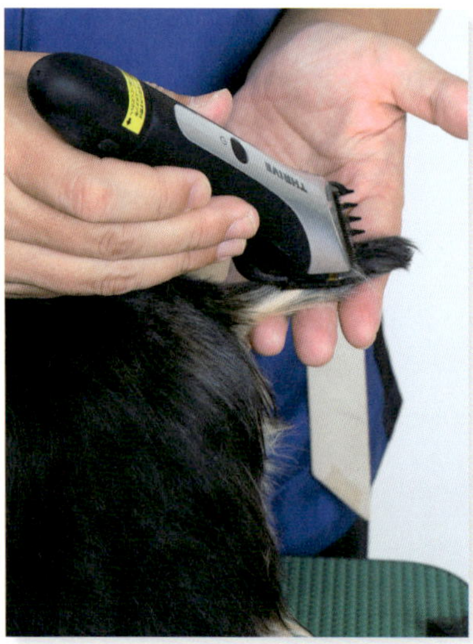

7 ⑤から続けてテイルの表側を並剃りし、両サイドと裏側も並剃りします。

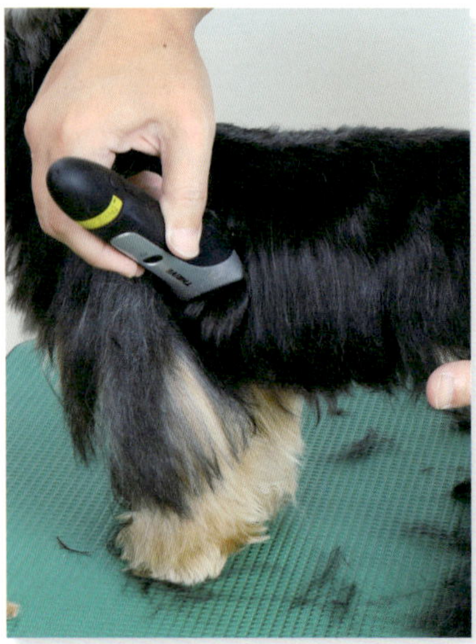

8 ⑤から続けて、肘の後ろ～ひばらのあいだのサイドボディを並剃りします。

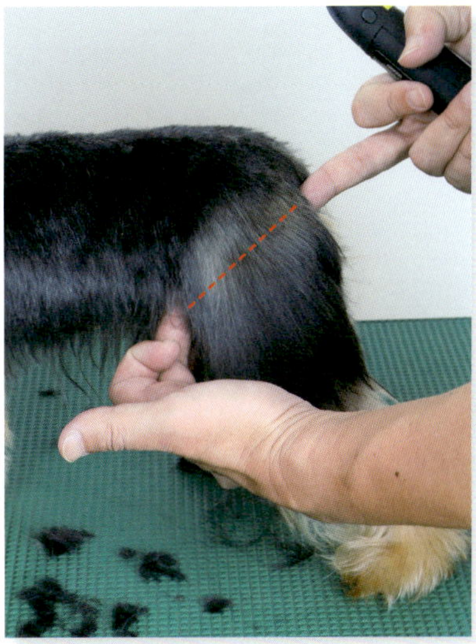

9 ボディ後部は、ひばら～テイル・セットを結んだラインで刃を逃がします。

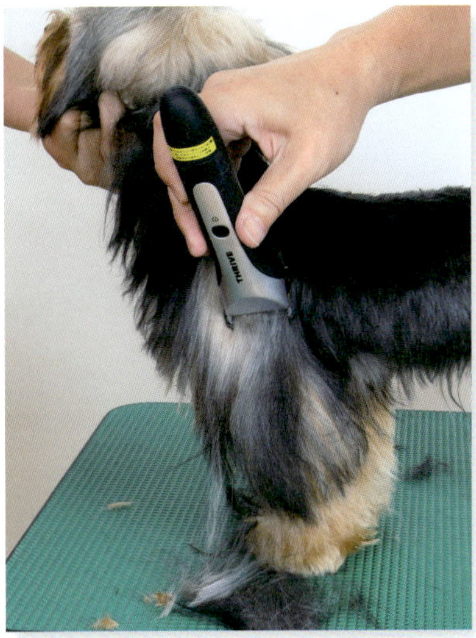

10 肩を刈ります。肩甲骨前側の下にあるくぼみよりやや上まで並剃りし、サイドボディにつなげます。

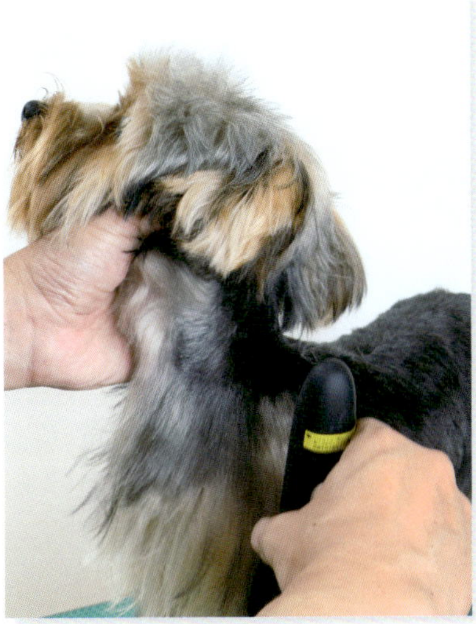

11 サイドネックを並剃りし、⑩につなげます。

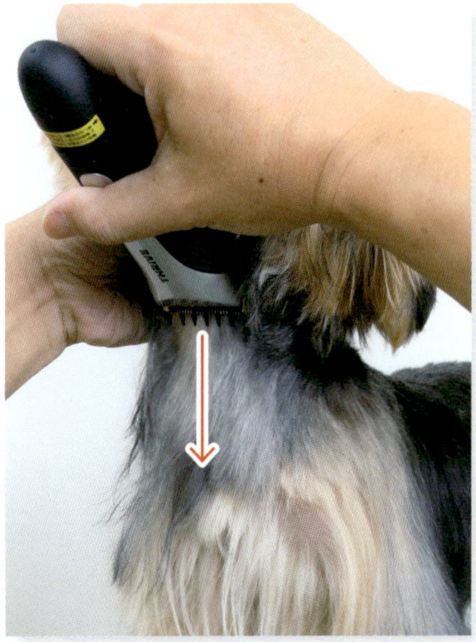

12 前胸を刈ります。のど～胸骨端まで、クリッパーの幅で真っ直ぐに並剃りします。

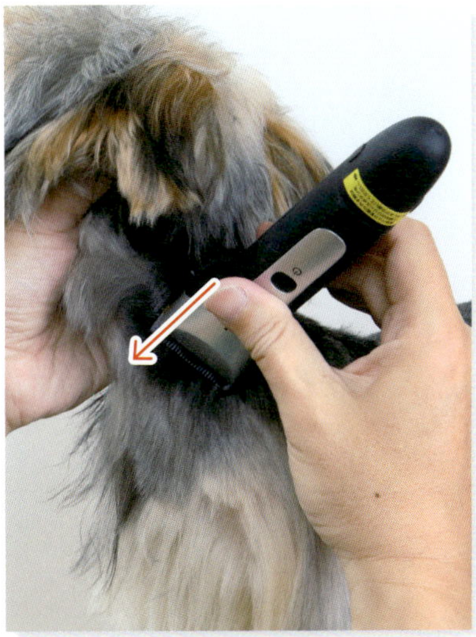

13 リッジ（前後からの毛流がぶつかる部分）を意識しながら、左右の耳の後ろ側の付け根～胸骨端を結ぶように並剃りし、V字形のネック・ラインを作ります。

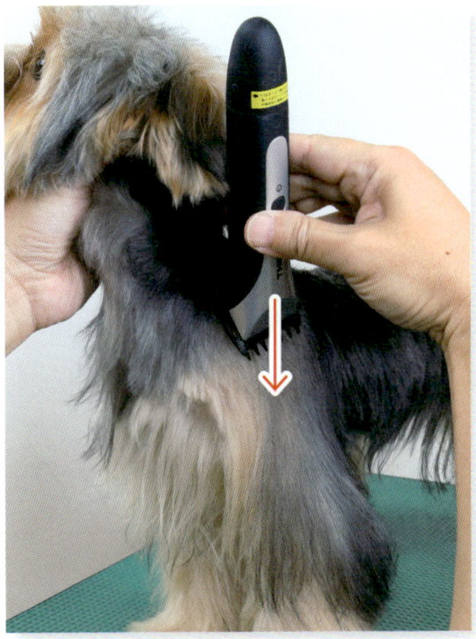

14 ⑬から下へ、⑩でクリッピングした肩のあたりを毛流に沿って刈り直します。

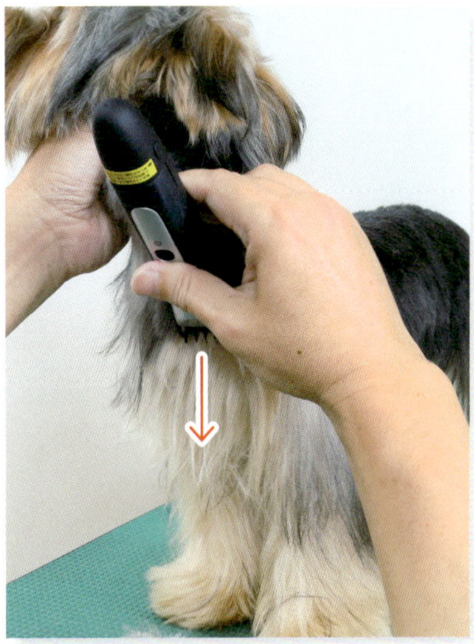

15 ⑬より下の前胸を、真っ直ぐ下へ向けて並剃りします。

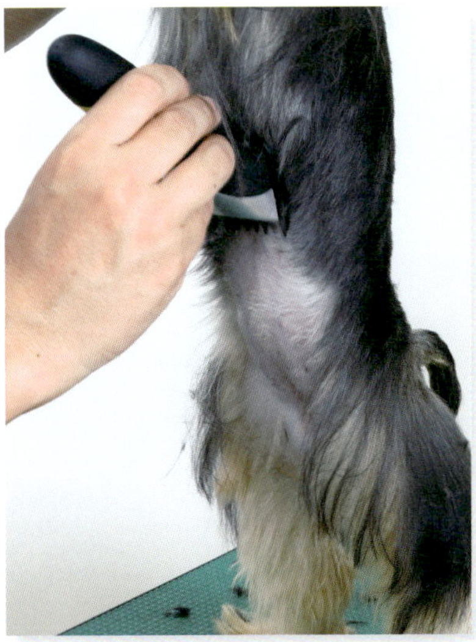

16 下胸～腹部を刈ります。犬を後肢で立たせて並剃りし、③でクリッピングした部分へつなげます。

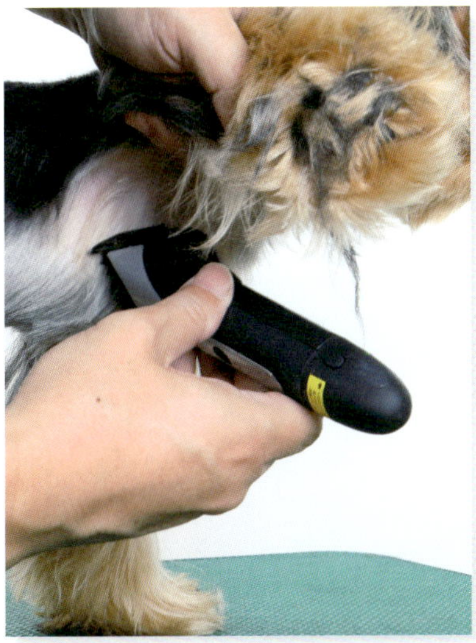

17 前肢を片方ずつ持ち上げ、脇の毛を刈ります。

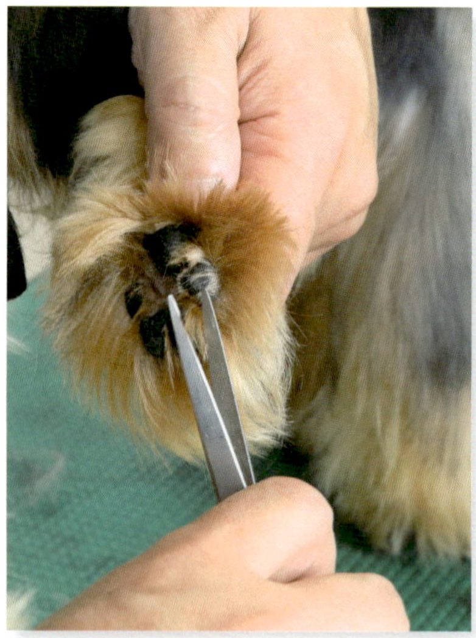

18 四肢の足周りをカットします。肢を1本ずつ持ち上げ、パッドのあいだから長くはみ出す毛をカットします。

19 パッド周りの、パッドより長い毛をカットします。パッドの丸みを延長するような角度でハサミを当てます。

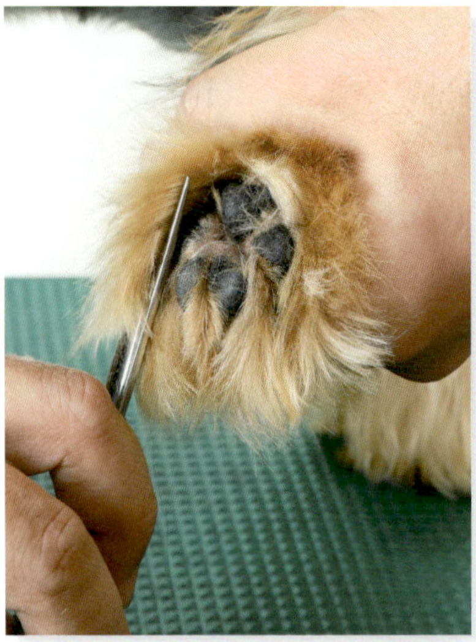

20 左手で肢を軽く握り、下まで滑らせます。その状態で、パッドより長い毛をカットします。

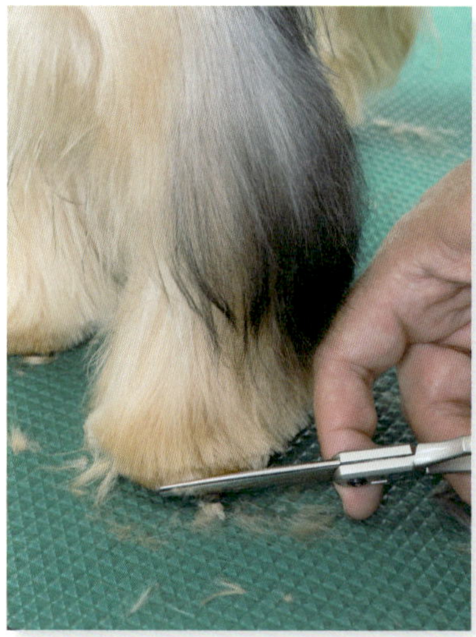

21 肢を下ろし、テーブルに着く足周りの毛をカットします。

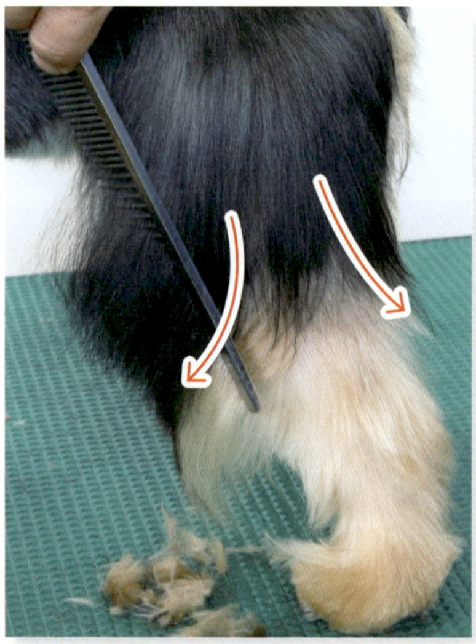

22 後肢をコーミングします。前側は斜め前へ、外側は下、後ろ側は斜め後ろへ向けてコーミングします。

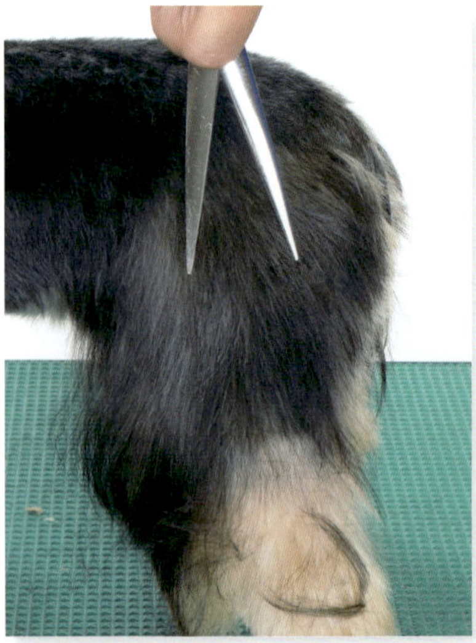

23 後肢の外側と後ろ側をカットします。毛流に沿ってハサミを当てる角度を変えながら、肢の形に合わせてカットします。

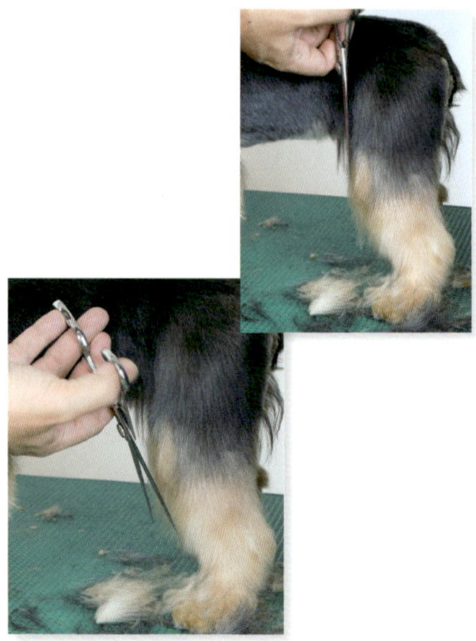

24 後肢の前側をカットします。肢の形に沿って、ひばら～膝、膝～足をつなげます。

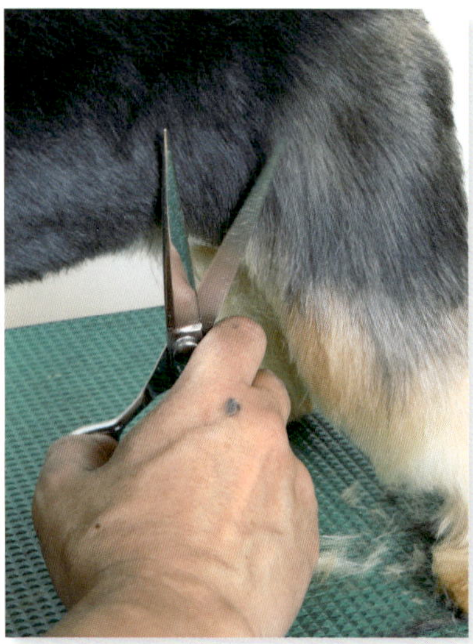

25 体の形に沿ってひばらを整え、ボディ～後肢の前側をつなげます。

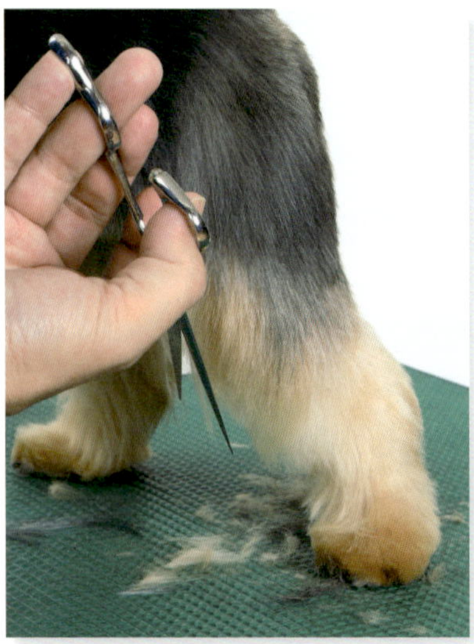

26 後肢の内側をカットします。後望してカットし、さらに肢の前からもハサミを入れて、取りきれなかった毛をカットします。

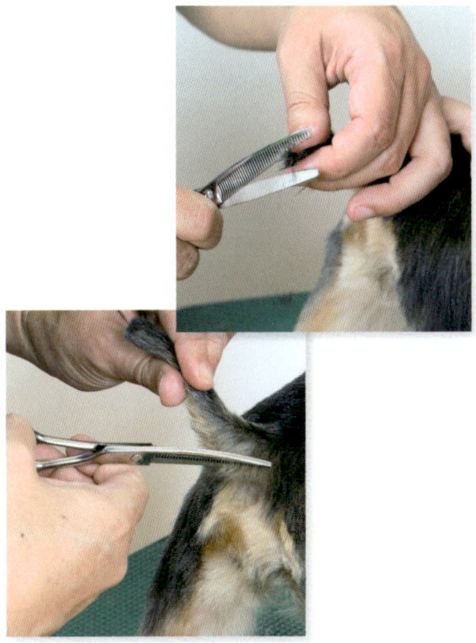

27 テイルを仕上げます。スキバサミで先端をカットし、両サイドと裏側も整えます。裏側の付け根に近い部分は、汚れ予防のため短くしておきます。

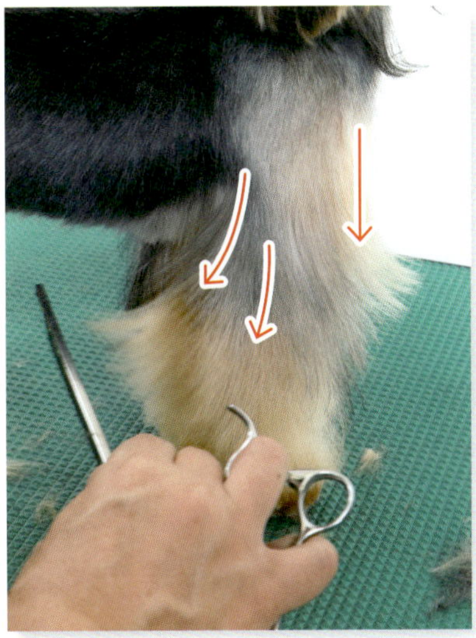

28 前肢をコーミングします。後ろ側は斜め後ろへ、外側と前側はそれぞれ下へ向けてコーミングします。

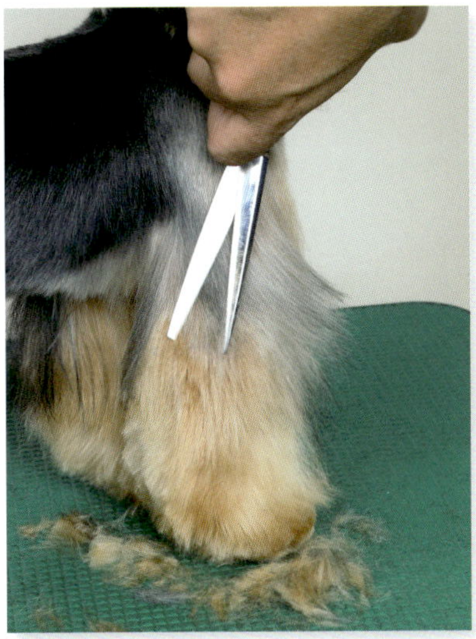

29 前肢の外側をカットします。毛流に沿ってハサミを当てる角度を変えながら、肢の形に合わせてカットします。

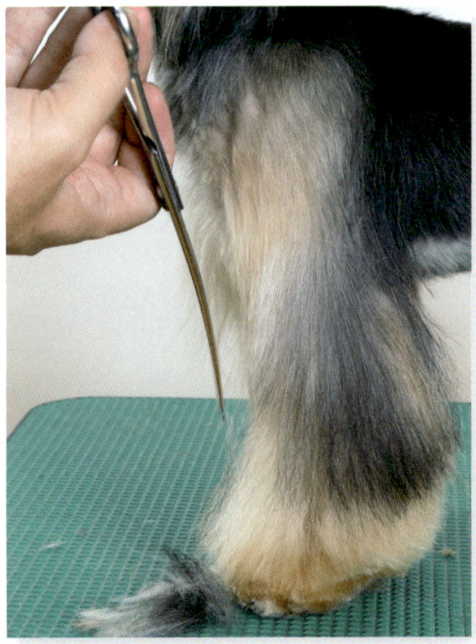

30 前肢の前側をカットします。付け根から足へ、軽くえぐるようなラインでつなげます。カーブシザーを使ってもかまいません。

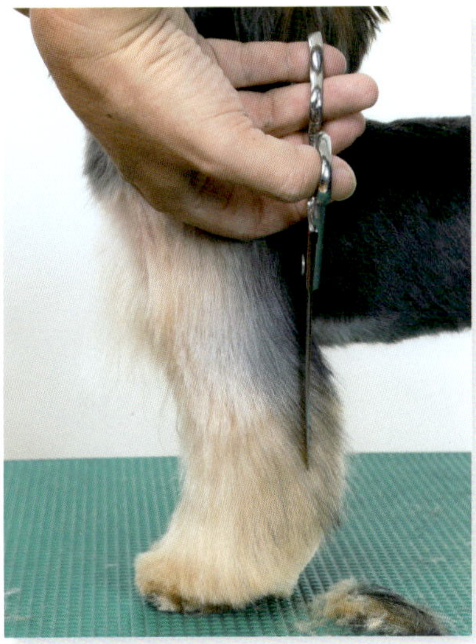

31 前肢の後ろ側をカットします。㉚で作った前側のラインと角度をそろえてカットします。

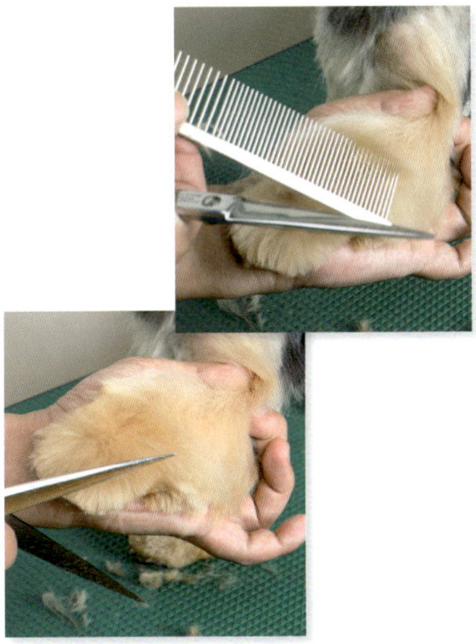

32 四肢の足周りを仕上げます。握りの毛を起こすようにコーミングし、ふっくらと厚みのある形に整えます。

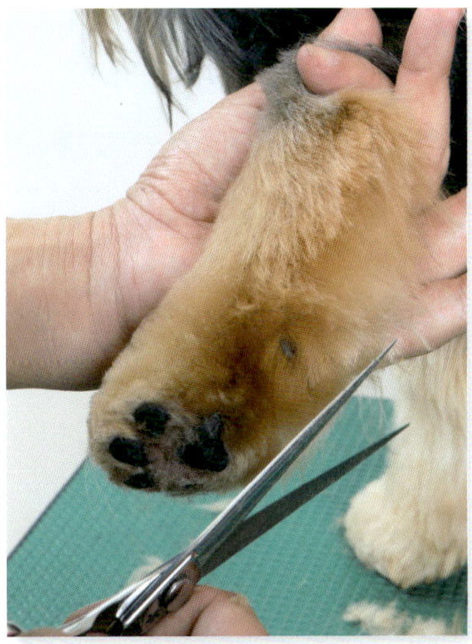

33 バランスを見ながら、パスターンをほど良い角度で切り上げます。後肢の足周りの後ろ側も、同じ角度で切り上げます。

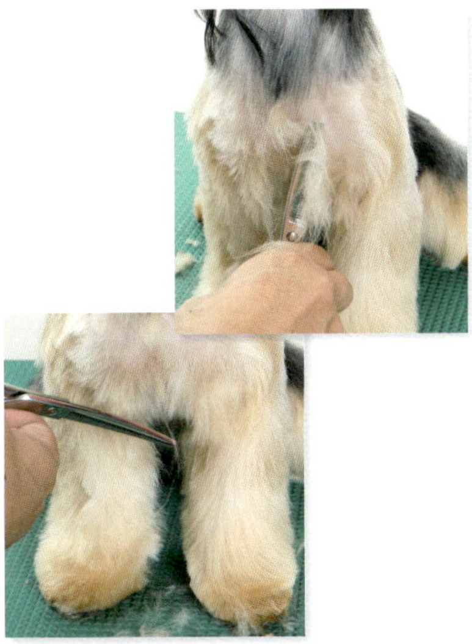

34 胸を整えます。スキバサミでネック・ラインをなじませ、下胸へつなげます。

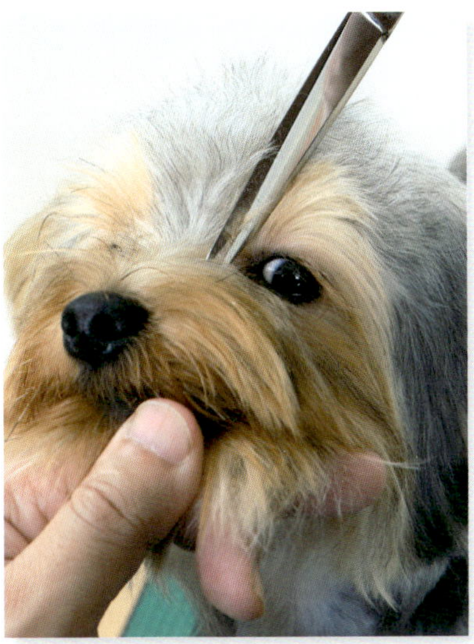

35 顔をカットします。目の周りの毛をかき出すようにコーミングし、前望したとき目にかかる毛を仕上げバサミでカット。まつ毛も根元からカットします。

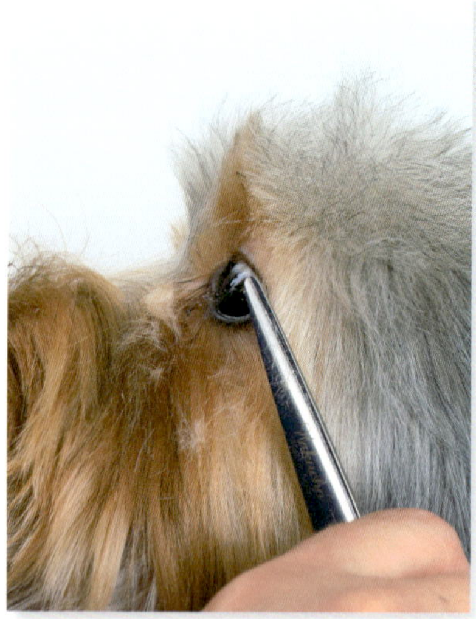

36 目の上をカットします。前へ向けてコーミングして側望し、上まぶたのカーブに沿ってカットします。

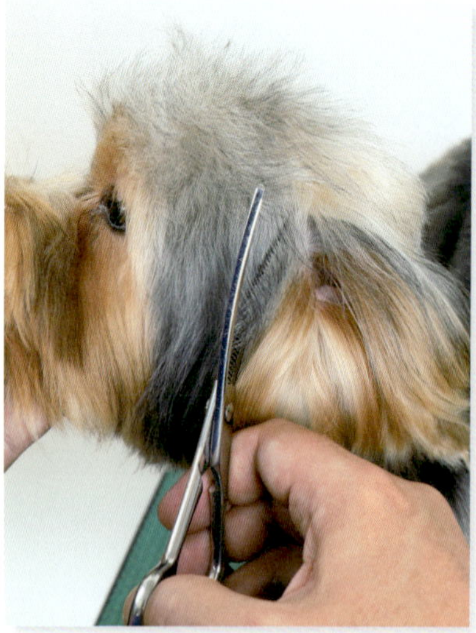

37 耳の前を後ろへ向けてコーミングし、耳の前の毛をスキバサミで真っ直ぐにカットします。

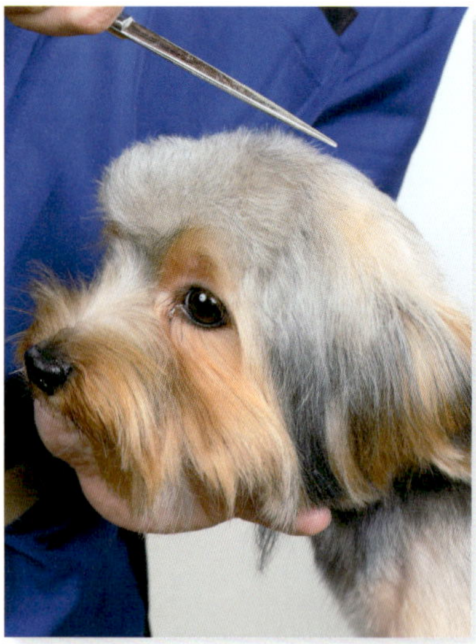

38 頭部をカットします。仕上げバサミで頭頂部を平らに整え、後頭部へ自然につなげます。耳の付け根は頭部になじませます。

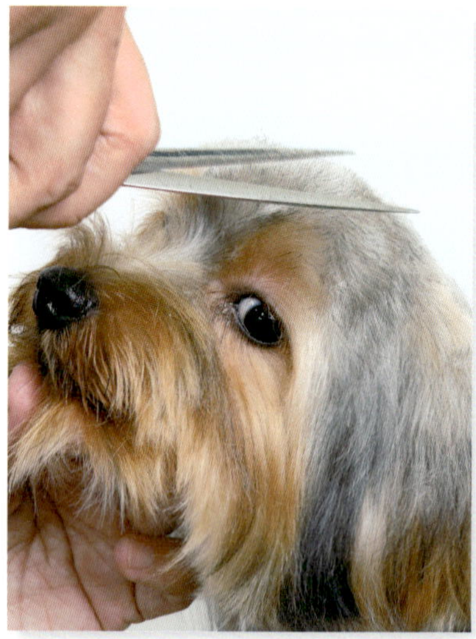

39 目の上を後ろへ向けてコーミングし、頭頂部へ自然につながるようになじませます。

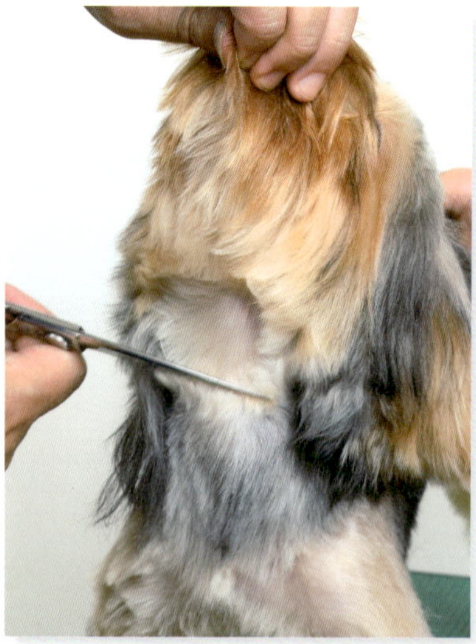

40 のど（⑫の刈り始め）に、真っ直ぐにハサミを入れ直します。

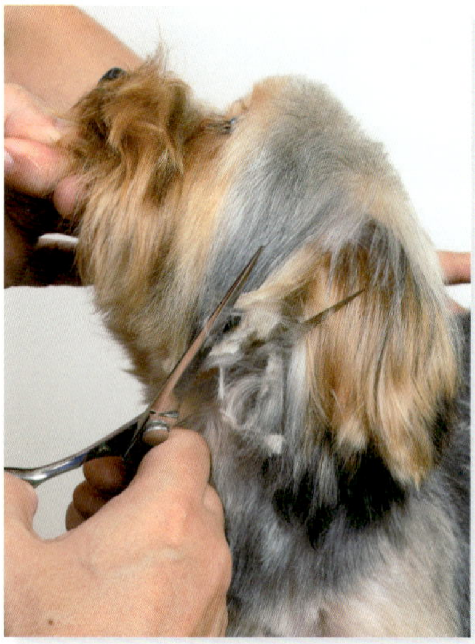

41 耳を裏返し、耳の下側の付け根から上へ、テーブルに対して垂直にカットします。

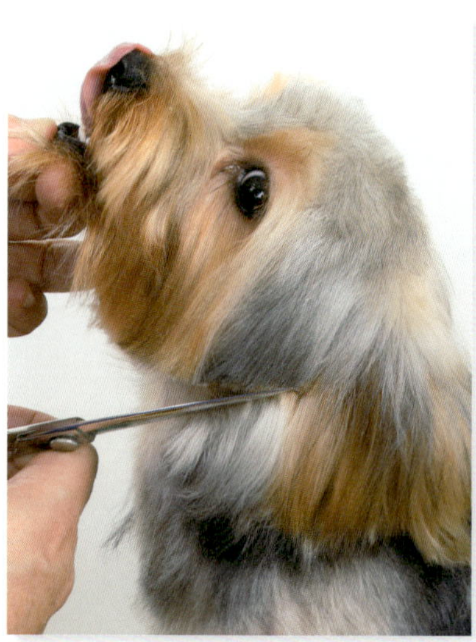

42 ㊵〜㊶をつなげるようにカットします。

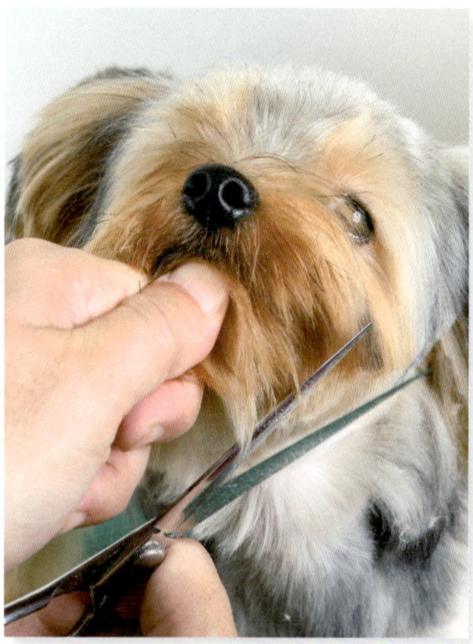

43 前望し、頭頂部の高さとのバランスを見ながら顎の下の厚みを決め、顎の下に残す毛の長さに合わせた角度で、顎〜頬にハサミを当てます。

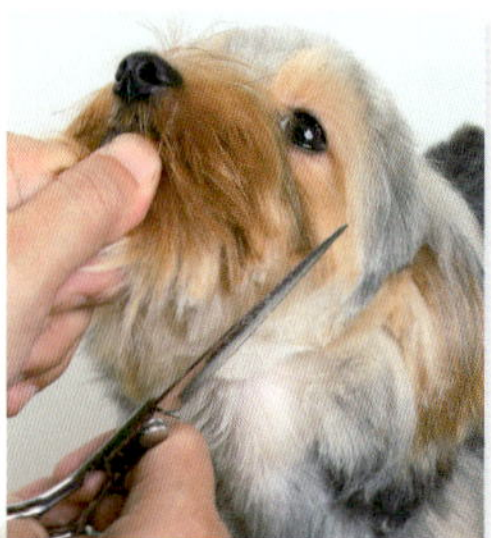

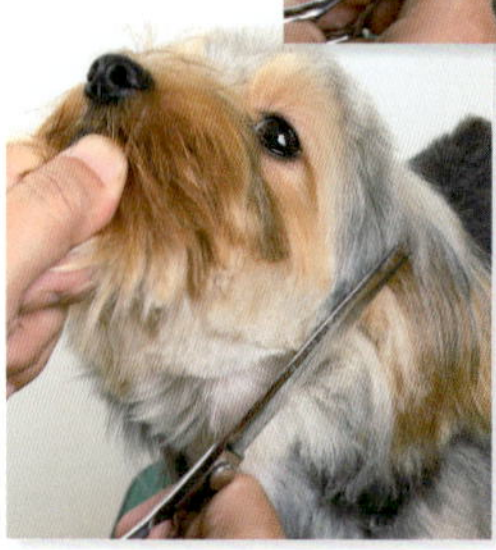

44 ㊸の角度を変えずに、手前から奥へ、目の横の位置までカットしていきます。

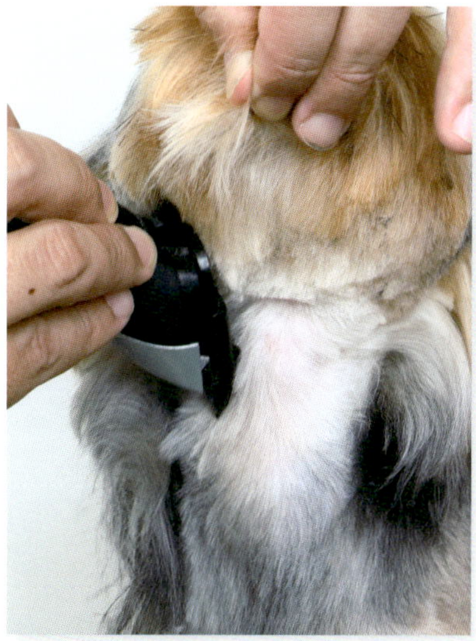

45 保定用に先端だけ長めに残して顎の下をカットし、のど～ネック・ラインのつながりをクリッパーで整えます。

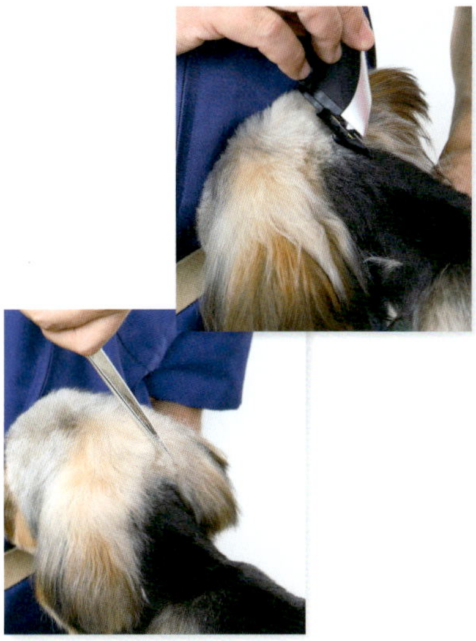

46 後頭部～⑤の刈り始めをクリッパーでつなげ、さらに仕上げバサミでなじませます。

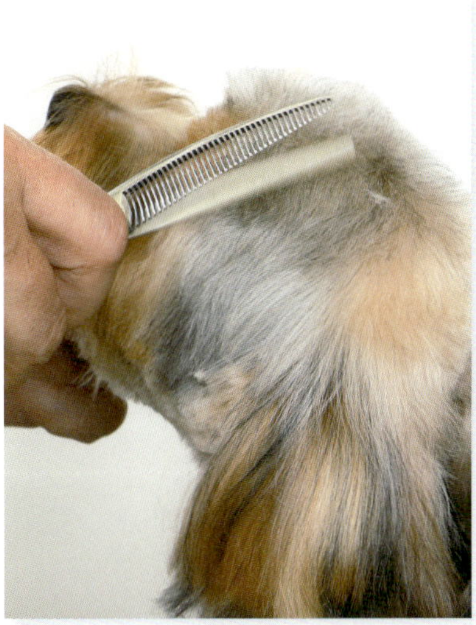

47 頭部全体をスキバサミで整えます。

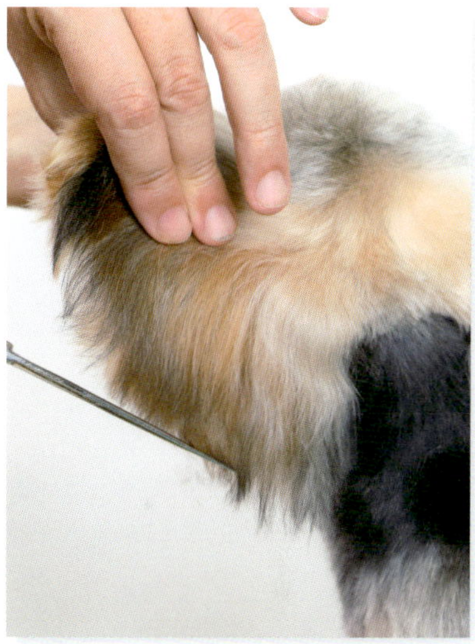

48 毛先を持って耳を外側へ広げるように持ち上げ、毛先をスキバサミでそろえます。

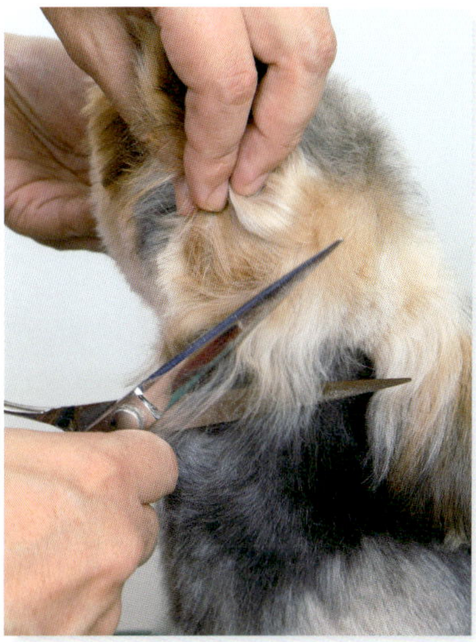

49 耳の毛を分けて左手で押さえ、頭部とネックの余分な毛を仕上げバサミでカットします。

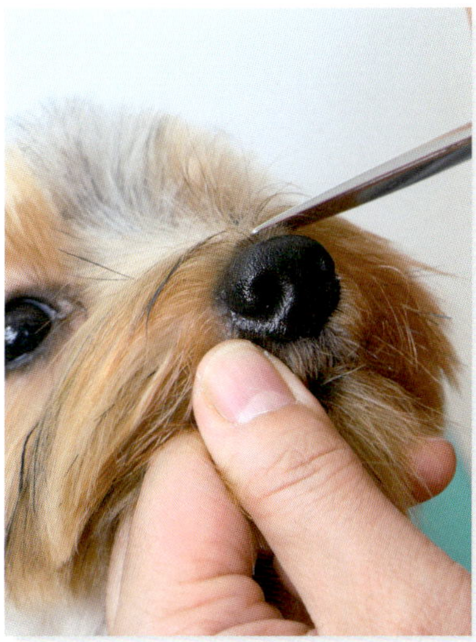

50 鼻鏡にかかるマズルの毛を根元からカットします。

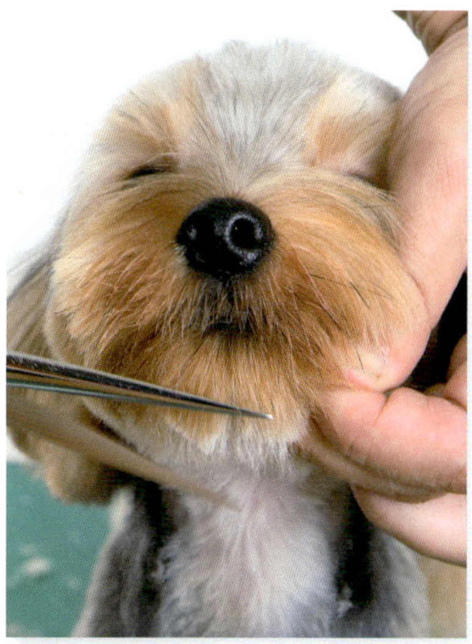

51 スキバサミでマズル周りを整え、保定用に残しておいた顎の下の毛もカットします。

finish

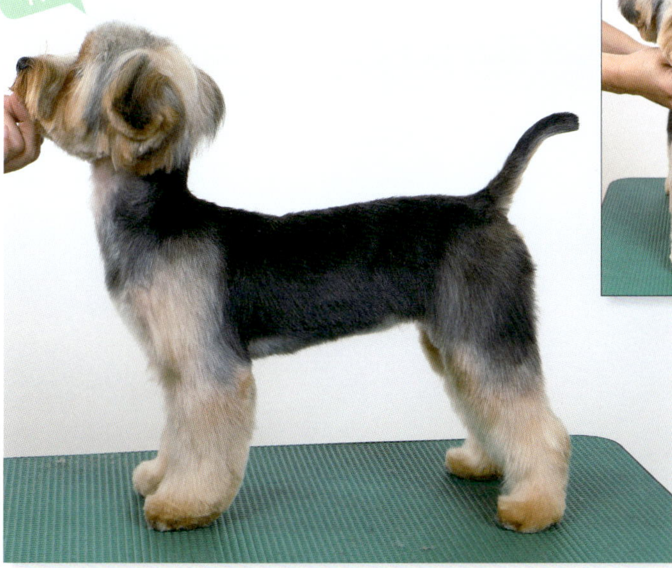

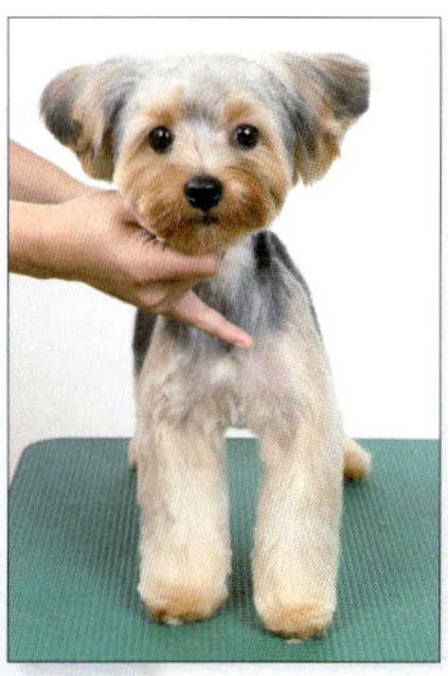

ポメラニアンの
ナチュラルforme

ポメラニアン本来のスタイルを生かしたペット・カットです。
かわいらしさのポイントとなるのは、キュッと上がった丸いお尻と三角形の耳。
ボディやテイルはラインをそろえすぎず、ふんわり感を生かして仕上げます。

前回のトリミングから約２カ月。

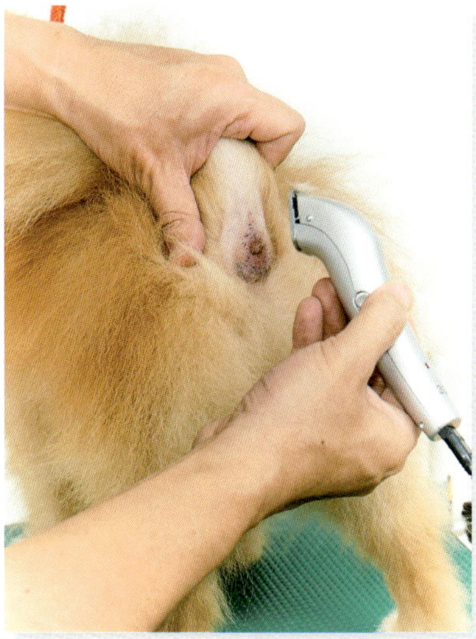

1 ミニ・クリッパーで肛門周りを処理します。汚れやすい部分の毛を取ります。

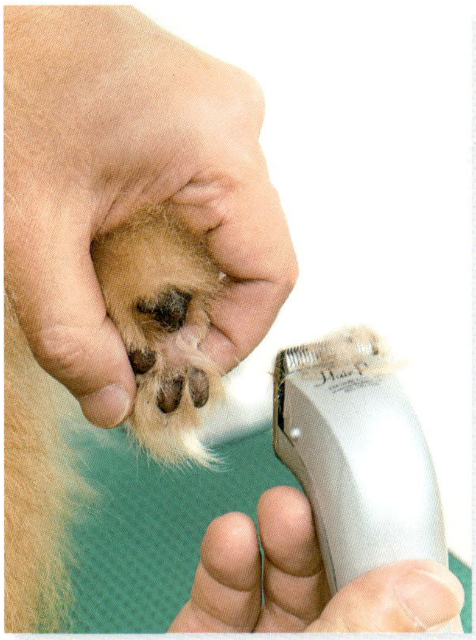

2 足裏を処理します。パッドのあいだの毛をきれいに取ります。

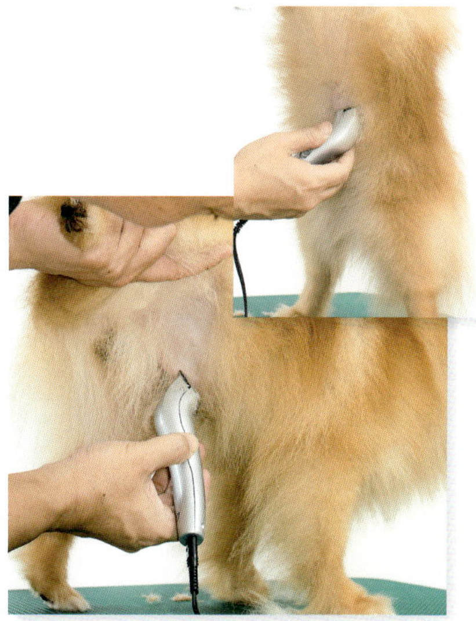

3 犬を後肢で立たせ、腹部を刈ります。へそよりやや高い位置から毛を取り、さらに後肢を片方ずつ持ち上げて鼠径部もきれいに刈ります。

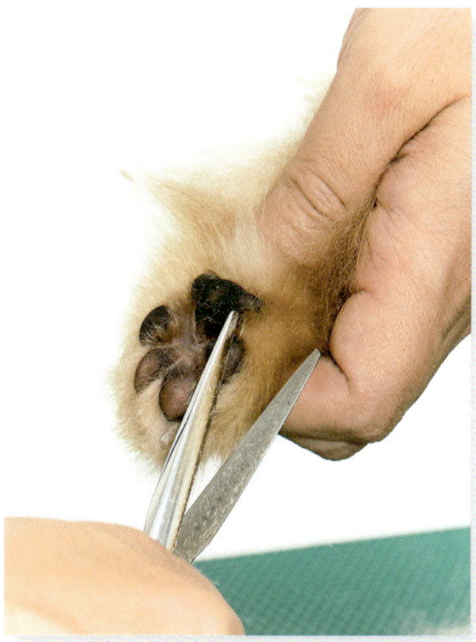

4 足周りをカットします。肢を１本ずつ持ち上げ、パッドより長い毛をカット。パッドの膨らみを延長するように、足周りは軽く切り上げます。

5 お尻をカットします。左手でテイルと陰部を押さえ、お尻の中央部に真っ直ぐハサミを入れます。

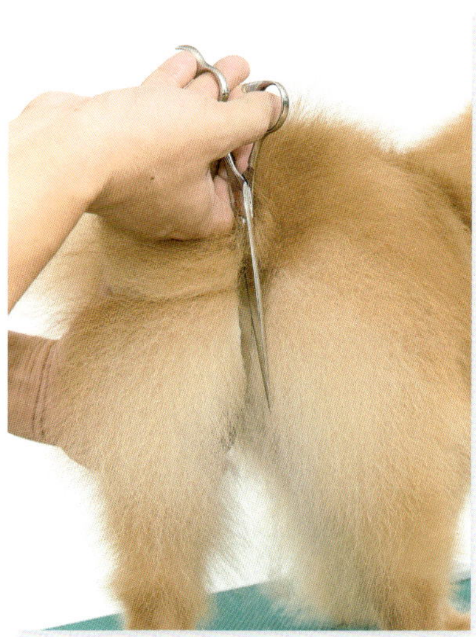

6 ⑤の切り口の角を取るように、左右にハサミを軽く傾けてカットします。

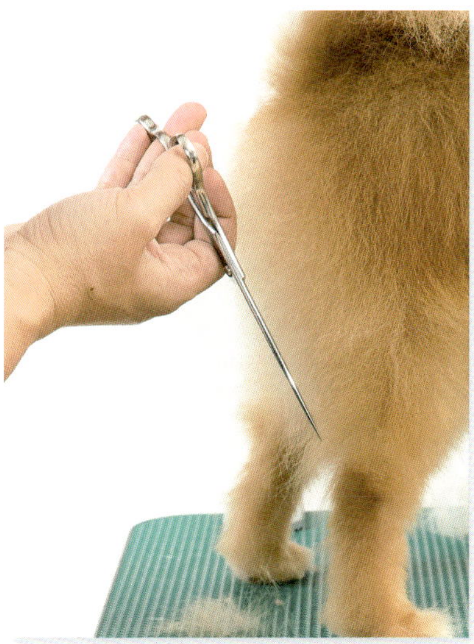

7 お尻の毛を起こすようにコーミングして正しい姿勢で立たせます。側望し、座骨端が高く見えるように、お尻の頂点～飛節を真っ直ぐ結ぶラインでカットします。

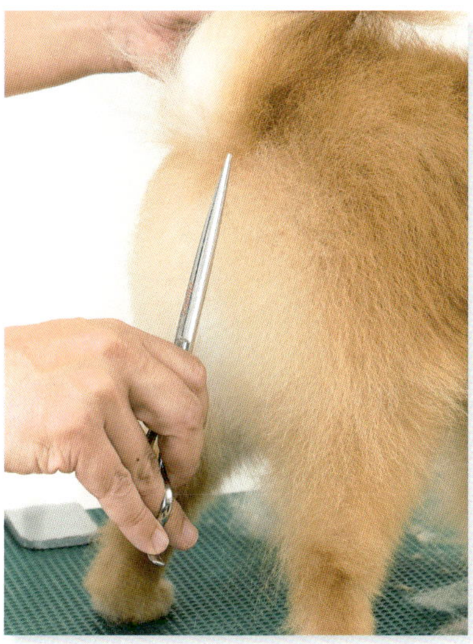

8 ⑦より上をカットし、お尻の頂点～テイルの付け根をつなげます。

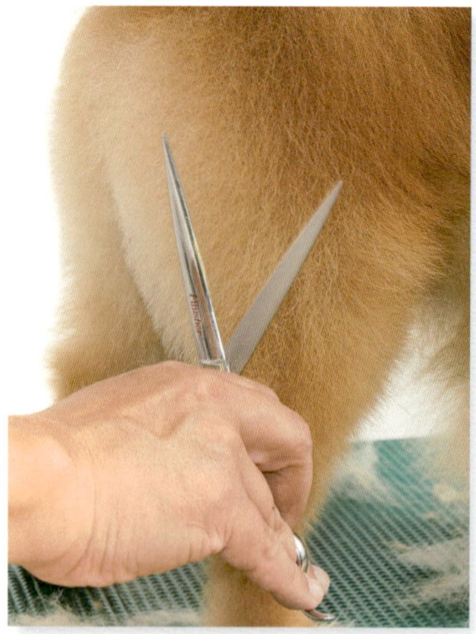

9 ⑦でカットした後肢の後ろ側～外側へ切り口の角を軽く取るようにつなげ、外側を軽く整えます。

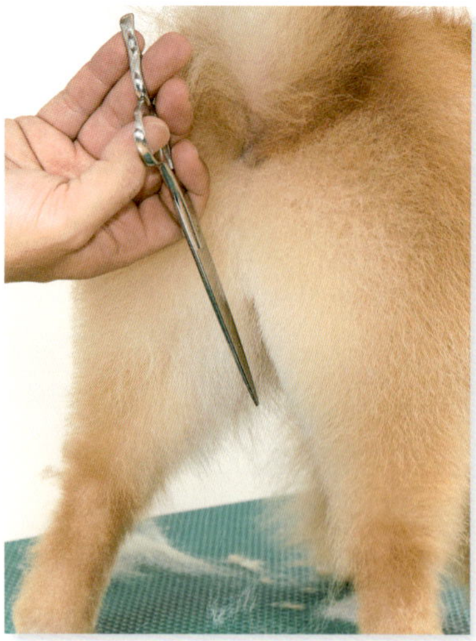

10 後肢の後ろ側～内側へ切り口の角を取るようにつなげ、内側の面を平らに整えます。

11 テイルの付け根の後ろ側をカットします。肛門にかぶさる毛を短くカットします。

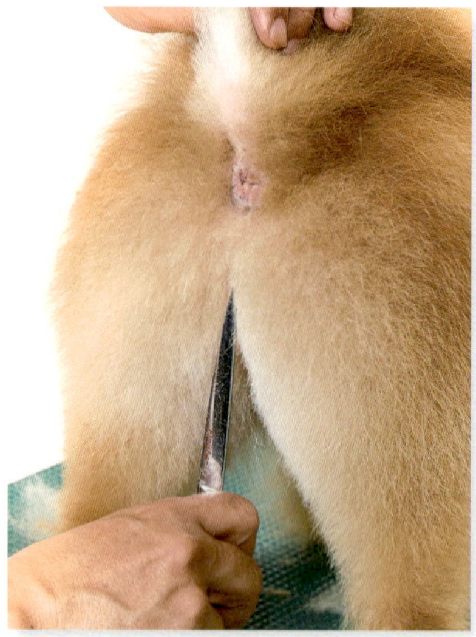

12 ⑤～⑥で入れたラインを整えます。バランスを見ながら、幅5ミリ程度まで広げていきます。

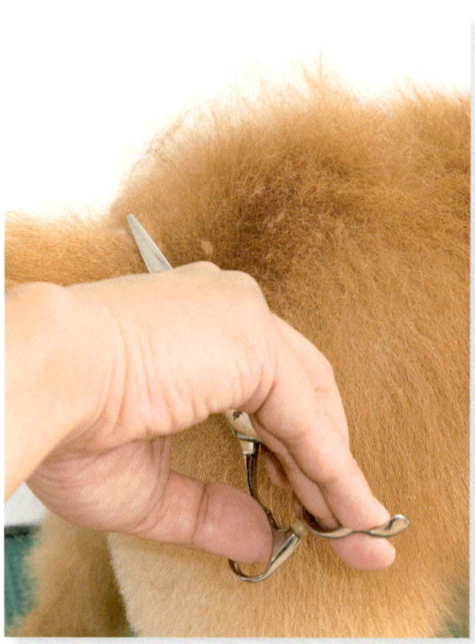

13 テイルの付け根の前側を、指の幅1本分を目安に短くカットします。テイルを背負って動かしたとき、盛り上がって見える部分がないように整えます。

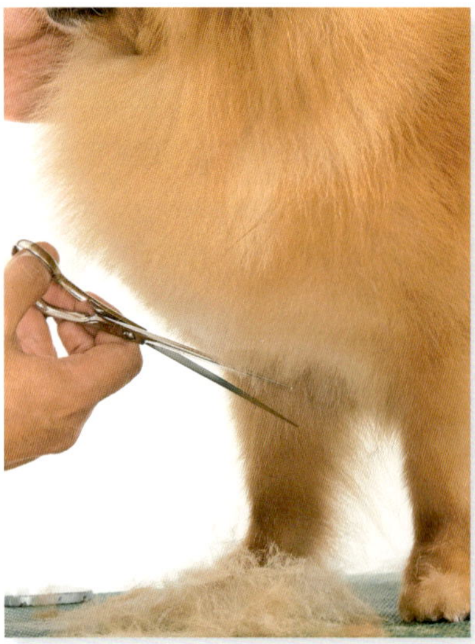

14 胸をカットします。毛を起こすようにコーミングし、ほど良い丸みを付けながら下から上へ切り上げていきます。

15 前胸の上部をカットします。側望し、のどからテーブルに対して垂直に落とすようにカットします。

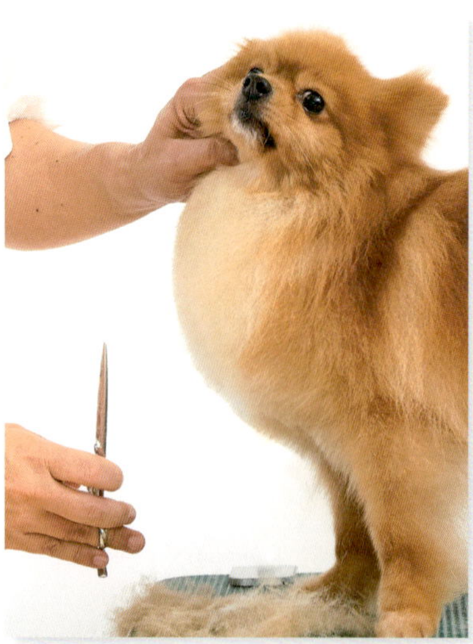

16 胸を整えます。⑭～⑮で決まる胸の頂点は、お尻の頂点とほぼ同じ高さになります。側望してバランスを整え、顔より前に出る毛があればカットします。

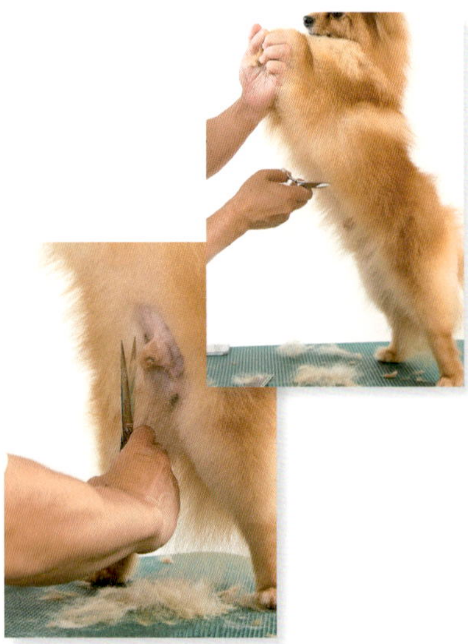

17 アンダーラインをカットします。毛を起こすようにコーミングして犬を後肢で立たせ、肘の後ろから真っ直ぐにカット。腹部から内股まで続けてカットします。

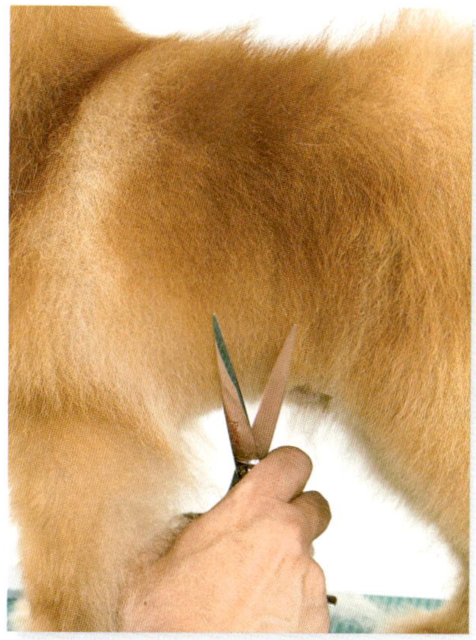

18 前肢を下ろし、肘の後ろからタック・アップへのつながりを整えます。

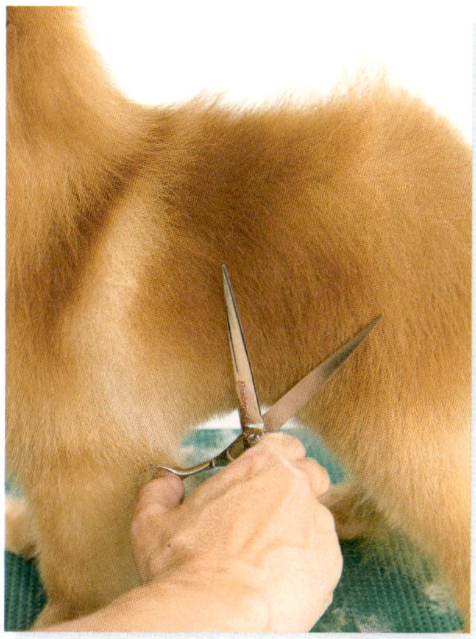

19 ⑱から続けてサイドボディもカットします。体の形に合わせて自然に整えます。

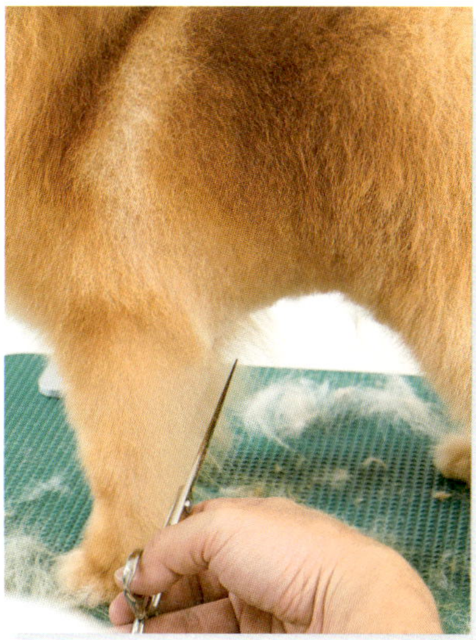

20 前肢の後ろ側をカットします。肘～足周りを真っ直ぐ結ぶようにカットします。

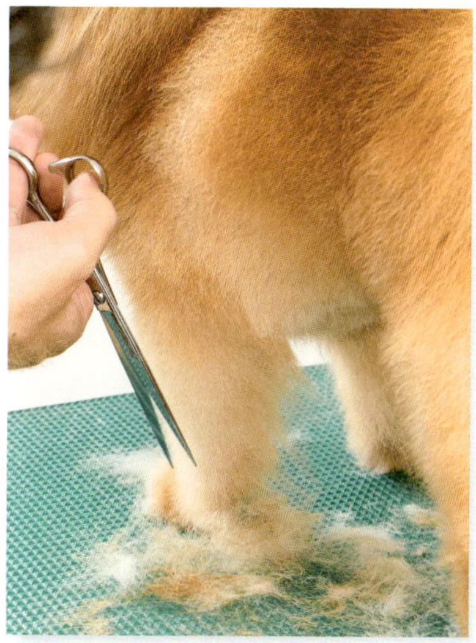

21 ⑳から続けて前肢の外側をカットします。毛流に沿ってハサミを当て、外側に出てくる余分な毛をカットします。

22 顔をカットします。耳を前に出して前望し、耳のラインより外側に出る毛をカット。耳の下～肩の毛を自然につなげます。

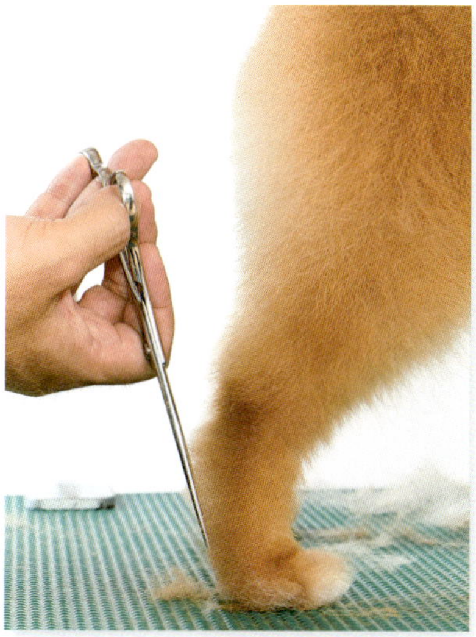

23 後肢の後ろ側を仕上げます。側望し、飛節より下をテーブルに対して垂直より前に入れる角度でカットします。

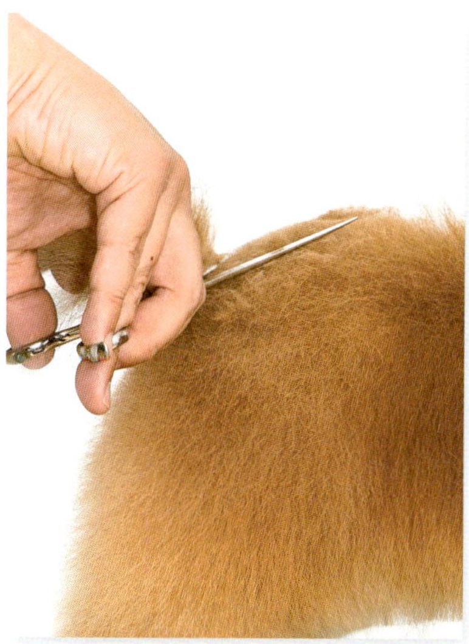

24 後躯をカットします。テイルの前～背線をつなげるように、自然な丸みを付けて腰のあたりをカットします。

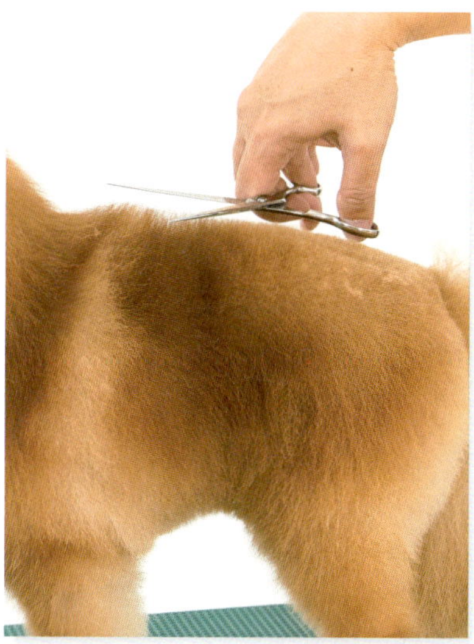

25 背線をカットします。前後からコームを入れてキ甲より後ろの毛を起こし、腰～キ甲を自然な角度でつなげます。

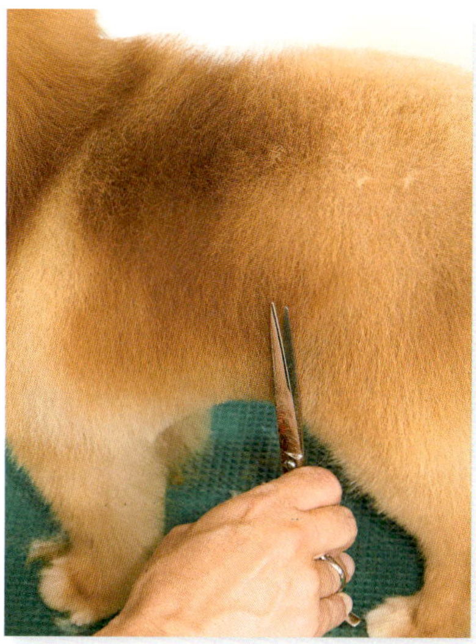

26 サイドボディを整えます。背線～肩から自然につなげ、タック・アップのあたりで後躯へつなげます。

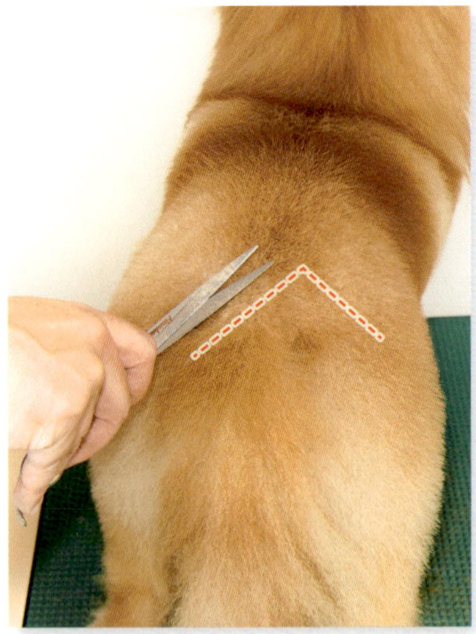

27 お尻～背線をつなげます。テイルの付け根から背線へ、逆V字形に整えます。

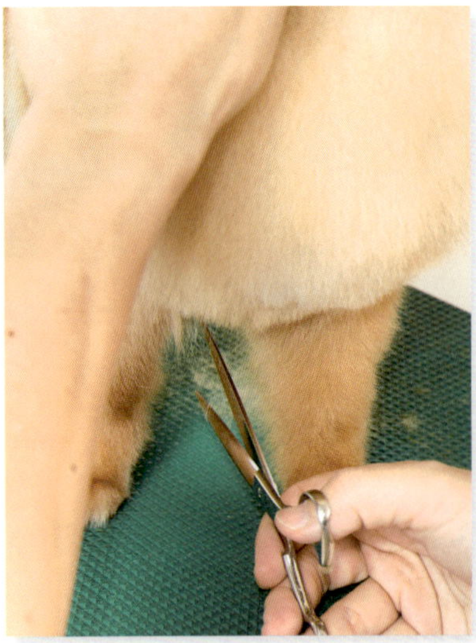

28 前肢を仕上げます。内側に出てくる毛先をカットし、面を整えます。

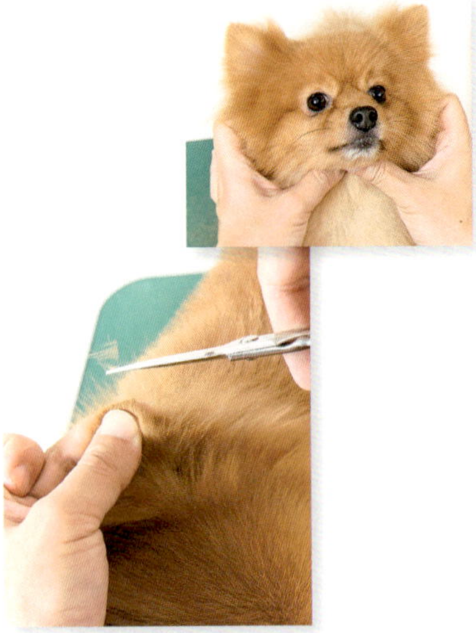

29 耳をカットします。耳を立てて、先端の位置を本来の頂点より内側にイメージします。その形に沿って、まず先端だけカット。

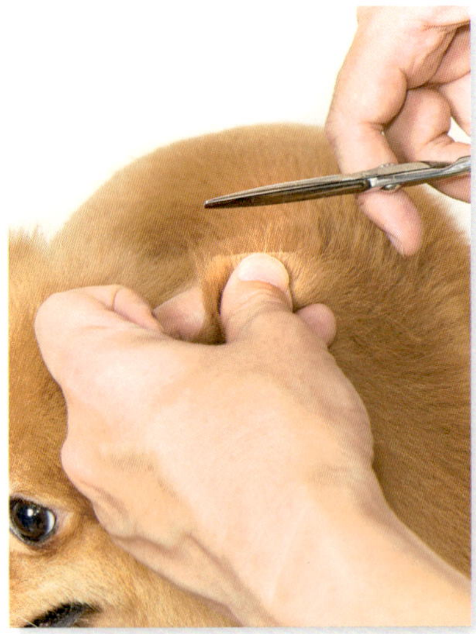

30 耳の外側の縁に㉙で決めた角度に合わせて親指を当て、親指に沿って外側のラインをカット。スキバサミで、耳全体を「根元が太い円すい形」に整えます。

31 顔周りの毛を起こすようにコーミングし、輪郭の丸みに合わせて耳の前をスキバサミでカットします。

32 頬～耳の下あたりをカットします。スキバサミを斜めに当て、毛流に沿ってボリュームをやや抑えるように整えます。

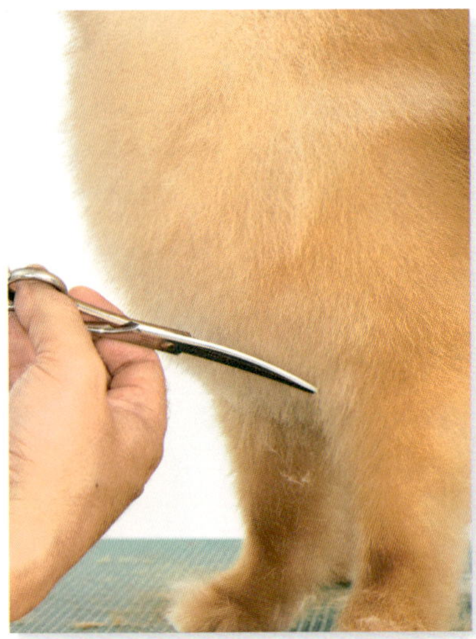

33 胸～前肢をつなげます。下胸のふんわりした膨らみを生かしながら、スキバサミで自然につなげます。

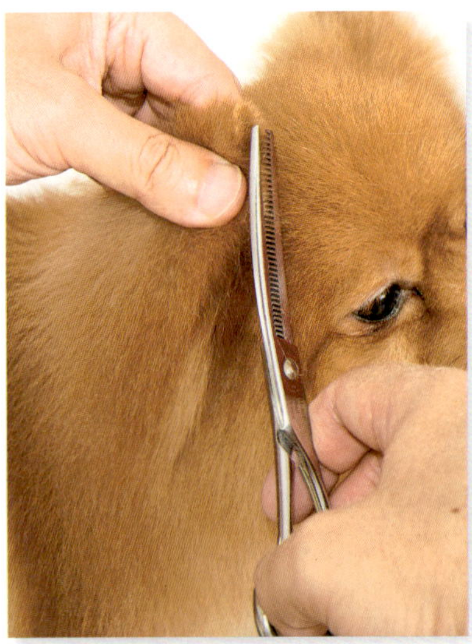

34 耳を縦半分に折って持ち、スキバサミで内側と外側の縁を一緒にカットします。

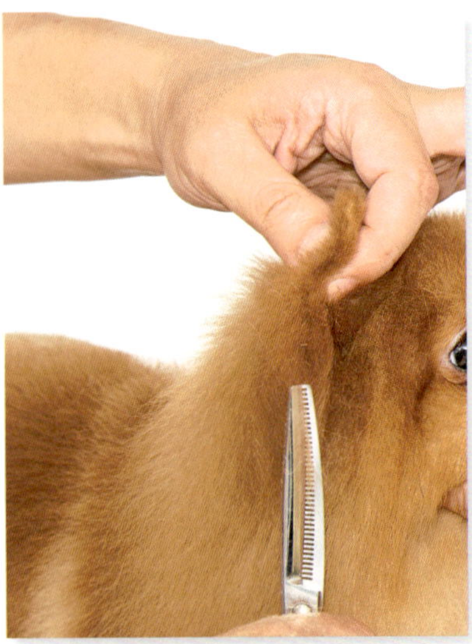

35 ㉞から続けて、耳の縁もカットします。

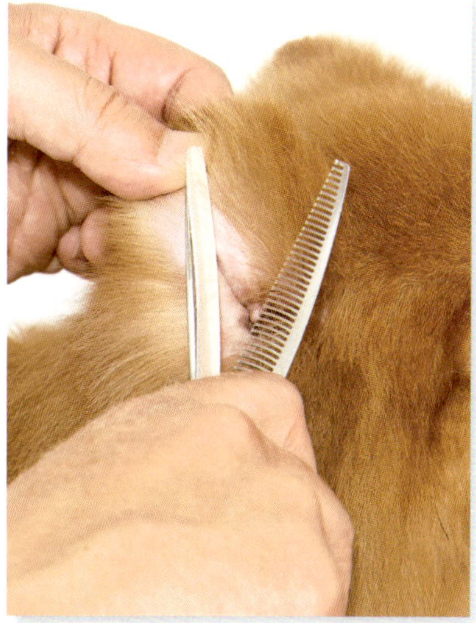

36 耳の裏側をカットします。短くしすぎず、長さを半分にするくらいのつもりで。

37 頭部をカットします。耳の付け根の丸みに合わせてスキバサミで後頭部をカットし、耳と頭を分けます。

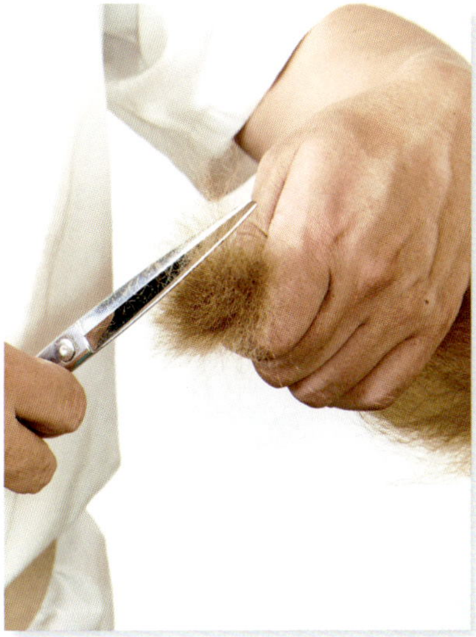

38 テイルをカットします。毛をまとめて持ち、好みの長さで先端をカットします。

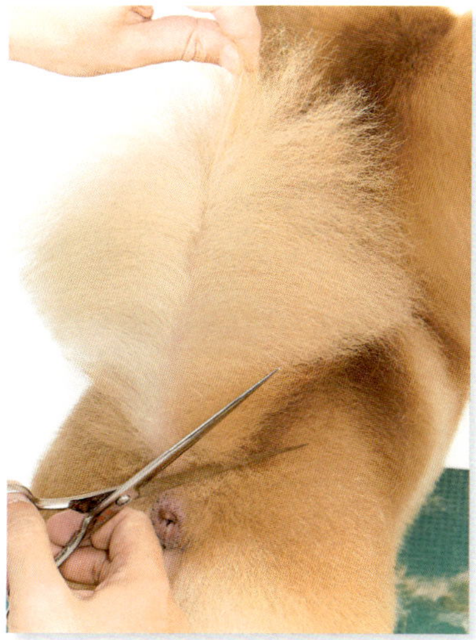

39 テイルを背負わせて左右に分けてコーミングし、付け根側から扇形に整えます。

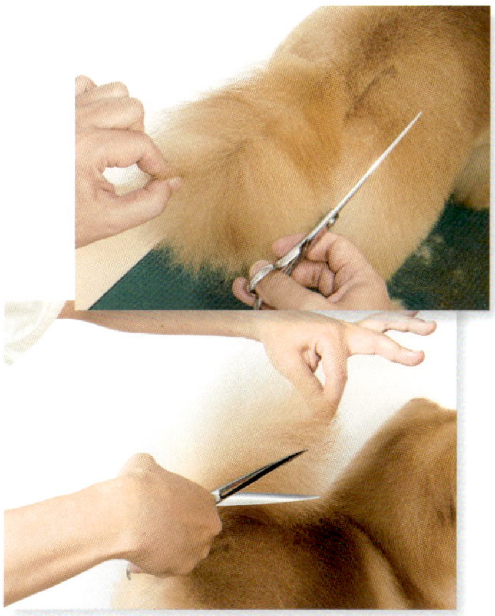

40 テイルをボディと平行に上げて形を整え、もう一度上げてさらに整えます。

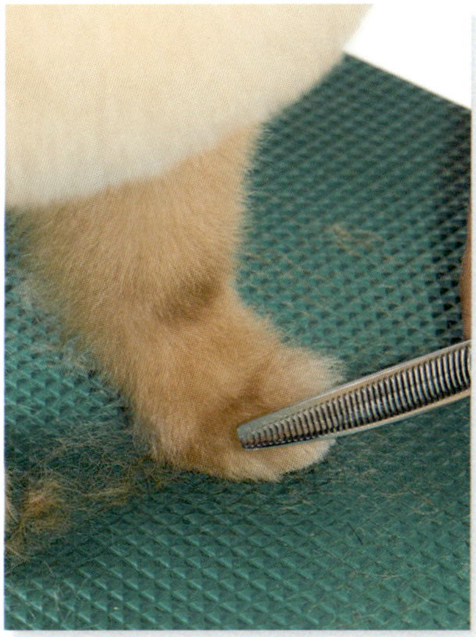

41 足周りを仕上げます。握りの上の毛を起こし、スキバサミで爪先をカット。両サイドへ自然につなげて厚みのある足（猫足）を作ります。

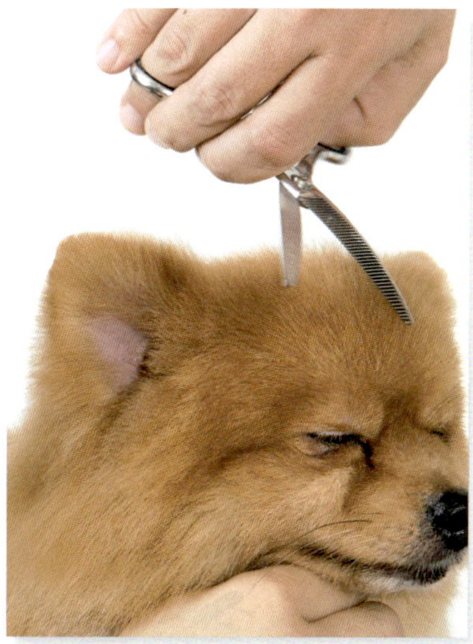

42 顔を仕上げます。前望し、長すぎる目の上の毛をスキバサミでカットします。

finish

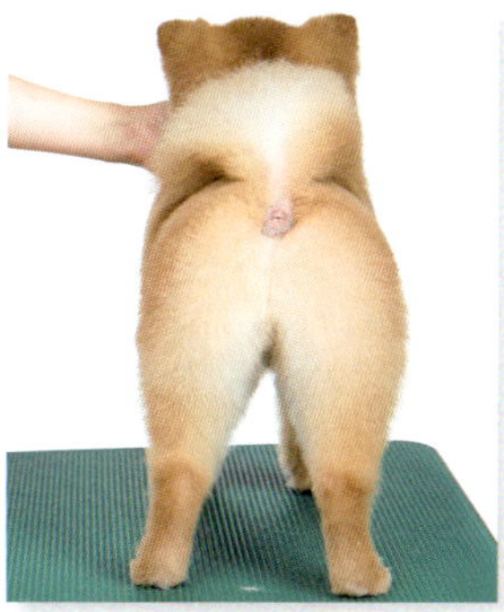

マルチーズの
カジュアル・ショートカット

シングル・コートなので、面をそろえるよりサラサラの毛質を生かすのがおすすめ。
ボディのクリッピングは、皮膚が透けない長さに。
アタッチメント・コームを使ってふんわり感を残しています。

前回のトリミングから約1カ月。

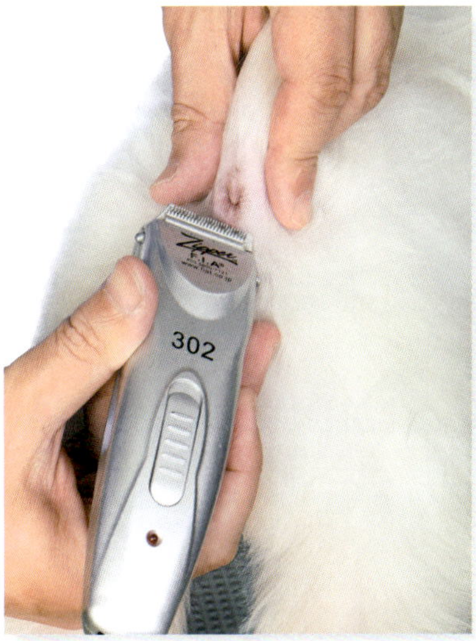

1 ミニ・クリッパーで肛門周りを処理します。汚れやすい部分の毛を取ります。

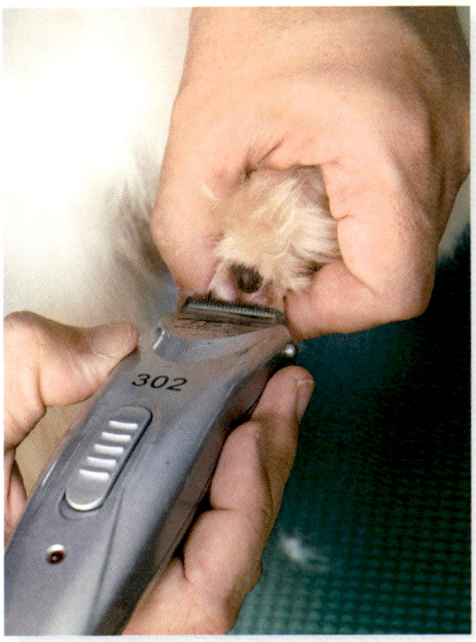

2 足裏を処理します。パッドのあいだの毛をきれいに取ります。

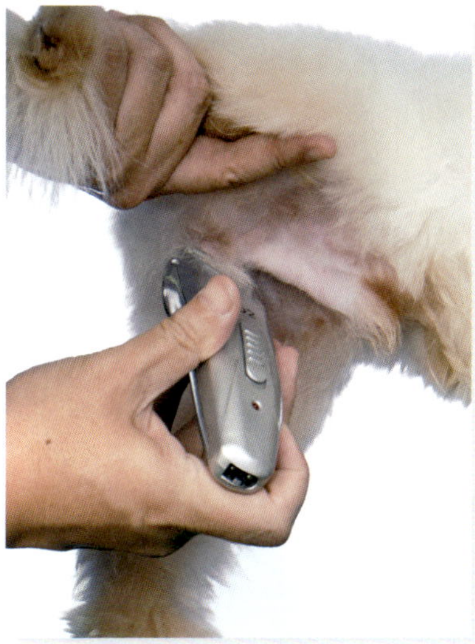

3 腹部を刈ります。モデル犬はオスなので、へそよりやや上から毛を取ります。

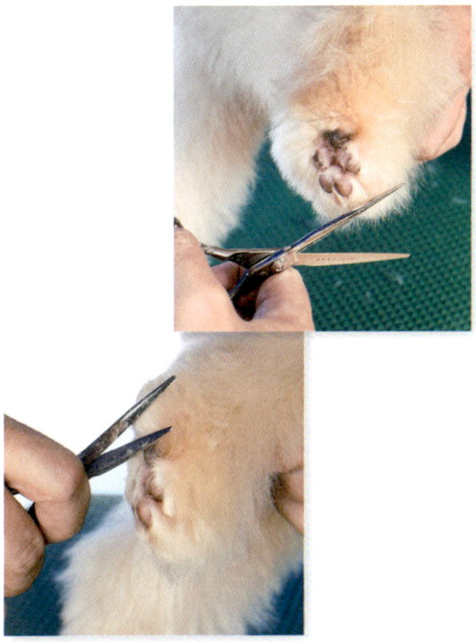

4 四肢の足周りをカットします。パッドの丸みを延長するように、パッドより長い毛をカット。ヒール・パッドの後ろ側は短く切り上げないようにします。

5 足を下ろし、テーブルに着く毛をカットします。足周りは大きめに丸く作ります。

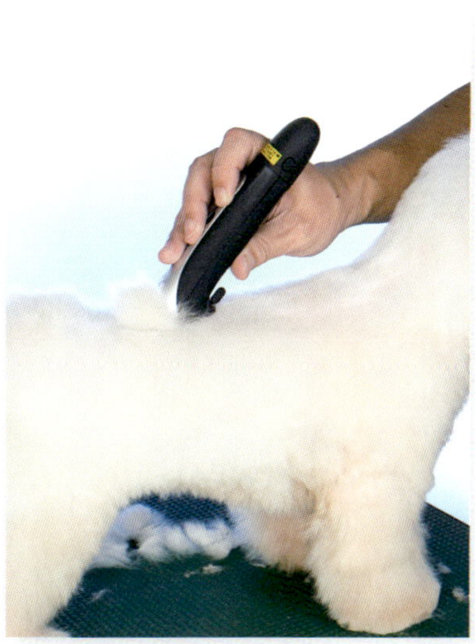

6 0.5ミリ刃のクリッパーに6ミリのアタッチメント・コームを付け、背線を刈ります。オクシパットの下からテイルの付け根まで並剃りします。

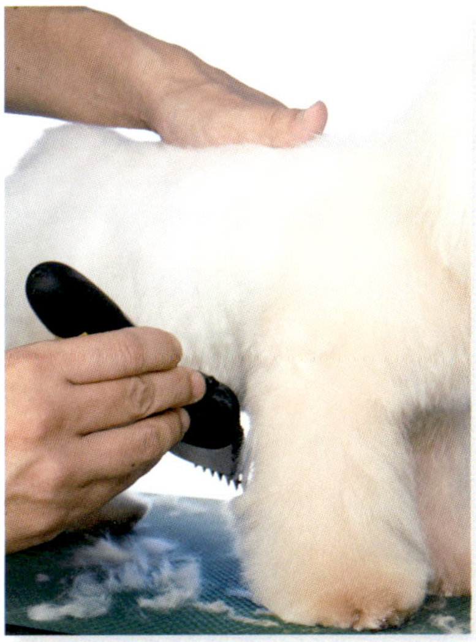

7 ⑥から続けて、肘の後ろ〜ひばらのあいだのサイドボディを並剃りします。左手で皮膚を張り、ボディの下部までクリッパーを入れます。

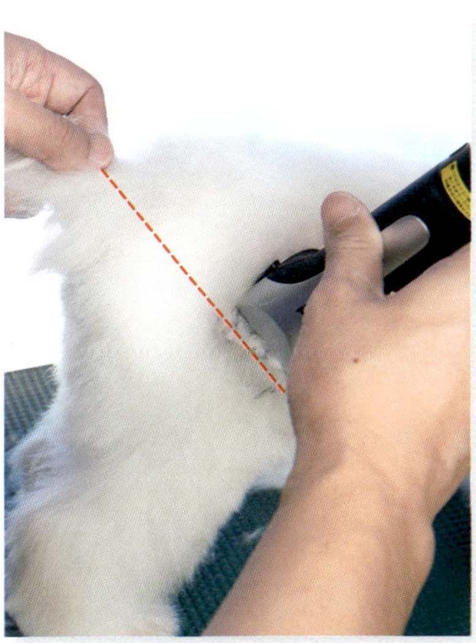

8 ボディ後部は、ひばら〜テイル・セットを結んだラインで刃を逃がします。

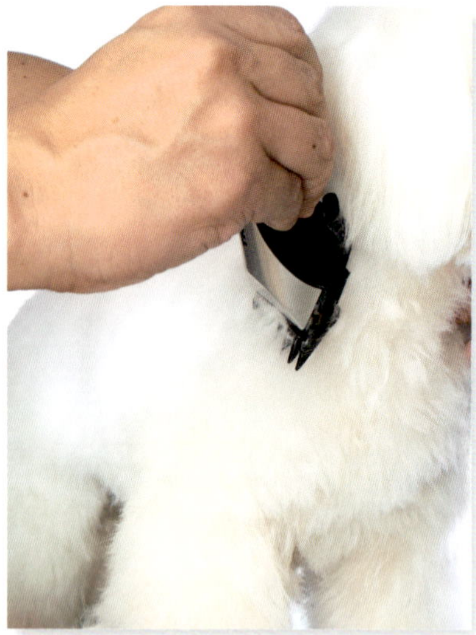

9 肩を刈り、サイドボディへつなげます。耳の後ろから並剃りし、肘よりやや上の高さで刃を逃がします。

10 前胸を刈ります。まず、首の付け根～胸骨端を並剃り。次に、先に刈った部分の左右～胸骨端をV字形に結ぶように並剃りします。

11 前胸～下胸、腹部をつなげるように並剃りします。

12 ⑧のクリッピング・ラインを、仕上げバサミでブレンドします。

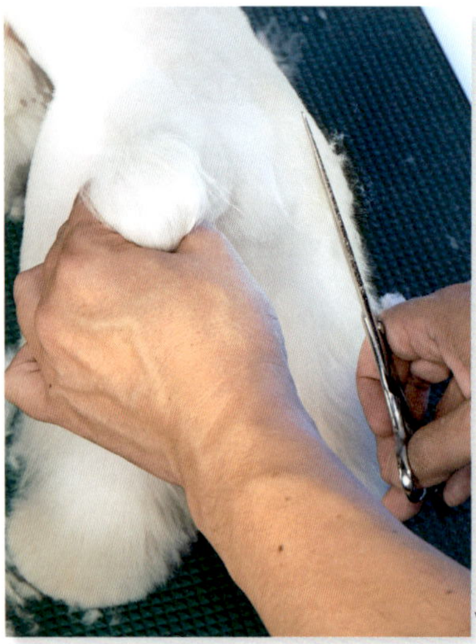

13 後肢の外側をカットします。後望し、腰から足周りへ向けて自然に広がるAラインを作ります。

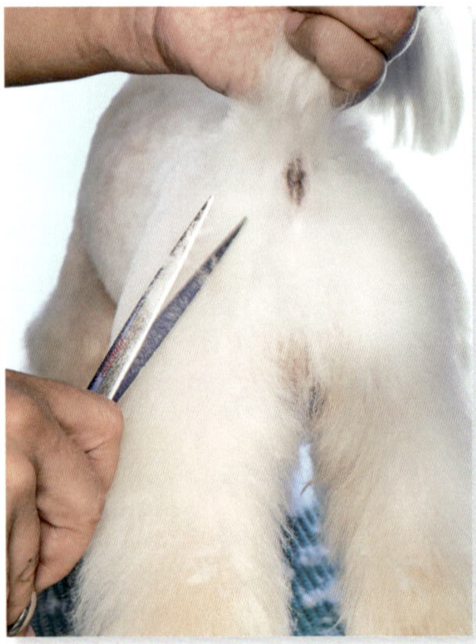

14 お尻をカットします。体に沿ってクリッピングした長さに合わせて短く詰め、テイルの両サイドも短くカット。さらに、⑬との角も取ります。

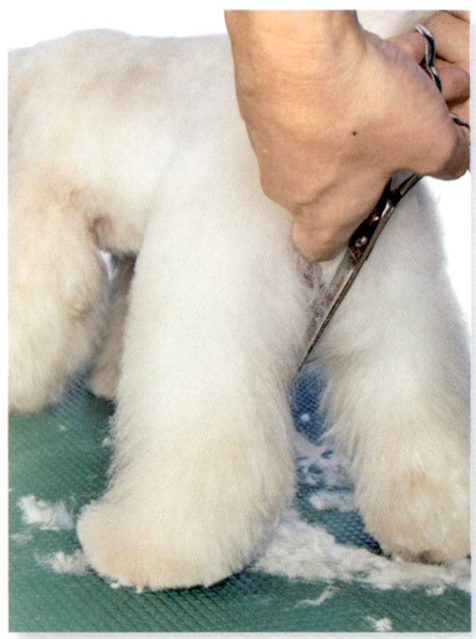

15 後肢の内側をカットします。後望し、⑬と角度をそろえて平らな面を作るように整えます。

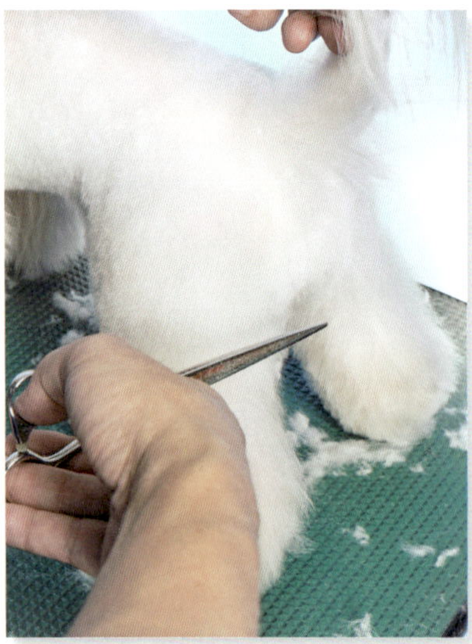

16 後肢の後ろ側をカット。後ろへ毛を流すようにコーミングし、肢の付け根～膝を自然に整えます。アンギュレーションを深く見せる必要はありません。

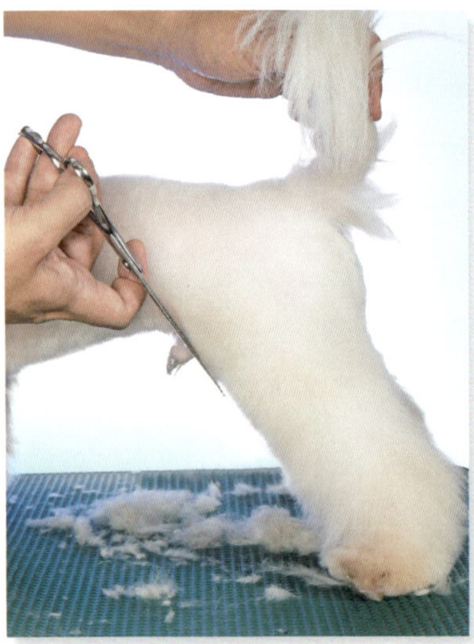

17 後肢の前側をカットします。前へ毛を流すようにコーミングし、⑯と角度を合わせて膝より上をカットします。

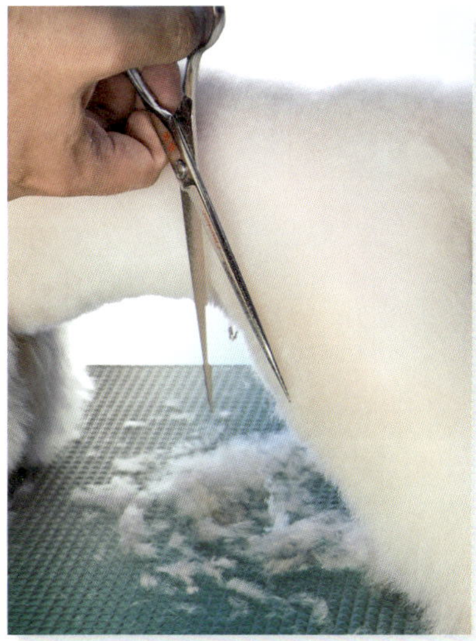

18 ひばら～⑰を自然につなげます。切り残しがないように注意し、すっきりとカット。

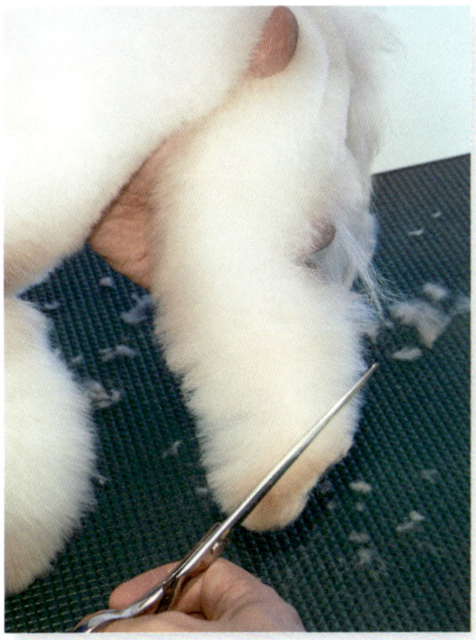

19 後肢を片方ずつ持ち上げて足先だけ毛流と逆にコーミングし、膝～足先へふんわりとつなげるようにカット。

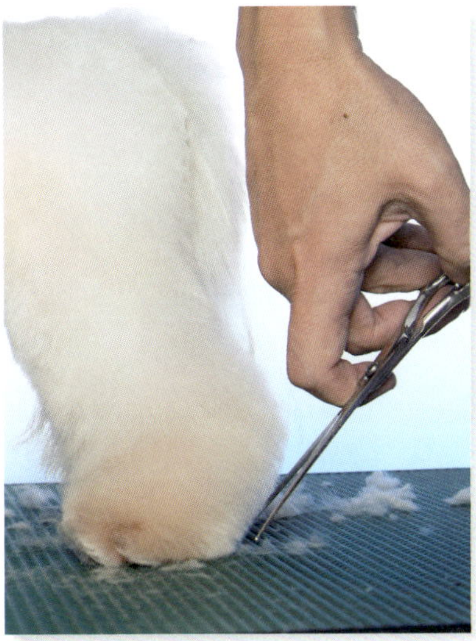

20 足を下ろし、飛節～足周りを自然な角度でつなげます。

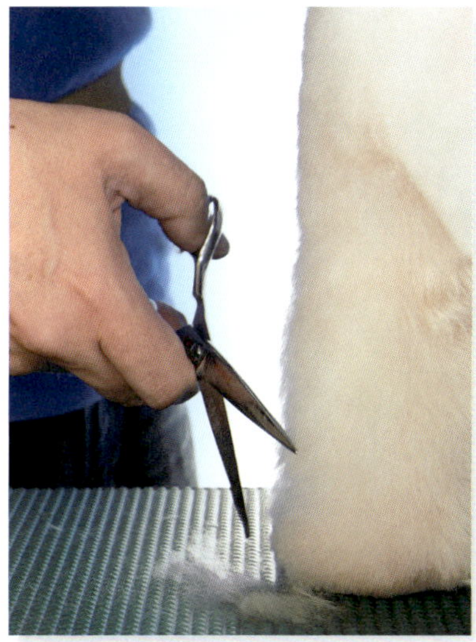

21 前肢の外側をカットします。毛を外側へ広げるようにコーミングし、付け根～足周りへ軽く広げるようにカット。

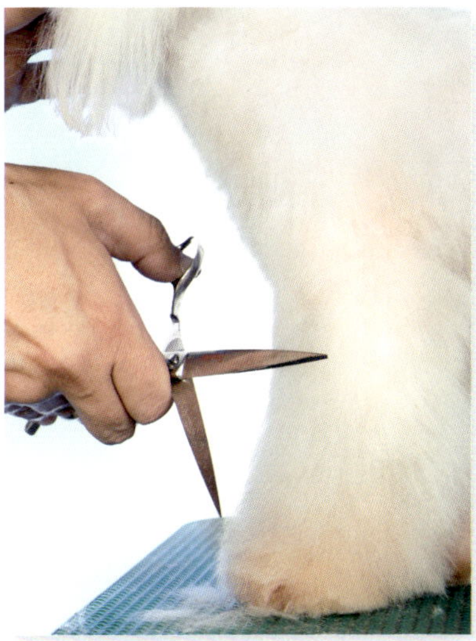

22 前肢の前側をカットします。斜め前へ向けてコーミングし、付け根から足周りへ、軽くえぐるようなラインでつなげます。

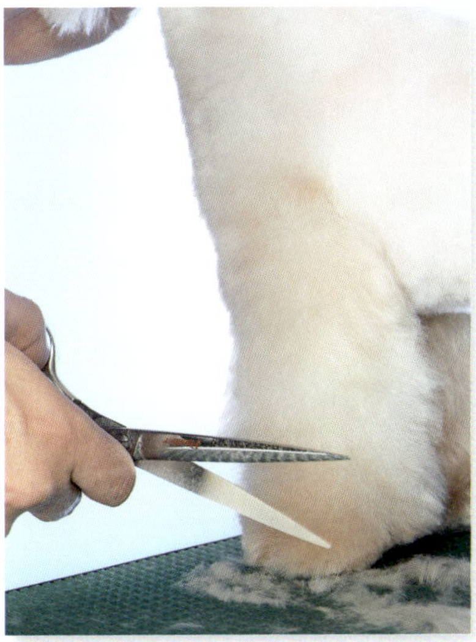

23 後肢の内側は脇～足周りをつなげ、後ろ側は前側と角度をそろえてカット。さらに上望し、前肢の角を取ります。

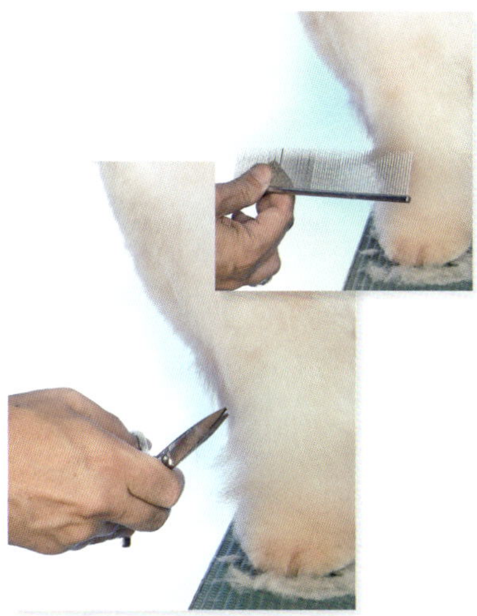

24 足先を毛流と逆にコーミングし、浮いてきた長い毛だけをカットします。

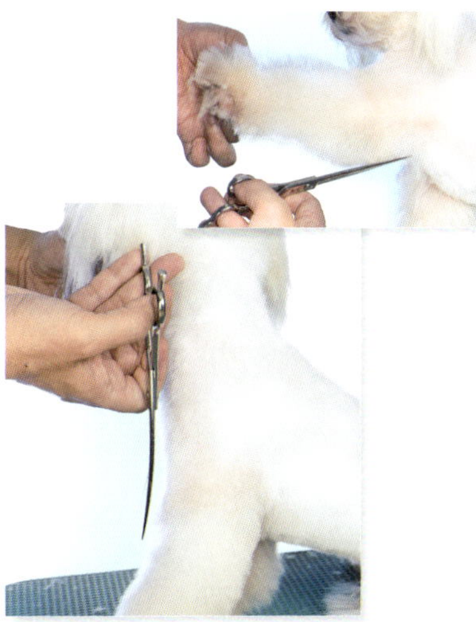

25 肢を片方ずつ上げて脇の毛をかき出すようにコーミングし、㉓から続けて肢なりにカット。正しく立たせ、前肢の前後のラインを整えます（カーブシザーを使っても可）。

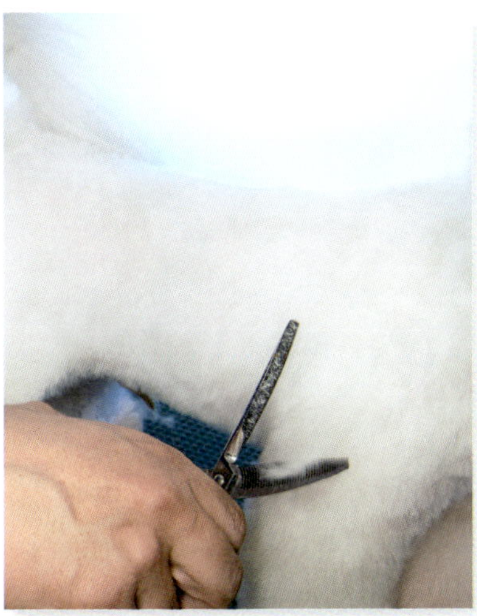

26 ボディと胸の毛を起こすようにコーミングし、クリッピング面をスキバサミで整えます。

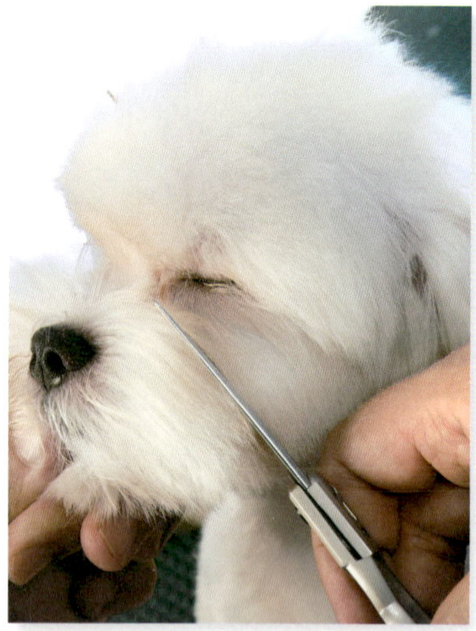

27 顔をカットします。まず、目頭にかかる毛をカット。マズルにコームを入れ、目頭から続けて目の下をカットします。

28 耳を裏返して目の上をコーミングし、上まぶたのラインを下へ延長するように目の横をカットします。

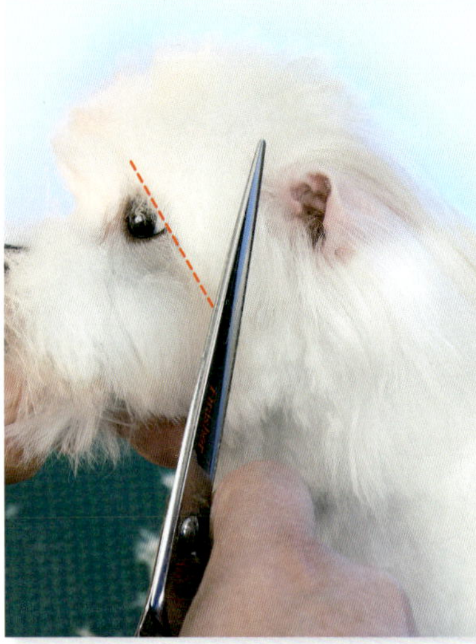

29 耳の前をカットします。㉘でカットした部分とV字形につなげます。

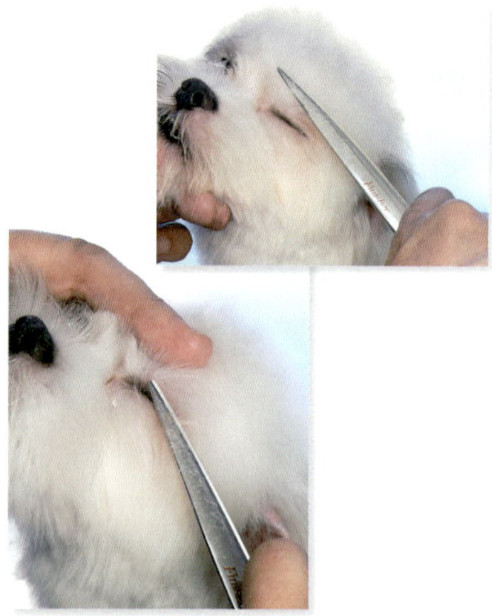

30 頭部を前へ向けてコーミングし、目の上をカットします。毛流に合わせて、㉘を自然につなげるようにします。まつ毛も短くカットします。

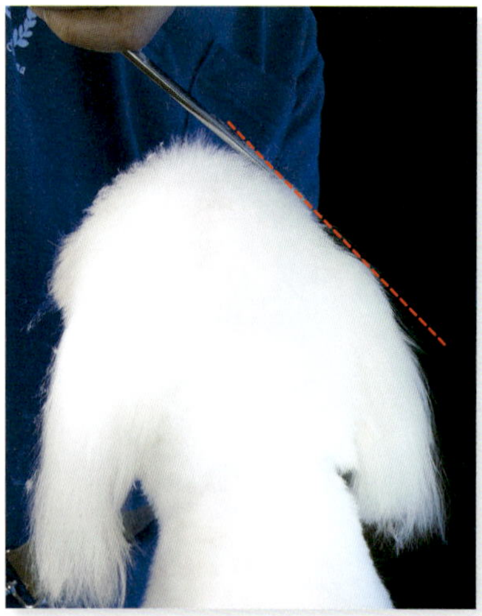

31 前望して頭頂部の毛を起こすようにコーミングし、頭の中心〜耳をそれぞれ真っ直ぐに結ぶようにカットします。左右のラインに合わせて、後頭部へも自然につなげます。

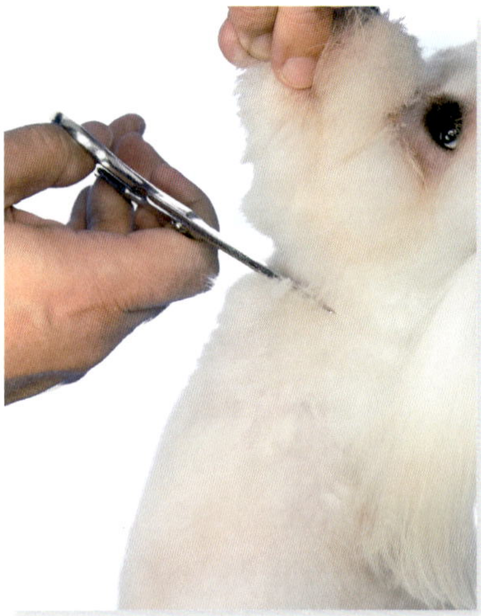

32 下顎の毛を起こすようにコーミングし、後の作業の目安にするため、首の付け根に真っ直ぐハサミを入れます。

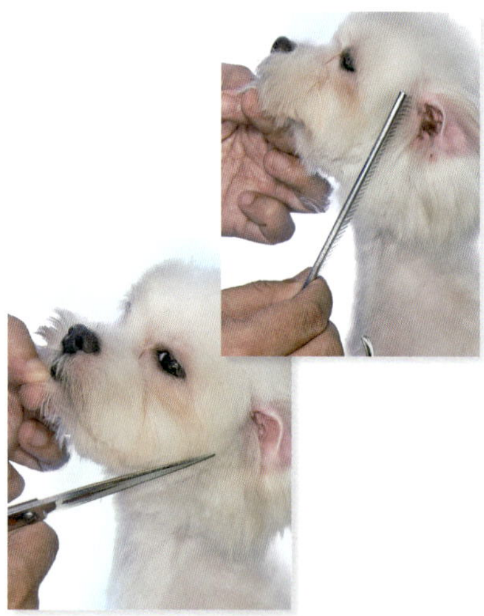

33 耳を裏返し、上側の付け根〜下側の付け根よりやや前を真っ直ぐに結ぶようにカット。さらに、切り終わり〜㉜をつなげます。

34 前望し、下顎の左右中央〜頬のトップを真っ直ぐ結ぶようにカット。頬のトップは高い位置に設定すると、かわいくなります。下顎の毛は、一部を保定用に残しておくと便利。

35 輪郭の下側を、短めに整えます。この部分を短くしておくと上の毛が落ちにくくなり、ふんわり感を保つことができます。

36 前望し、顔の両サイドを真っ直ぐにカット。耳を戻して毛が盛り上がる部分などがあれば整え、付け根を頭になじませます。

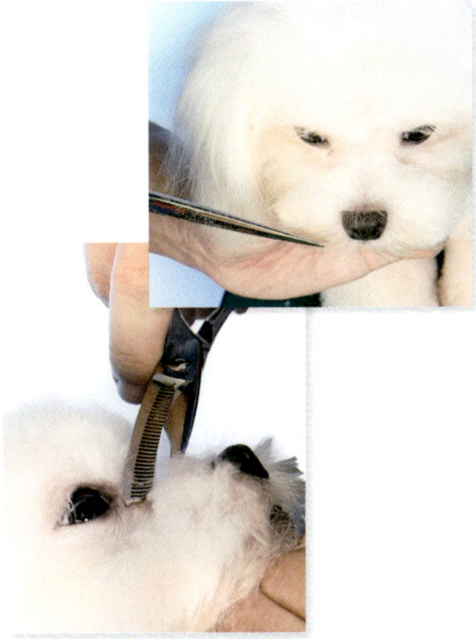

37 上望してマズルの丸みを整え、鼻鏡にかかる毛もカット。さらに目の下を軽くえぐるようにカットし、頬〜マズルのつながりにメリハリを付けます。

38 鼻の下の毛をかき出すようにコーミングし、鼻鏡の下だけリップ・ラインに沿ってカットします。㉞で保定用に残した下顎の毛もカットします。

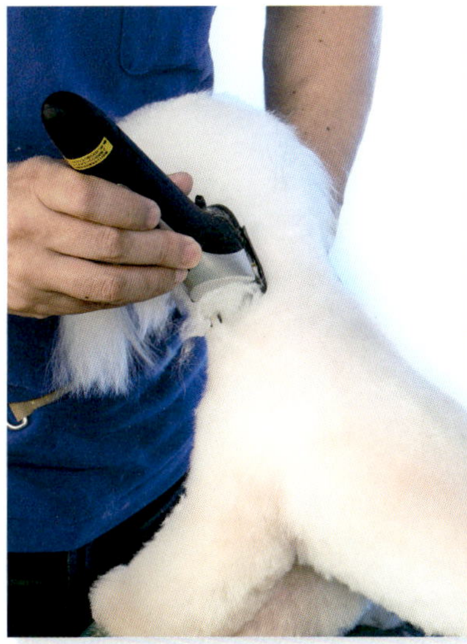

39 耳の付け根や仕上がった顔の輪郭より外側の不要な毛をクリッピングし、ハサミでなじませて頭部とボディをつなげます。

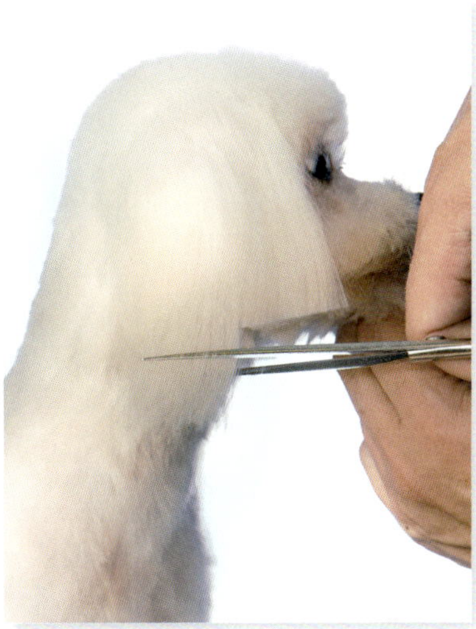

40 耳をカットします。耳の縁の位置を確認し、縁から1cmほど下で真っ直ぐにカットします。

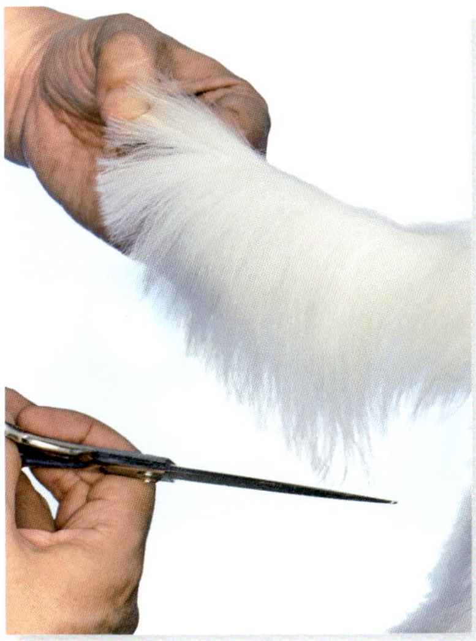

41 テイルをカットします。テイルの毛をまとめて先端をカット。ボディと平行に上げ、毛が自然に左右に分かれた状態でフラッグテイル風に整えます。

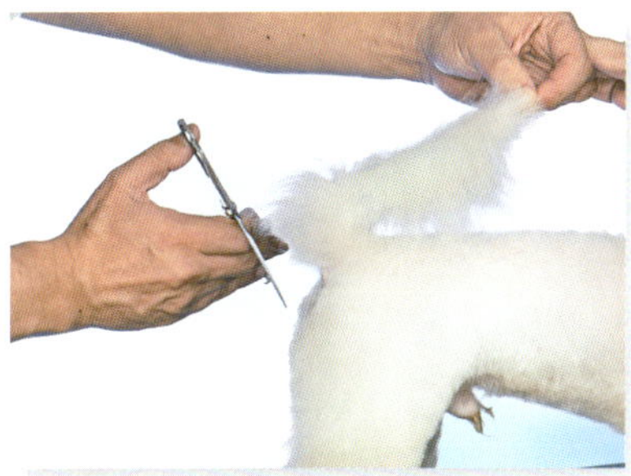

42 テイルを背負わせ、肛門にかかる付け根の毛を短くカット。

ペキニーズの
ラブリー・ライオン・カット

ライオンのたてがみをイメージし、ボディ前部の毛を長く残します。
そのほかの部位はすっきりとクリッピングし、
カットする部分はスキバサミを使ってナチュラルに仕上げましょう。

前回のトリミングから約1カ月。

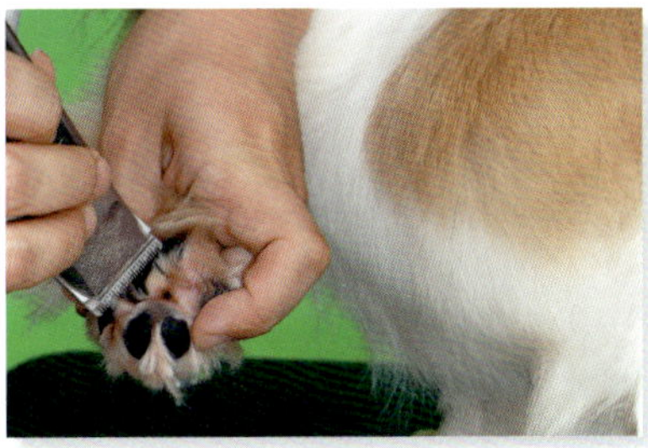

1 0.5ミリの刃を付けたクリッパーで、足裏を処理します。パッドからはみ出す毛や足指のあいだの毛をきれいに取ります。

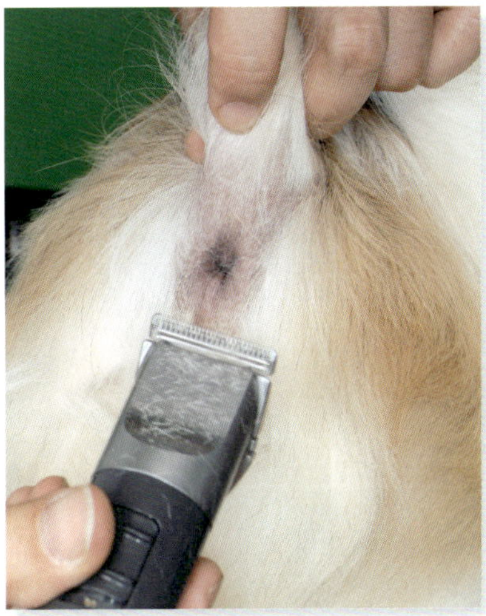

2 肛門周りの毛を刈ります。

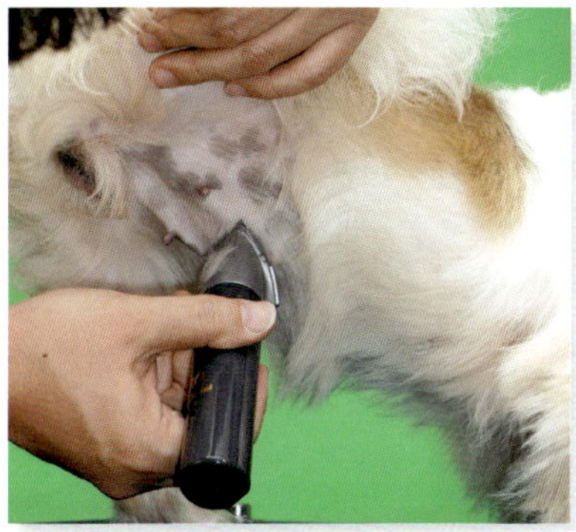

3 腹部を刈ります。前から2つめの乳頭より後ろの毛を取ります。

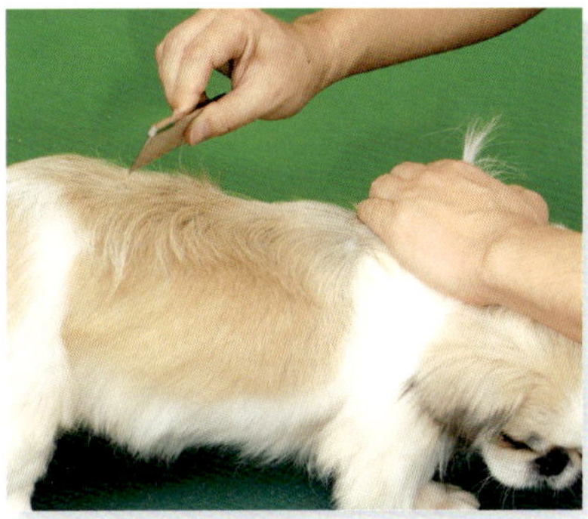

4 ボディのクリッピングの準備をします。肘の上（前から5番目の肋骨が目安）で毛を分け、軽くコーミングします。

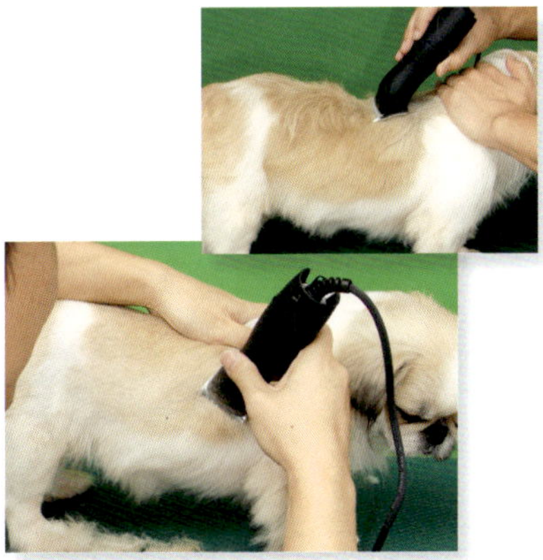

5 クリッパーの刃を3ミリに替え、④の分け目より後ろを並剃りします。背線から刈り始め、サイドボディまで続けて刈ります。

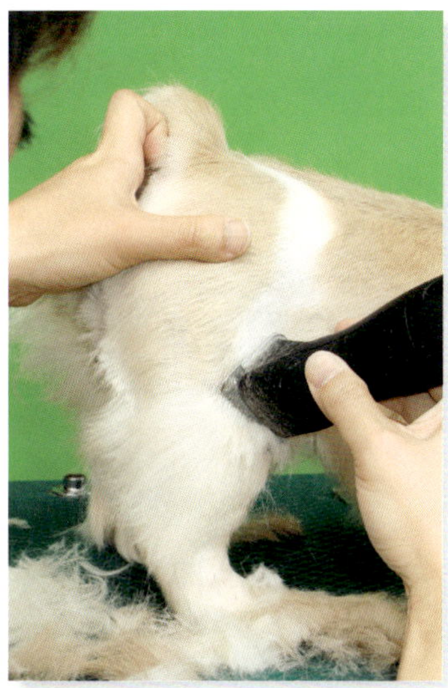

6 ボディから続けて大腿部を並剃りします。

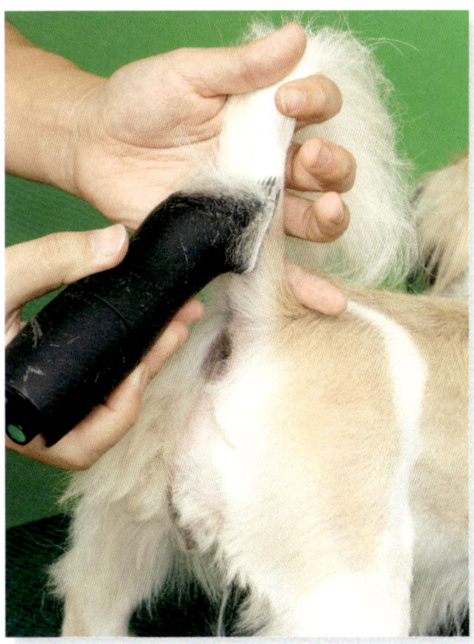

7 テイルを刈ります。付け根から約2/3まで、ぐるりと並剃りします。

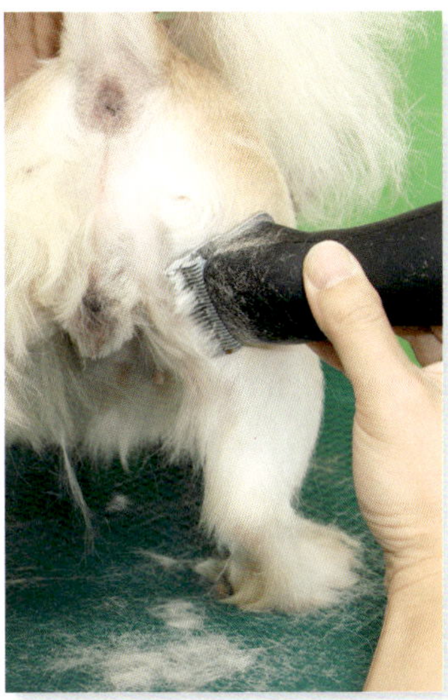

8 大腿部から続けて、お尻を刈ります。つむじの部分で毛流に合わせてクリッパーの向きを変えながら、内股との境目まで並剃りします。

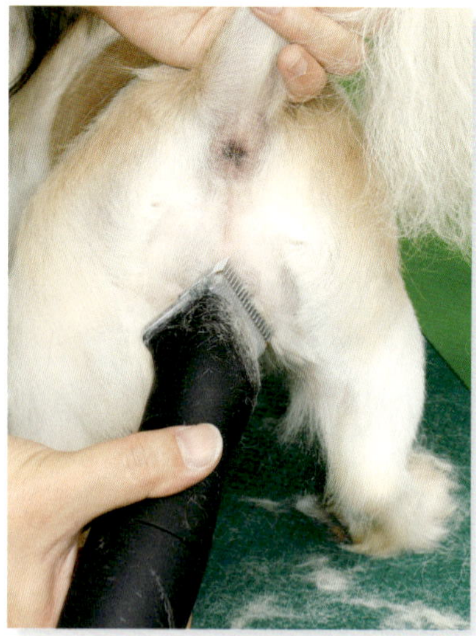

9 内股の部分は逆剃りして、きれいに毛を取ります。

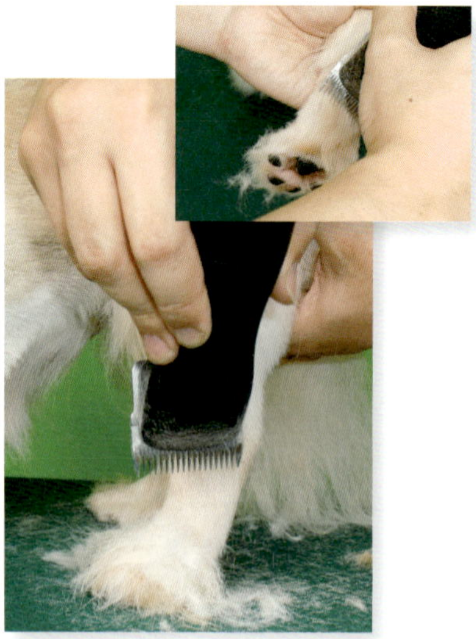

10 後肢の飛節より下を、毛流に合わせて並剃りします。

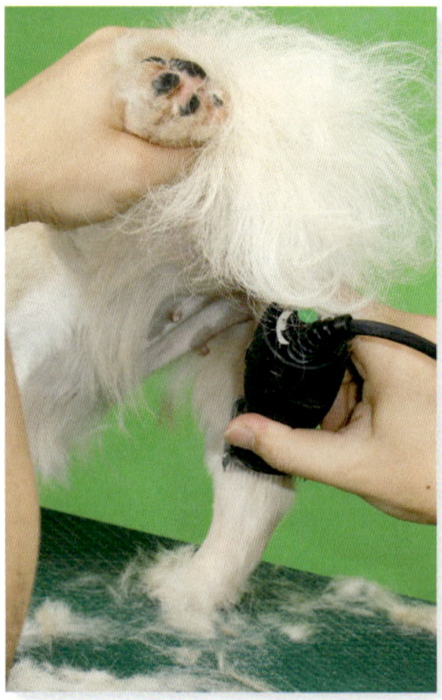

11 後肢の内側を刈ります。片方の肢を持ち上げ、付け根から並剃りします。

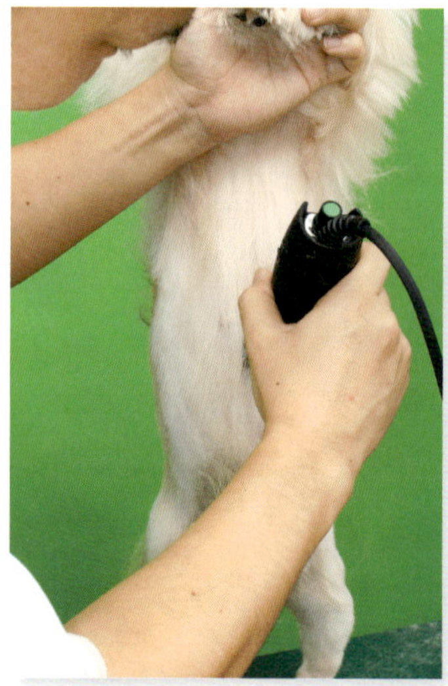

12 犬を後肢で立たせ、乳頭を傷付けないように注意しながら下胸を並剃りします。⑤で刈り残したボディの毛も、残さず刈っておきます。

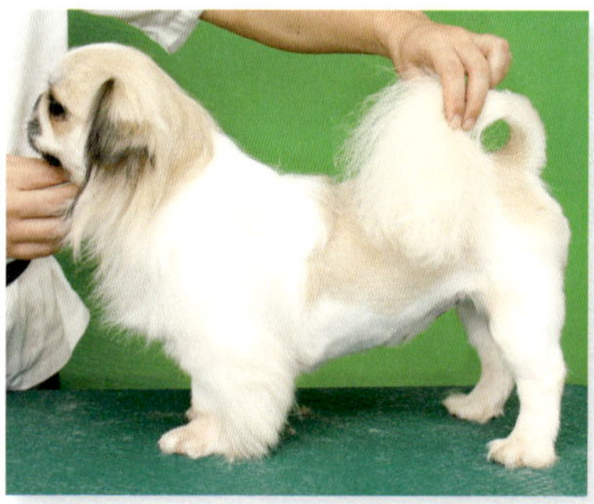

13 クリッパーの作業が終了したところ。

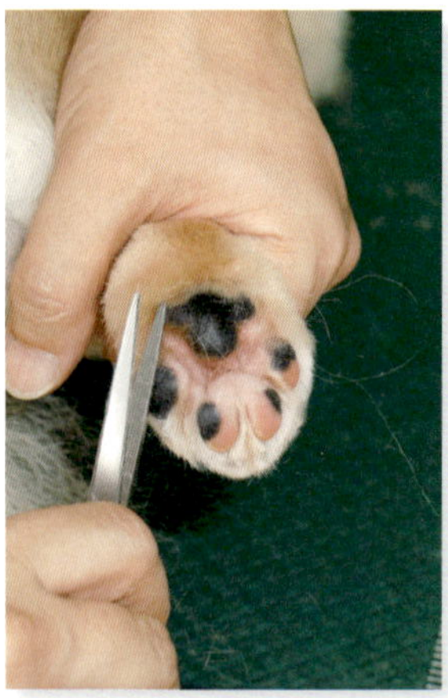

14 後肢の足周りをカットします。肢を持ち上げ、パッドの中心部が最も高く盛り上がったドーム型になるように、足周りの毛を丸くカットします。

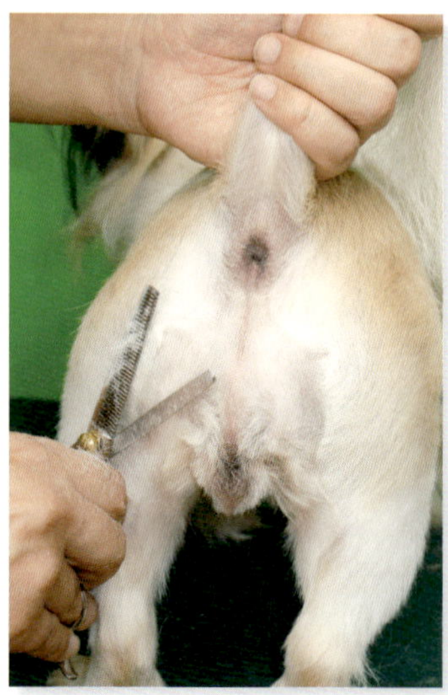

15 内股とお尻の境目の部分をスキバサミでぼかし、自然になじませます。

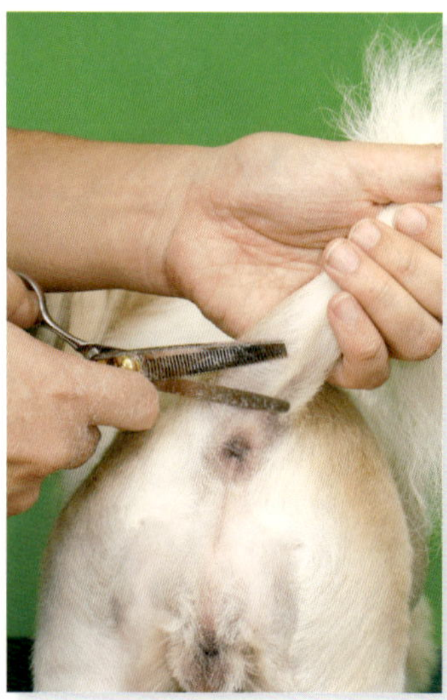

16 テイルの付け根をスキバサミでぐるりとカットし、ボディと自然になじませます。

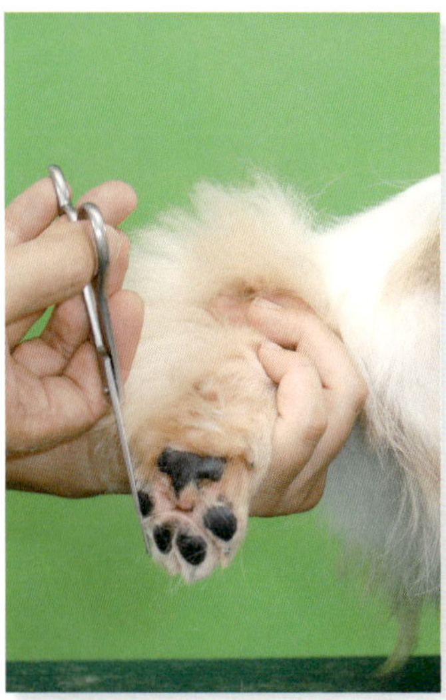

17 前肢の足周りをカットします。⑭と同じ手順で丸く整えます。

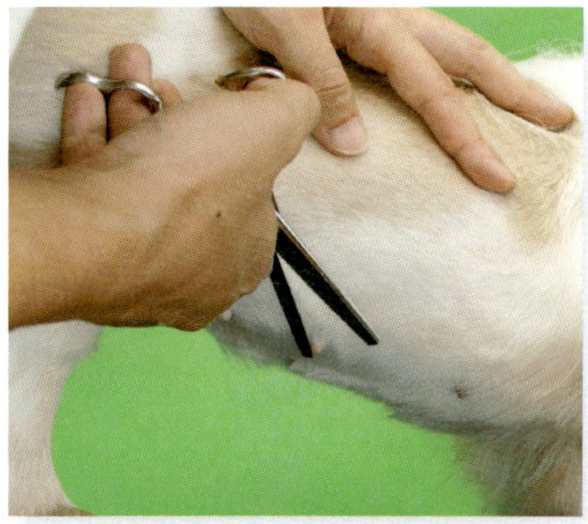

18 アンダーラインをスキバサミでカットし、刈り残しをきれいに整えます。

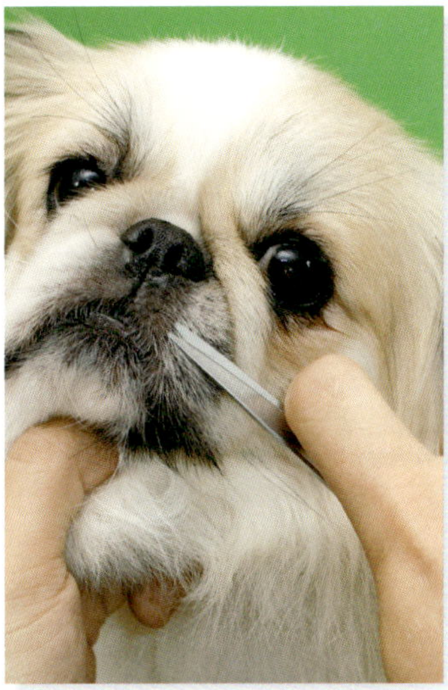

19 ボブバサミで、ひげを1本ずつカットします。

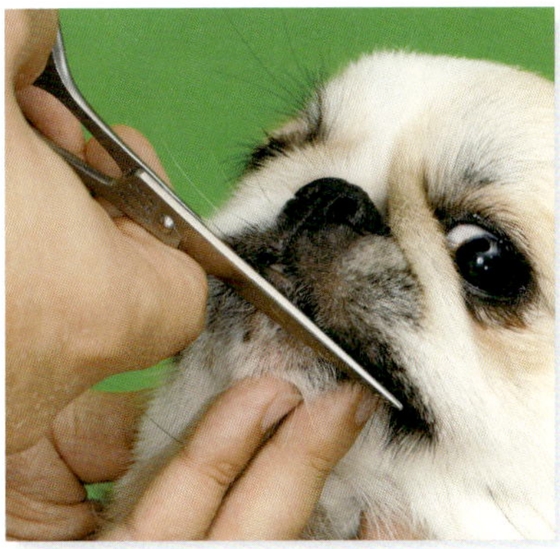

20 ボブバサミでリップラインをカットします。

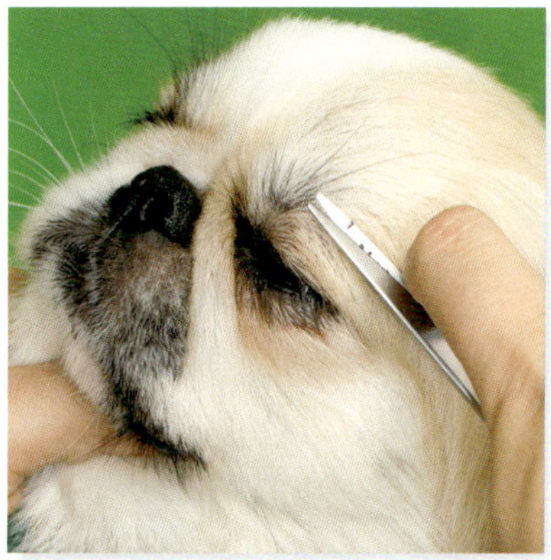

21 続いて目の上の触毛（太くて硬い毛）をカットします。

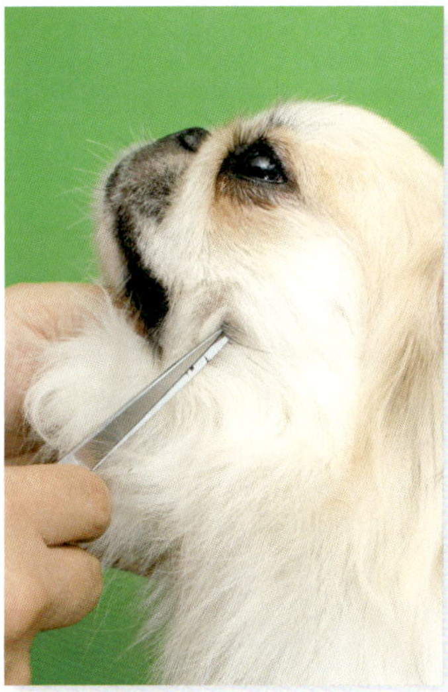

22 頬の触毛をカットします。

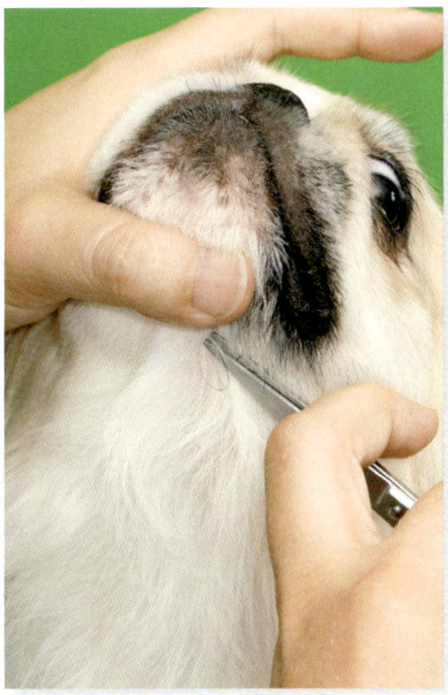

23 下顎の触毛をカットします。

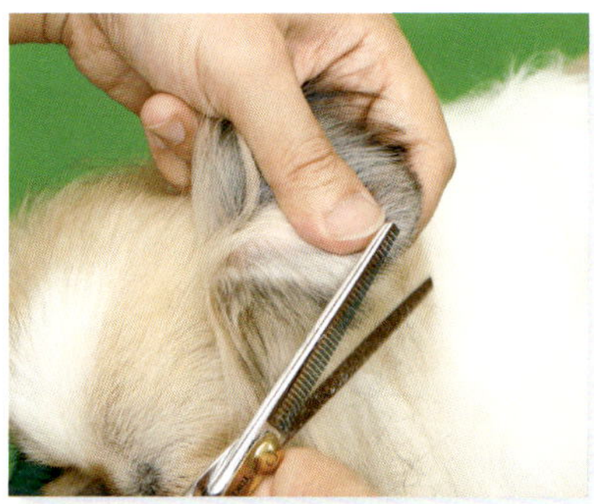

24 耳をカットします。スキバサミで耳の下側の縁を丸くカット。耳を切らないよう、縁の部分を指で押さえながらカットします。

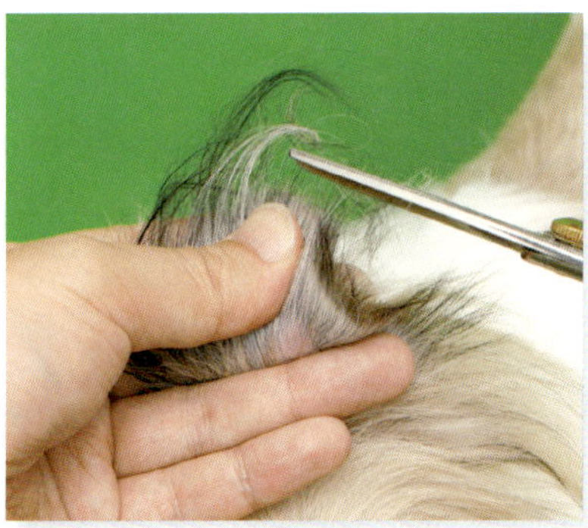

25 耳を自然に下ろしたとき、耳の縁より下にはみ出す長い毛をカットします。

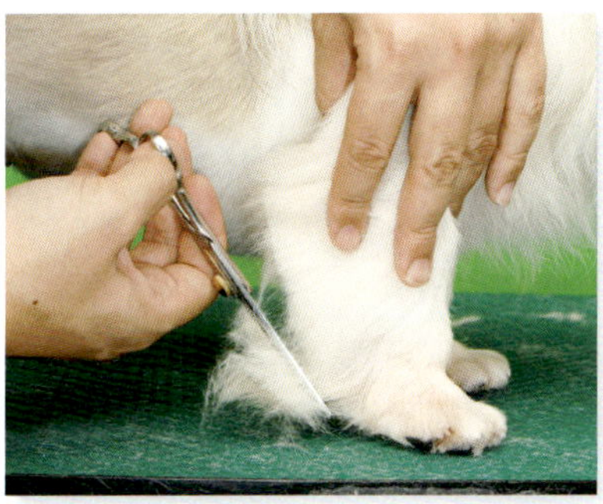

26 前肢をカットします。コーミングした後、スキバサミで前肢の後ろ側をカット。肘が貧弱に見えないよう、自然な丸みを持たせるようにします。

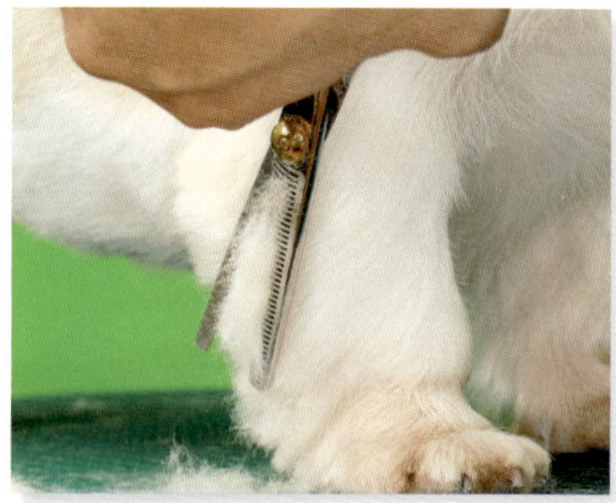

27 前肢の外側をカットします。前望したとき、肘が外側に張り出して見えないように、スキバサミで長い毛を整えます。

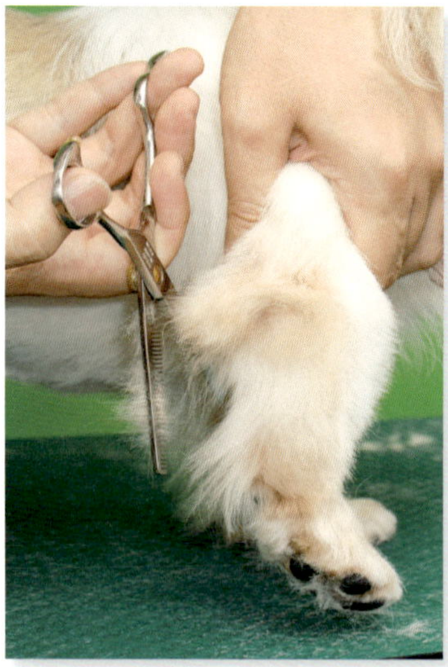

28 前肢の内側をカットします。外側のラインに合わせて、スキバサミで長い毛を整えます。

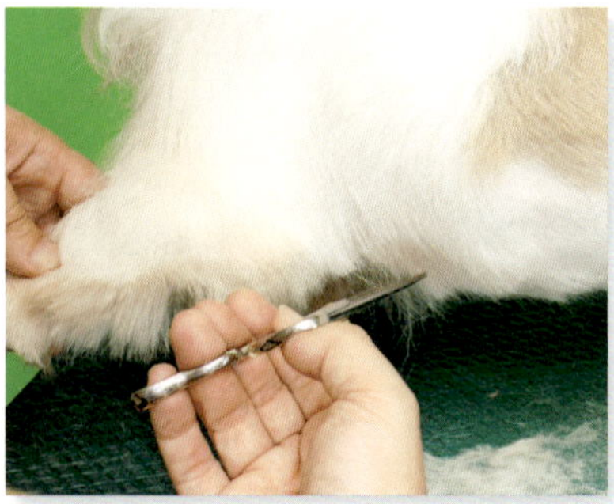

29 前肢を持ち上げ、犬が歩く姿をイメージして、スキバサミで脇の長い毛をカットします。

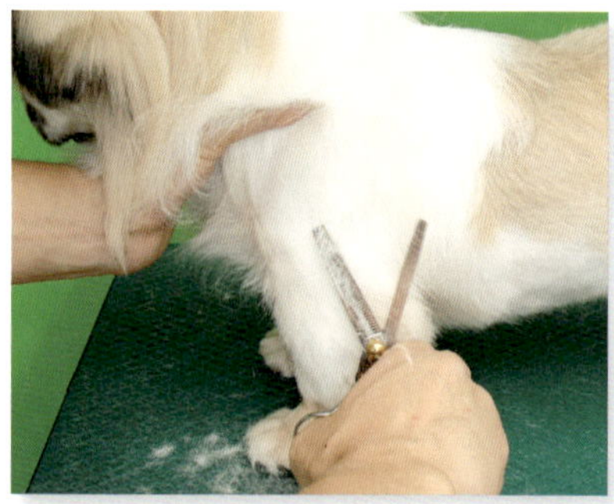

30 前肢にかぶさる胸とボディの毛を分けて左手で押さえ、前肢の付け根～肩の先端のあたりをスキバサミで整えます。

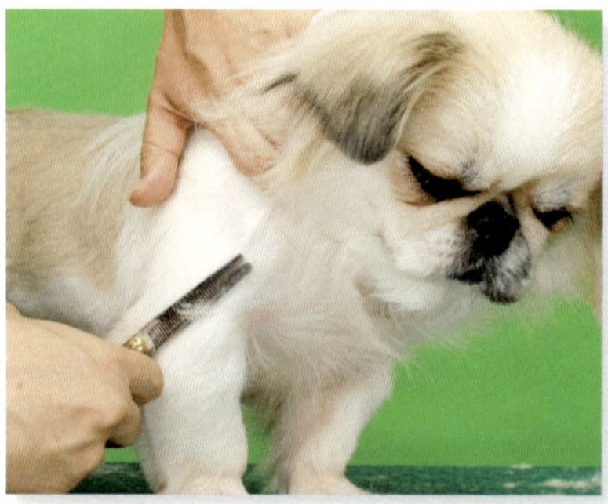

31 犬が歩くときに邪魔になる肩端前の毛をカットします。肩のあたりにはつむじがあるので、毛流に注意しながらカットします。

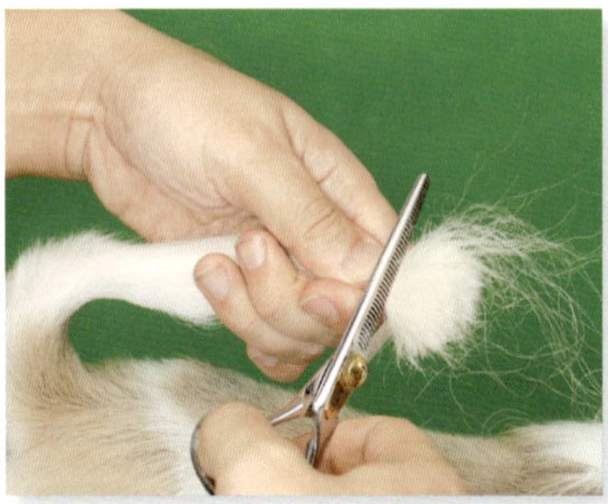

32 テイルをカットします。テイルの毛をまとめてねじり、スキバサミで先端をカットします。

33 長く飛び出す毛があったら、スキバサミでカットして整えます。

finish

\ special thanks to /

『リズム』（トイ・プードル） P8〜13／P74〜81
『ミト』（柴） P14〜15
『ドン』（シー・ズー） P16〜20
『ピーチ』（ミニチュア・ダックスフンド） P21〜22
『ミンシャ』（ポメラニアン） P23
『かおる』（シー・ズー） P30〜32
『トラ』（トイ・プードル） P34〜37／P49〜P57／P64〜73
『コティ』（ペキニーズ） P38〜39
『デューク』（トイ・プードル） P58〜61
『スカイツリー』（トイ・プードル） P82〜88
『レモン』（シー・ズー） P89〜95
『モーガン』（ミニチュア・シュナウザー） P96〜104
『チビ』（アメリカン・コッカー・スパニエル） P105〜109
『エラ』（アメリカン・コッカー・スパニエル） P110〜118
『ミミ』（ヨークシャー・テリア） P119〜125
『がんも』（ポメラニアン） P126〜131
『ピア』（マルチーズ） P132〜137
『ベッキー』（ペキニーズ） P138〜142

長澤里美
花上嘉代子
ファンキードール
インパルジョン
AFFECTING EYE

著者プロフィール

鈴木雅実（すずき まさみ）

JKCトリマー教士・犬種群審査員、SJDドッググルーミングスクール（東京都渋谷区／埼玉県さいたま市）代表。学校での指導にあたるほか、（一社）家庭動物愛護協会理事、中央ケネル事業協同組合連合会会長など犬業界の要職に就く。「愛され顔」をテーマとしたセミナーをはじめ、各種講習会でも講師として活躍中。
http://www.sjd.co.jp

愛されトリミング＆ペット・カット

Midori Shobo Co.,Ltd

2018年12月1日　第1刷発行

著　者　鈴木雅実
発行者　森田 猛
発行所　株式会社緑書房
〒103-0004
東京都中央区東日本橋3丁目4番14号
TEL 03-6833-0560
http://www.pet-honpo.com/
印刷所　廣済堂

ISBN 978-4-89531-359-9
Printed in Japan

取材・撮影協力　川原田由美（SJDドッググルーミングスクール）
編集　川田央恵、糸賀蓉子、山田莉星
写真　小野智光、蜂巣文香、岩崎 昌
取材・文　野口久美子、ハッピー＊トリマー編集部
カバー・本文デザイン・DTP　西巻直美（明昌堂）